未來的造物者

THE GENESIS MACHINE

OUR QUEST TO REWRITE LIFE IN THE AGE OF SYNTHETIC BIOLOGY

從消滅癌症、設計嬰兒到製造猛瑪象肉排，
合成生物學將如何改寫我們與全球生物的未來？

艾美・韋伯 Amy Webb
安德魯・海瑟 Andrew Hessel

朱崇旻 譯
陳瀅州 專業審訂
國立陽明交通大學生命科學系
暨基因體科學研究所助理教授

給Kaiya，我的賢者與光明。
也獻給讓我重新啟動的Steve。

——AW

給Hani、Ro與Dax，
謝謝你們讓我學到了生命的點點滴滴。

——AH

目次

第三部分：未來

第四部分：前進之路

導讀

合成生物學：開啟人類未來的鑰匙？

陳瑩州／國立陽明交通大學生命科學系暨基因體科學研究所助理教授

這幾年在大學教書，每逢金秋十月的諾貝爾獎季節，整個校園都彌漫著一股躁動與期待。尤其在生理醫學獎、物理學獎和化學獎公布前夕，各種猜測和傳聞紛紛出現，談論著獎項可能頒給合成生物學領域。這些傳言不僅在學生和老師之間流傳，甚至吸引了媒體的關注。有幾次，校方和記者會提前找到我，希望從我這打著合成生物學旗號的研究學者得到一些線索或看法。這樣的情境不僅凸顯了合成生物學在科學界的日益重要性，也充分反映了合成生物學打破學科界限，跨越不同領域的研究。事實上，合成生物學不僅僅在健康醫療領域取得進展，其創新技術和理論已悄悄滲入到每個人的日常生活中，包括永續環境、智慧農業、奈米科技，甚至是政府政策與法規的擬定，展現真正的跨領域合作。

二〇二三年三月，美國白宮科學和技術政策辦公室公布了對生物技術的未來展望，明確標示出合成生物學在全球科學發展的關鍵角色，從氣候變遷到供應鏈韌性、從農業創新到人類健康，合成生物學的影響與應用已無所不在。而美國並非唯一看到這趨勢的國家。近年來，中國將合成生物學列為其戰略前瞻性重大科學領域和重點發展生物技術，反映出中國對於這門學科的高度重視。同時，在台灣，國家發展委員會近年也積極推動與合成生物學相關的研發策略，融入其六大核心戰略產業和五加二產業創新計畫中。這些策略決策不僅展現了各國政府對合成生物學的信心，也凸顯了它在全球科技發展中的核心地位。

當我們邁入二十一世紀，面對合成生物學這一革命性的學科成為我們日常生活中不可或缺的一部分，我們首先要回答的問題是：合成生物學到底是什麼？它為什麼如此重要，以至於受到如此多的關注和期待？合成生物學結合了生物探索、工程設計和跨領域的技術應用，致力於發展和構建新的生物系統。與傳統的基因工程不同，傳統的基因工程技術主要著重於研究及修改基因，從而修補或增強基因的某些功能。然而，合成生物學的範疇遠不止於此。合成生物學的目標是全面理解生物系統的工作原理，並根據這些知識重新設計和構建具有特定功能的生物機器。它不只是在既有的生物框架上進行微調，還可以從零開始，系統性地設計和構建全新的生物系統。由於需要將複雜的生物元件進行重組和調控，近年結合人工智慧，使科學家能夠更精準地預測、模擬和控制生物系統，這是傳統基因工程難以實現的。這其中的挑戰遠超我們的想像，但所帶來的可能性也是前所未有的。

舉例來說，在精準醫療領域中，合成生物學已經開發出能夠生產新型藥物、治療遺傳性疾病，甚至對抗癌症的智慧細胞。在環境保護領域，我們可以設計微生物來處理汙水、減少溫室氣體排放或修復受汙染的土地。在農業上，合成生物學提供了更為高效、節水、高產的作物品種，這對於食品安全和全球糧食問題都具有深遠的意義，而這只是冰山一角。隨著技術的發展和研究的深入，合成生物學將在未來幾十年內帶來更多創新和驚喜。不難想像，在不遠的將來，我們的生活、工作甚至教育都將深受其影響。

合成生物學的發展確實為人類打開了無數的可能性，從創造具有特殊功能的生物，到解決困擾已久的醫學難題。但與此同時，我們也不能忽略合成生物學帶來的挑戰和風險。例如，如何確保這些被重新設計的生物體不會對環境和人類健康產生意想不到的影響？我們應該如何看待和處理因基因修改而產生的生物機器？這些問題需要我們集體思考和探索，並與各領域專家共同合作，確保合成生物學的發展能夠真正造福人類。

在課堂教授合成生物學時，我常以電影《侏羅紀公園》的離氨酸權變（lysine contingency）帶領學生反思當科技進步與人類控制意願之間出現衝突時可能會發生的事情。在侏羅紀公園中，為了防止恐龍逃出公園威脅全球生態系統，科學家亨利．吳（Henry Wu）進行了基因改造，使得恐龍無法製造其中一種必須氨基酸離氨酸（lysine）。此設計的初衷是讓恐龍只能依賴公園提供的離氨酸食物，進而防止它們逃離公園。這是一種典型的「安全措施」，旨在確保基因改造生物不會帶來無法預料的風險。然而，正如影片中所呈現，這種所謂的「完美」控制計畫卻遭遇了意外。雖然恐龍依賴離氨酸來生存，但它們找到了其他途徑來獲取這種氨基酸，這意味著即使在有限的條件下，生命也會找到生存下去的方法。

這故事讓我們明白即使是最先進的技術，也不能保證完全的控制。當我們嘗試限制和控制生物，自然界總是有其應對方式。這對於合成生物學家來說是一個警示，因為我們在改造生命的過程中，必須充分考慮到潛在的不確定性和風險。面對快速進步的科技，我們必須問自己：我們是否真的準備好面對所有潛在的後果？在追求科學進步的同時，我們也應該謹慎行事，確保我們的決策不僅是基於技術的可能性，還要考慮到其對生態和人類社會的影響。

對於熱愛科學的我們來說，這是一個充滿機會的時代。每一次的科技進步都驗證了人類的智慧和創造力。透過這本書，我相信讀者將更深入地認識和理解合成生物學，體會其獨特魅力及即將面對的挑戰。我期望這本書能夠鼓勵大家抱持開放、謙虛且謹慎的態度面對科技的發展。同時，希望此書能激發更多人對科學和未來進行深入的思考，並鼓勵大家投入合成生物學的創新研究和人才培育之中。

—前言—

生命該是機率遊戲嗎？

艾美——我第一次感受到腹中刺痛，是和客戶開重要會議之時。會議桌邊坐著多名跨國資訊科技公司的高層主管，就在我們忙著制定該公司的長期策略時，我再次感受到刺痛，於是匆匆將主持會議的工作交給同事，自己跑進了廁所。這時，一層黏膩的深色血液已經滲透了我的黑褲襪，沾滿我大腿內側。我無法呼吸，身體怎麼也無法將空氣吸到肺裡，只能頹然坐倒在馬桶上，好一段時間過後我才終於允許自己無聲地啜泣，以免被別人聽見。

那時我懷孕八週，原本預計下一週提早去照超音波。我已經開始思考要取什麼名字了，如果是男孩子就叫澤夫（Zev），女孩子就取名莎夏（Sacha）。我一面擦拭腿上與地上的鮮血，一面苦苦尋找答案，卻困在憤怒與自責的循環之中找不到出路。這是我的錯，一定是我哪裡做錯了。

第三次感受到刺痛時，我已經知道接下來會發生什麼事了：失血、羞愧地去藥局買特大號衛生棉，接著是深深的憂鬱、失眠與一連串找不到答案的問題。我和丈夫去看了曼哈頓與巴爾的摩最優秀的生育專家，能做的檢驗都做了——抽血檢查我的激素狀態、確認我體內的卵子存量、確認我體內是否有可能造成生育問題的良性腫瘤或囊腫。然而，這些都不過是高科技推測而已，根本就不是答案。

我們持續嘗試，下一次懷孕時我終於突破了四個月的里程碑，我們總算允許希望在心中萌芽。我們到婦產科診所做例行檢查，這時我已經懷孕十八週，腹部開始凸出了。我躺在產檢桌上，由技術員將冰涼的凝膠擠在我的腹部，接著用超音波探棒將凝膠塗抹開來。她按下鍵盤上的幾個按鍵，聚焦在主要是黑色的模糊影像上。她道歉幾句，嘀咕說儀器太過老舊，然後走出了診間，一段時間後帶著另一臺機器與我的醫師回來。她再次將冰冷的凝膠擠到我身上，將它塗勻，按鍵盤聚焦的同時，目光飄向我的醫師，然後才不情願地回到我身上。

我不記得他們確切說了什麼，只記得醫師握住我的手，以及丈夫哭泣的聲音。我後來接受了移除胎兒組織的手術。最後醫師告訴我，我和丈夫都沒有任何醫學上的問題，我們都不過三十歲出頭，身體都很健康，受孕也沒有問題……問題是，我無法維持懷孕的狀態。

每六名女性就會有一人在生命中經歷流產，背後的原因五花八門，大部分時候是染色體異常所致——在胚胎分裂時，染色體出了問題——和孩子父母的健康狀況或年齡無關。他們告訴我，這不是我的錯，就只是身體不配合罷了。[1]

✦✦✦

安德魯——我年僅十歲就下定了決心，這輩子絕不生小孩。我們以前住在蒙特婁市郊一座偏遠的農場，我父母關係不睦，所以和我們三姊弟的關係也不好。我們三個孩子是相繼出生的：姊姊比我大一歲，弟弟比我小一歲。父母將分手的打算告訴我們時，我並沒有傷心憤怒，只記得當時自己暗想：媽媽如果當修女的話，應該會比現在開心得多吧。她沒能當修女，只能當個單親媽媽兼夜班護理師。

媽媽晚間工作，趁白天我們去上學時睡覺。還好我們三個孩子都相當能幹與獨立，當時的我三天兩頭躲進圖書館，那是我的第二個家，我彷彿住在書架之間。我每次都抱著好幾本書從圖書館回家，晚上十點目送媽媽出門上班後，我在家裡照顧姊姊弟弟，很多時候都是我朗讀故事給他們聽，直到天明時媽媽回家為止。每每讀到關於傳統核心家庭的故事，我就覺得那個概念太過陌生，自己完全無法感同身受。比起那種故事，我更能理解工程技術的邏輯、生物學的奧妙，以及科幻故事對於未來的想像。有時弟弟和姊姊已經入睡了，我仍會醒著讀書，一面閱讀一面思索生命的奧妙：那些巨大和微小的生物究竟是從哪裡來的呢？他們是怎麼演化成現在這副模樣的？他們未來又會變成什麼樣子呢？

到了十八歲時，我決定研究生命的本源——遺傳學、細胞生物學與微生物學——自己卻不打算生小孩。那時的我寫了些軟體與資料庫，思考方式往往以遺傳密碼與電腦程式碼為根基，未來還有一輩子的科學研究等著我，對我而言性愛很誘人，小孩就不怎麼有吸引力了。當時的男用避孕方法都是物理手段，而不是醫學手段，可靠度也不佳，唯一可靠的方法就是輸精管切除手術，於是我請醫師為我動手術。醫師起初連連抗議——我才十八歲而已，才剛成年，怎能做如此極端的決定呢？

我反駁道：男性結紮是可逆的，而且我如果擔心未來反悔（我並不擔心），也可以先存一些精子。見我如此堅決，醫師終於同意幫我介紹泌尿科醫師，不過後來我還是花費了六年才終於動了手術。大多數專科醫師都認為我太幼稚、太輕率，我則堅稱自己不過是想負責任而已。話雖如此，一旦接受輸精管切除術，未來可能就沒辦法生小孩了。

三十年後，我在一場研討會上認識了一位美麗的女性，她聽我談論細胞時眼中閃閃發光，也不排斥我長篇大論地將DNA比喻為電腦軟體。某天早上，在她的曼哈頓公寓裡，我在她身邊醒過來，心中忽然萌生了可怕的新想法：我想生小孩。我想與她相伴，合力創建家庭。然而這時我已經將近五十歲了，我很清楚自己在醫學上與生物學上所受的限制。

我們決定試試看，雙方都心懷希望，卻也不忘現實。接受輸精管復通手術當天，我死死盯著天花板，任由醫護人員將我推入手術室。一盞又一盞燈從上方閃過，隨著每一次燈光閃爍，多年前那位醫師對我的警告又再一次浮上心頭：人生道路有時會突然轉變。連接我睪丸與尿道的輸精管——精子離開身體必經的管道——並不是被夾住或綁結，而是被完全截斷後燒灼，以免發生體內洩漏的情形。前兩種絕育手段都可以輕易逆轉，但我的情況就麻煩許多，必須在全身麻醉下做精密的微手術將輸精管重新接起來。

我們嘗試了十八個月，卻一直沒能成功受孕。我知道錯誤出在哪裡——也知道如今自己再怎麼努力也無力回天了。我的手術雖然成功，但身體系統已經閉鎖太久，物理方面都沒有問題，就只是身體不配合罷了。

✦ ✦ ✦

此時此刻，科學家正在改寫人類的現實規則，我們在成為父母這一路上所經歷的痛苦，在數十年後也許會變成罕見的例外。新的科學領域逐漸發展壯大，未來可能揭露出生命創造與再創造的方法，可以應用於多處：幫助我們在無處方藥的情況下康復、在不傷害動物的情況下生產肉品，並且在自然方法不如人意時憑新科技組建家庭。該領域被稱為「合成生物學」（synthetic biology），這門學問只有一個目標：進入細胞，編寫更好的生物密碼。

在二十世紀，生物學者致力將組織、細胞、蛋白質拆解開來，瞭解它們的作用方式，而到了這個世紀，新一批科學家試圖用生命的基本素材建造新材料，還有許多人開始在方誕生不久的合成生物學領域取得成就。工程師正在設計生物學用的新電腦系統，還有新創公司販售可將程式碼轉變為活物的印表機。有的網路結構工程師將DNA用作硬碟，也有研究者試圖培養人體晶片（body-on-a-chip）系統——你可以將它想像成半透明骨牌，上頭鑲嵌著奈米大小的人類器官，這些器官能在人體外存活與生長。生物學者、工程師、電腦科學家等人合力打造了一臺創世機器：這是由人、研究室、電腦系統、政府機構與企業共同組織而成的複雜體系，除了以新方法詮釋生命以外，它還創造出了新形式的生命。

人類的大變革已然開始，而這臺創世機器將會成為推進革命的動力。不久後，生命將不再是機率遊戲，而會是設計、挑選與抉擇的結果。創世機器會決定我們孕育未來世代、定義家庭、辨識疾病與治療老化的方式，影響我們選擇居住地點的考量因素，並影響我們攝取養分的方式。它會在我們處理氣候危機時扮演關鍵角色，最終對我們人類這個物種的長期生存產生莫大的影響。

✦ ✦ ✦

創世機器結合許多不同的生物技術，這些技術全都是為編輯與重新設計生命而創造出來的。許多新發展的生物科技與技術在廣義上都屬於合成生物學範疇，它們不僅允許我們解讀與編輯DNA密碼，甚至讓我們**編寫**遺傳密碼——意思就是，不久後我們將能夠像設計迷你電腦一樣，編碼設計活生生的生物構造。

從二〇一〇年代早期，人類便掌握了其中一種編輯DNA密碼的技術：CRISPR-Cas9。[2]科學家將這種技術比喻為「分子剪刀」，因為它是用生物學機制剪貼遺傳訊息。我們經常在新聞上看到CRISPR相關的消息，看到它被用於開創性的醫療干預，例如編輯失明者的基因，幫助他們恢復光明。科學家用CRISPR這把物理上的分子剪刀剪接DNA分子，做成生物學美術拼貼，將字母重組成新的意義。問題是，研究者無法直接看見他們對DNA分子造成的變化，每一次改變都須透過實驗室裡一些間接方法，接著用實驗驗證結果，因此研究有不直接、費工與耗時的缺點。

合成生物學可以將這些實驗方法數位化，將DNA序列輸入軟體工具——可以把這些工具想像為DNA密碼的文字編輯軟體——就和我們用文字處理器修改文章一樣，輕輕鬆鬆地編輯基因序列。在DNA被編寫或修改完畢後，可以用類似3D列印的方法與基本素材印出新的DNA分子。合成DNA的技術（將數位遺傳密碼轉變為DNA分子的技術）近年來大幅進步了，我們今天能輕鬆印出長達數千對鹼基的DNA鏈，組合成細胞裡的新代謝路徑，甚至是重建一顆細胞完整的基因體。在現代，我們有了將生物系統當成電腦一樣設計與編碼的技術。

這些科學創新成了合成生物學產業近年迅速成長的燃料，人們致力製作高價值生物材料、燃料與特殊化合物、藥物、疫苗，甚至是可作為微型機器人使用的人造細胞等生物，多方面應用合成生物學。人工智慧領域的進步也大大推進了合成生物學發展，隨著人工智慧逐漸改良，可測試與實現的生物學應用就更多了。而隨著軟體設計工具功能加強、DNA列印與組合技術日益進步，未來的開發者將能製造更為複雜的生物造物，其中一個重要的例子是，我們在不久後的將來就能憑空編寫任何病毒基因體了。這聽起來也許很恐怖，讓人聯想到造成COVID-19新冠肺炎、至今導致全球超過四百二十萬人死亡的SARS-CoV-2冠狀病毒。[3]

SARS-CoV-2與過去的SARS、H1N1、伊波拉、HIV等病毒造成的疫情之所以難控制，是因為它們微小的生物密碼十分強大，遇到無抵抗力的宿主時能旺盛繁殖。你可以把病毒想成插上電腦的隨身碟，它會像隨身碟一樣依附在細胞上，將新的編碼載入細胞。雖然在全球疫情時代這麼說聽起來很怪，但病毒也可能成為航向美好未來的希望之舟。

請想像一間人造生物應用程式商店，你隨時能將新的能力下載加入任何細胞、微生物、植物或動物之中。在二〇一九年，英國有研究者從零合成並編寫了第一組大腸桿菌（*Escherichia coli*）基因體。[4]我們會接著合成數十億對鹼基起跳的多細胞生物基因體——也許是植物、動物，甚至是我們人類自己的基因體——在未來某一天，我們將掌握足夠穩固的技術基礎，能治癒人類所有的遺傳疾病，同時引發如寒武紀大爆發（Cambrian explosion）般的物種多樣化時代，設計並創造出各種動植物。我們現在也許還無法想像那些動植物的功用，不過我們未來能將這些生物用以滿足數十億人類食衣住行與照護方面的需求。

我們逐漸觸及了生命的編碼，合成生物學也許下了大膽的承諾：它將改善人類的存續。我們寫這本書是為了幫助你認識與思索未來的種種挑戰及機會，因為我們必須在接下來的十年內做許多重要決策：是否要製造對抗疾病的新病毒、基因隱私問題、誰將會「擁有」活著的生物、企業該如何以設計細胞的方式獲利，以及如何控制合成生物，避免實驗生物外洩。假如你能重新編寫自己身體的編碼，你會做什麼選擇呢？你會為是否改寫未來孩子們的遺傳密碼，以及如何改寫而煩惱嗎？假如能減緩氣候變遷，你願意吃基因改造生物（genetically modified organism，GMO）嗎？在使用自然資源與化學方法支持人類生存這方面我們已經相當嫻熟，如今我們有了以地球生命基石編寫新密碼的機會——合成生物學將為我們帶來有史以來最強大、最具永續性的製造平臺，導向嶄新的未來。令人屏息的新時代工業革命已近在眼前。

我們今天對於人工智慧的種種討論——不合宜的恐懼與樂觀、關於市場潛力的不理性期望、民選官員刻意的無知發言——會與將來關於合成生物學的討論十分相似。由於新型冠狀病毒肆虐，投入合成生物學領域的資金比過去多了不少，因此mRNA疫苗、家用篩檢與抗病毒藥物的發展加速了。現在，我們沒有再等待下去的餘裕，是時候將討論提升到大眾意識層面了。

本書的承諾非常簡單，也非常直接：如果能精進目前對於合成生物學的思考與策略，在面對氣候變遷、全球糧食不穩定與人類壽命等短期與長期存續問題時，我們又能離解決方法更近一步了。我們可以現在設計病毒、讓它派上用場，現在就開始為下一次病毒疫情做準備。假如遲遲不採取行動，合成生物學的未來可能會受智慧財產權與國防爭議、漫長的訴訟及貿易戰左右。我們必須確保遺傳學上的進步為全人類帶來助益，而不是對人類造成無可挽回的傷害。

我們今天就是在寫未來的編碼，而辨識密碼、解讀箇中意義，正是人類新一則起源故事的開端。

✦ ✦ ✦

這是一本關於生命的書，書中探討生命的起源、編碼，以及未來將允許我們控制遺傳宿命的工具。另外，本書也會討論做生命決策的權利，從科學、道德、倫理與宗教面向，為新世代定義這份權利。有了強大的生物學系統之後，我們會將編寫生命密碼、創造新生命，甚至是讓滅絕生物重新出現在地球上的權限交給誰呢？想回答這些問題，人類就必須解決經濟、地緣政治與社會上的一些問題：

- 能操控生命的人，就能夠控制糧食來源、藥品，以及我們賴以生存的原始材料。
- 我們未來的健康與繁榮，多少會受一些企業影響，這些企業將投資與控制基因編碼及其修改程序之法律權益。
- 基因體編輯與DNA合成都是合成生物學的基礎科技，這些工具的全球市場正在飛速成長。然而，工具與我們的原始基因數據是否該為所有人所用，還是該保存於專門的資料庫裡、只讓買得起權限的人使用，將會成為此領域的重大爭議。
- 新創公司無法光憑基礎研究獲利，而在投資者施予的壓力下，它們必須在合理時限內開發出可銷售的產品。私營公司或許有創新的自由，但國營生技研究機構往往會固守傳統方法，進步得較慢。
- 在沒有太空競賽奪勝或生產有效疫苗等命令的情況下，政府補助通常有利於能力較強的守舊派，研究者缺乏加速、創新或尖端研究的動力。
- 立法官員、政策裁定者、制定與實施規範者，以及執行法律者，能夠大幅左右我們的未來，但我們目前在人類操縱人類、動物或植物生命之可接受情境這方面並沒有共識。
- 至於可能對全球帶來助益的決策方面，我們也沒有共識。在美國，已經有人在開發前所未見的新生命體了——有些甚至是從電腦編碼轉變成活體組織的生命體。
- 在中國，習近平主席宣布中國「一定要大力發展科學技術，努力成為世界主要科學中心和創新高地」，其中一大重點就是改寫生命。[5]中國的策略藍圖包括全面向基因體資料庫，以及短期內將人造生命系統商業化，國家領導人也力求改變國家定位，從「世界工廠」一躍成為全球生物科技、人工智慧等現代產業的先驅。[6]

- 美國與中國雖須仰賴彼此的經濟體系才能繁盛發展，但在中國以科學、科技與經濟最大強權為目標的情況下，兩國之間的局勢從多年前開始便十分緊張。協調一致且可執行的計畫就是當前的籌碼，因為我們目前地緣政治上的緊張狀況已經與往昔衝突大不相同了。
- 編輯與編寫生命的能力可能對社會造成重大影響，我們必須在大眾信任度與生物科技進步速度之間取得平衡，在隱私需求與龐大基因資料庫所帶來的進步之間尋找中間地。
- 我們必須找尋讓所有人公平使用新科技的方法，但也不可能避免族群之間的分歧，因為有些人就是無法相信科學，也有些人沒辦法接觸與使用最先進的工具。在這種情況下，我們就得準備面對棘手的社會問題，例如處理基因遺傳隔閡的方法——基因經過改善的人們也許有特殊能力，或者得到了一些特權，而基因未受更動的人們則缺乏這些能力或特權，因此族群之間產生溝壑。

這本書關乎你與你的生命，以及你這輩子須做的種種決定。此時此刻，我們立足於大變革之前，你必須瞭解現況後在今天做出適當的決定，主動掌控自己的未來。你必須決定自己是否要做基因體定序，以及如何處理這些數據，這些決定都會導向不同的後果。或者，如果你打算生小孩，那就必須決定是否要凍卵、使用體外人工受精（*in vitro* fertilization，IVF）等輔助生殖技術，以及透過基因篩選挑出最強健的胚胎。這些決定對我們而言一點也不陌生，反倒是我們寫這本書的契機。

為了一窺創世機器可能造出的未來，我們得先回顧過去。我們會在本書第一部分說明合成生物學的起源，以及研究者為了創造以電腦為父母的合成生物而解讀、操控生命密碼的歷史。在第二部分，我們會揭露創世機器造就的新形態生物經濟，其中包括企業家試圖生產的神奇藥物、食物、塗層、布料，甚至是啤酒與葡萄酒——另外，我們也會介紹海洋塑膠汙染物逐漸擴散、極端天氣事件頻率漸增，以及危險病毒造成新一波全球疫情的威脅，以及可能用以解決這些問題的生物科技方法。除此之外，我們會探討合成生物學的風險，包括網路生物學駭客到近在眼前的基因隔閡問題——在不久後的未來，透過生物技術誕生的富人也許會與沒錢做人工生育的窮人相互對立。在本書第三部分，我們會用有創意的假想情境探索不同的未來，揣測這臺創世機器可能對世界造成的改變。最後，我們會在第四部分提出自己的建議，希望在採納這些建議後，人類能利用創世機器誕下最理想的未來。

但現在說這些還操之過急，我們先向你介紹一位名為比爾（Bill）的年輕人吧。

第一部分

起源

第1章　拒絕壞基因：創世機器的誕生

美國麻薩諸塞州波士頓市的南方，濱海小鎮德斯布里（Duxbury）已然入秋，夏季悠長的白晝逐漸縮短，夜晚也越發沁涼。比爾．麥拜恩（Bill McBain）是個優秀多才的學生，對攝影、數學與新聞學都感興趣，不過他在一些方面和其他青少年無異：八年級開學那一天，大家都發現他和朋友們一樣，暑假期間長高了不少，比上學期高了足足四英寸。然而，比爾除了長高以外體重也減輕了，眼見青春期男性朋友都開始長肌肉，他自己卻高高瘦瘦，手肘、肋骨與膝蓋都骨節分明。

比爾每晚早睡，隔天醒來卻還是疲憊不已，他喝下大量的水，但還是無法解渴。當時是一九九九年，透明的Nalgene牌水壺成了青少年身邊必備的流行小物，比爾卻是不得不帶著Nalgene水壺上學，總是在下課時間裝滿水，上課時不停地喝。有一次，熱愛數學的比爾看著水壺上的刻度標記，不由自主地心算了起來，發現自己每天灌下約四加侖的水，有時甚至喝到五加侖。

二月某天下午，比爾父母的一位朋友造訪他們家，看著比爾頻頻拿起水壺喝水，朋友心裡不禁忐忑了起來。身為護理師的朋友立即注意到令人不安的跡象，她快速去了趟浴室，想要確認自己的設想——果不其然，馬桶坐墊摸上去黏黏的，她彎腰嗅了一下，發現上頭有種令人作嘔的甜膩氣味。她叮囑比爾父母隔天早上帶兒子去做抽血檢查。

前往診所的路上，一家人先吃了頓早餐，比爾點了肉桂糖貝果配大杯紅開特力運動飲料（Gatorade）。在做空腹血糖檢測前不宜吃這種早餐，但他事前並不知道。到了診所，醫師用小針戳比爾的手指，將一滴血擠到與血糖機相連的試紙上。短短數秒內機器就叫了起來，螢幕上閃現「高」一字，意思是比爾的血糖數值超過五百毫克每公合（mg/dL）。一個胰臟正常的人空腹血糖應該在七十到九十九毫克每公合之間，也就是十分之一公升的血當中糖分略低於千分之一公克——換言之，健康的人血糖應該很低，因為他們的身體會迅速將血液中的糖分解轉化成能量，殘留在血液中的糖分很少。如果健康的人在剛吃飽後測血糖，數值會在數小時內上升，這是因為身體正在消化食物，但即使在餐後健康者的血糖數值也不會超過一百四十毫克每公合。

醫師抽了更多血液送去做較精細的檢測，結果令他一時間難以言語。他回到辦公室，在比爾家三人面前坐下，視線從資料夾移到比爾與父母身上，最後又回到了資料夾上。比爾的血糖數值竟是驚人的一千三百八十毫克每公合，而他的鈉、鎂與鋅濃度也嚴重超標，甚至改變了血液的酸鹼pH值。比爾隨時可能陷入糖尿病所致的昏迷，甚至死亡。

比爾一家被迫快速認識第一型糖尿病（type 1 diabetes）的機制，以及這種疾病的治療方法。在健康情況下，人的胰臟會緩慢地持續分泌胰島素（insulin），這是我們細胞產生能量所需的激素，而當你進食時，胰臟會分泌更多胰島素，讓你代謝吃進去的糖。問題是，比爾的胰臟突然不分泌胰島素了。第一型糖尿病通常會在青春期發作，典型的症狀全出現在了比爾身上：疲倦、嚴重口渴、尿液偏甜且黏膩，以及頻尿。頻繁飲水是身體自我醫治的拙劣方法，因為在喝下大量的水之後，身體能多少排出血液中未代謝的糖分。但是儘管喝了大量的水，比爾終究會面對危及性命的連鎖反應：他的身體會開始代謝脂肪，從而得到生存所需的能量，同時卻會釋放出名為「酮」（ketone）的化學物質。酮類酸性極高，若在血液中濃度過高就會導致比爾中毒，而濃度高到一定程度後，比爾會糖尿病酮酸中毒（diabetic ketoacidosis），也就是所謂的糖尿病昏迷（diabetic coma）。假如到這個階段還未接受治療，比爾會在短時間內死亡。

比爾父母擔心兒子的病是自己造成的，於是問起了這種疾病的成因。他們告訴醫師，兒子平時並不會像今天那樣匆忙吃下貝果與開特力運動飲料，一家人三餐通常都吃得很健康，也有頻繁運動。「這就只是壞基因的問題而已。」醫師告訴他們。他表示，科學家不知道為什麼一些人的身體會對胰島素產生抗性，也不知道為什麼比爾這樣的青少年會突然出現胰臟問題。話雖如此，比爾的病還是有救，他們能以人工方法做到身體該自動完成的所有工作：比爾必須開始為自己注射一種稱為「常規型優泌林」（Humulin Regular）的藥物，這是人造的人類胰島素，可以在用餐時間短暫作用。另外，他也須注射「中效型優泌林」（Humulin NPH，NPH是「neutral protamine hagedorn」的縮寫，中文為中性魚精蛋白），這則是夜間睡眠時間緩慢作用的人造胰島素。[1]

胰島素的發現

史上關於第一型糖尿病臨床症狀的紀錄，最早出現在約三千年前的埃及，相關症狀包括頻尿、意識混亂、脾氣暴躁、無法專注，甚至是死亡。在約公元前一五五〇年，埃及有人提出治療頻尿的方法：喝下「一量杯份的鳥池水、接骨木果實、『asit』植物的纖維、鮮奶、啤酒渣、黃瓜花與綠椰棗」。當時埃及的醫師已經注意到飲食與糖尿病相關症狀之間的關聯，不過那之後又過了一千五百年才終於有人為此疾病命名。卡帕多奇亞一位懂希臘文的醫師——阿萊泰烏斯（Aretaeus）——觀察到「一種血肉與四肢融為尿液」的病症，他取希臘文的「虹吸管」一詞為疾病命名，也就是今天英文的「diabetes」（即糖尿病）。約在同一時期，中國與南亞也有了類似的醫學記載。[2]

一六七四年，牛津大學的托馬斯．威利斯醫師（Thomas Willis）展開相關研究，用了乍聽下有點噁心的研究方法：威利斯請有糖尿病症狀的病人用小杯子收集尿液，然後……（正在吃飯的讀者，建議你先跳到下一段）親自嗅聞並淺嚐尿液樣本。我們先前提過，比爾是用電子儀器量測每公合血液中含多少毫克的糖，而威利斯的檢驗方式其實也是相同的原理，他在檢測尿液含糖量是否偏高。[3]

儘管有威利斯等人進行研究，在那之後數百年，糖尿病的病因仍舊是個謎。在一九〇〇年代早期，一些醫師提倡所謂的「飢餓療法」（starvation diet），他們認為糖尿病患只要完全不攝取糖類便能不藥而癒。結果不出我們所料，病人的健康狀況非但沒有好轉，還有不少人活活餓死。

後來到了一九二一年，糖尿病相關研究終於有了突破性的發展。[4] 長久以來，醫學界一直流傳著未經證實的假說，一些人認為胰臟的分泌物能調節血糖。加拿大的弗雷德里克．班廷（Frederick Banting）醫師與醫學生查爾斯．貝斯特（Charles Best）提出了新一套假說：至今為止之所以沒有研究者成功萃取出調節血糖的胰臟分泌物，可能是因為分泌物在萃取前就已被消化酵素分解了。他們打算將胰管結紮，等到生產消化酵素的細胞死亡後再分析胰臟內剩餘的物質。[5] 問題是，班廷與貝斯特都未受過外科手術訓練，他們早期是用實驗犬做研究，結果在恐怖的實驗過後，大部分實驗犬都死了。後來兩人轉而到黑市買流浪狗做實驗，經過一番練習，終於能在不將狗弄死的情況下移除胰臟。他們將胰臟冷凍後搗成膏狀，過濾後再把液體注射回狗體內，接著每三十分鐘採集一次血液樣本，觀察血糖的變化。實驗結果令兩人震驚不已，注射胰臟液體的狗竟恢復了正常血糖——不過呢，可憐的狗狗這下沒了胰臟。班廷與貝斯特觀察到，狗體內某種物質發生了明顯的變化，這種物質就是我們現在常聽到的「胰島素」。[6]

既然班廷與貝斯特的療法對狗有效，是不是也能用來治療人類病患呢？確實有機會，但要取得健康死去的人類屍體並不容易，無法輕易用人類胰臟做實驗，況且若新療法當真有效，他們還得尋覓穩定的大體來源，用數以千計的死人胰臟製作藥物。於是班廷、貝斯特與研究團隊的多名新成員轉而使用牛隻做研究，他們向當地肉品加工廠購買牛的胰臟，並用工業用絞肉機加以處理。那個畫面相當壯觀，請想像一臺巨大的工業用絞肉機，有個戴著大手套的人一面操作機器，一面將一塊塊內臟塞進機器上面的漏斗，機器下方則放了個桶子，收集絞爛的動物組織。

研究團隊榨取並純化胰島素之後，將它注射到一名和比爾一樣，也患有糖尿病的少年身上。那名十四歲少年罹患幼年型糖尿病，不治療就會死亡，而在接受班廷團隊的胰島素治療後，少年的身體狀況大幅好轉了。研究團隊或許是考慮到了未來的醫學發展，大方地授權藥廠免費用他們的方法生產胰島素，促使醫藥企業大量生產胰島素。班廷、貝斯特等人改變了全球數百萬人的人生，他們的研究受到認可，團隊也因此在一九二三年獲得諾貝爾獎。[7]然而，問題並沒有完全解決，只見糖尿病患人數年年增加，我們該上哪找這麼多頭牛、這麼多胰臟來生產胰島素呢？

生物科技的誕生

比爾的醫師提到的「壞基因」疾病，可以透過注射牛胰島素來治療，但無法真正解決問題，也沒能幫助人數漸增的第二型糖尿病成年病患族群。研究者認為人們罹患第二型糖尿病是環境因子所致，其中包括肥胖、少運動、吃太多甜食，以及天生容易罹患糖尿病等因子。這就是為什麼看上去健壯的人，也可能離奇地出現與比爾相同的症狀。這些人身上究竟出了什麼問題呢？有人提出了相關的理論：身體的免疫系統平時負責抵抗有害的病毒與細菌，不過有時免疫系統會發生錯亂，開始破壞生產胰島素的細胞。也有人認為可能是某種病毒造成了糖尿病，或者是病毒以其他方式默默攻擊人體，間接造成了糖尿病。過去百年來，標準的治療方法就是請病人精確追蹤自己的進食與能量消耗，病人可以暴力計算能量進出，近期則可以利用數位葡萄糖監測器做計算。在監測的同時，病人會用胰島素與口服藥物控制血糖，將血糖調整至正常範圍。

原本將牛胰臟搗爛、萃取胰島素的我們，是怎麼逐漸進步，讓如今長大成人的比爾使用高科技胰島素注射幫浦與人造人類胰島素的呢？班廷與貝斯特證明牛胰島素有療效過後不久，製藥公司禮來（Eli Lilly）便開始生產牛胰島素，不過一九二三年的生產方法緩慢又昂貴，也造成了出乎意料的供應鏈問題：等著買胰島素的名單越來越長，病人增加速度遠高於農人養殖與屠宰牛群的能力。[8]研究者找到了其他可用以治療人類的選項——將豬胰臟搗爛，同樣能生產可用的胰島素——然而當時還是沒有合理地規模生產胰島素的永續方法。光是生產一英磅胰島素，就需要八千英磅的胰腺——等同約二萬三千五百隻動物的胰臟——這樣大約是四十萬小瓶胰島素，只夠十萬名病人用一個月。在需求量快速增加的情況下，胰島素生產速度實在跟不上了。[9]在一九五八年，世界上約有一百六十萬人需要胰島素，而到了一九七八年，光是美國就有五百萬人需要胰島素了。[10]這就表示禮來公司僅為了滿足美國人的胰島素需求，就必須一年採收五千六百萬隻動物的胰臟。公司必須趕緊找到替代方案。

禮來公司創始者伊萊・禮來（Eli Lilly）之孫——小伊萊・禮來（Eli Lilly Jr.）——在一九七七年去世前不久，推出了解決胰臟供應問題的新策略。[11]既然能使用牛與豬的胰臟，那想必還有其他許多動物也能用來生產胰島素。禮來公司和哈佛（Harvard）、加州大學舊金山分校（UC San Francisco）等多所大學達成協議，計畫用其他動物開發出新的胰島素原型，於是這些大學開始研究大鼠身上的胰島素基因。小禮來答應要和最先解決胰臟供應問題、加速胰島素生產的大學簽約，那所學校將能藉此機會得到豐厚的收入。[12]

然而，有另一群研究者提出了迥然不同的想法，他們認為能在不收成動物器官的情況下生產胰島素。假如糖尿病無法根治，且患者人數持續上升，那麼禮來公司與其他大藥廠勢必會再次遇到供應鏈問題。在這群研究者看來，其實長期而言他們會遇到兩個可解決的問題：第一個是供應問題，這可以用細菌解決——他們不需要榨出牲畜的胰島素，而是能設計出生產人類胰島素用的細菌——第二個問題則是「壞基因」，這可以在未來以改編基因的方法解決。哈佛、加大舊金山分校與名為基因泰克（Genentech）的新創公司都在使用重組DNA技術，而基因泰克與其他團隊的不同之處在於，他們決定直接用大腸桿菌選殖與表現人類胰島素基因。

當時基因泰克公司才剛成立一年，該公司在研究一種爭議性的新技術：重組DNA（recombinant DNA，rDNA）。歷史悠久的大學與藥廠裡，高學歷生醫科學家大多忙著改良既有的方法，基因泰克則忙著做分子層級的研究，將兩條DNA「重組」在一起。[13] DNA——去氧核糖核酸（deoxyribonucleic acid）——是生命的遺傳物質，而重組DNA技術允許我們接合人類與細菌等不同物種的基因，以便複製、合成，甚至是改良我們現存的遺傳密碼。[14]

在一九七七年，基因泰克公司已經有了初步成果，卻未被其他研究者重視，背後原因有幾個。首先，「合成」其實和基因「選殖」相似，可能導向基因操縱等下游風險。當時體外人工受精這種飽受爭議的技術也有了不少進步，有些人擔心人們在未來為了自己偏好的髮色、瞳色、肌肉體態等特質定製嬰兒，社會上瀰漫著對於反烏托邦未來的不安，人們抗拒這些改變。[15]在這樣的風氣下，基因泰克公司的重組DNA技術被視為極端的非正規方法，需要進一步檢視與管制才能使用。更麻煩的是，基因泰克的生技研究經費並非來自聯邦政府，而是創業投資者出的錢，這對既存體制而言又是一層疑慮了。根據資料，凱鵬華盈創投公司（Kleiner Perkins Caufield & Byers）對基因泰克投資了一百萬美元種子資金（在計入通貨膨脹後，約等於今天的四百六十萬美元），[16][17]該公司是頭一次投資生技產業，在此之前凱鵬華盈合夥人主要是投資半導體。他們冒險在基因泰克的未來願景上賭了一把——而基因泰克和創投公司合作也是一場冒險，因為創業投資者與聯邦政府不同，他們投資是為了賺錢，基因泰克必須用這筆資金獲利才行。

身為新創公司的基因泰克沒將錢花在物質享受上；在史蒂夫．賈伯斯（Steve Jobs）與史蒂夫．沃茲尼克（Steve Wozniak）於車庫組建電腦的同時，基因泰克的科學家團隊在舊金山南部完全稱不上漂亮的工業區落腳，將一間空運倉庫改裝成生化實驗室。基因泰克公司運用重組DNA技術取得了初步成就，在實驗室合成另一種胰臟激素——協助調節內分泌系統的體抑素（somatostatin）。禮來公司辦胰島素生產競賽的消息傳開時，基因泰克認為自己能提出與現行方法迥異的手段，以此解決供應鏈問題。

由於基因泰克的重組DNA方法挑戰了舊有思想，沒有幾間研究導向的大學願意和該公司合作，也沒幾間實驗室致力於相關研究。假如要參與競賽，基因泰克就必須招募更多願意挑戰界限的科學家，試圖用重組DNA技術生產胰島素。勝者的獎勵極為豐厚，但這場比賽並沒有銀牌或銅牌，禮來公司只想得到安全且可大規模生產胰島素的方法，最後也只有一個團隊能得勝。基因泰克有機會得第一名、和禮來公司簽約……卻也可能鎩羽而歸，白忙一場。

基因泰克先前開發了生產體抑素的基因選殖方法，現在他們必須趕工做實驗，推進這項技術。收到禮來公司提供的經費後，基因泰克公司的創辦人決定招募研究所剛畢業的年輕科學家，而且新團員包括各領域的專家：有機化學家（先前在國際史丹佛研究所〔Stanford Research Institute〕研究DNA選殖的丹尼斯・克雷德〔Dennis Kleid〕與戴維・戈德爾〔David Goeddel〕）、生物化學家（專精核苷酸修改技術的羅伯托・克瑞亞〔Roberto Crea〕）、遺傳學家（最先用細菌表現人造基因的亞瑟・里格斯〔Arthur Riggs〕），以及分子與細胞生物學家（協助開發重組DNA技術的板倉啟壹〔Keiichi Itakura〕）。[18][19]

基因泰克在合成胰島素分子時面對的挑戰是，胰島素是由胺基酸長鏈組成——體抑素只有十四個胺基酸，胰島素卻有五十一個——而且還是A、B兩條以化學鍵結相接的胺基酸鏈。如果要合成胰島素，就必須找出製作這兩條胺基酸鏈的DNA密碼，將兩段DNA密碼移植到兩株不同的細菌裡，然後把細菌當作細胞機器來合成胺基酸鏈……而且到這裡，工作才完成一半而已。在基因泰克團隊看來，蛋白質——催化細胞內大部分化學反應並控制幾乎所有細胞程序的物質——才是培養生產胰島素的關鍵。

問題是，假設團隊真能將五十一個胺基酸——組成蛋白質的小分子——以正確順序排列好，他們還是得想辦法再製造出這些蛋白質，才能夠大量生產胰島素。[20]為了達到此目的，他們必須以化學方式連結正確的DNA序列片段，將片段拼組起來後移植入細菌，然後迫使細菌細胞生產他們合成的胰島素胺基酸鏈……這可不是什麼輕鬆的任務。倘若前面這些步驟都順利，團隊仍須純化胰島素的胺基酸鏈，將胺基酸鏈組合成完整的胰島素分子，至於它和人類胰臟分泌的胰島素分子是否完全相同，那就不得而知了。

這是細胞層級的遠大目標，研究團隊卻人數甚少、資源短缺，而且這些科學家的未來願景在一些外人看來匪夷所思，對另一群人而言更是危險至極。面對複雜的任務與激烈的競爭，基因泰克團隊只能在家中祕密做研究，偶爾用一下實驗室以及和哈佛、加州大學等神聖殿堂判若雲泥的小倉庫，所有人都背負沉重的壓力，和近在眼前的死線賽跑。首先，團隊必須做出合成基因，這段基因得有完全正確的DNA序列，這樣才能下正確的指令讓細胞做出蛋白質。再來，他們必須將基因放入生物細胞內正確的位置，而這隻生物得有能力解讀指令、生產他們要的蛋白質，也就是胰島素。

團隊辛苦地一再調配不同化合物、測試不同的排列組合，試圖建造正確的DNA序列。除了DNA序列以外，他們還必須在細菌身上下工夫，找出最適合將合成基因嵌入大腸桿菌DNA的位置，以便生產他們所需的蛋白質。這段過程可以想像成烘焙挑戰節目：裁判給你一箱材料、一箱烘焙器材與烤箱，要求你烤出十二層巧克力蛋糕——你不但得在實境節目誇張的時間限制內完工，還必須在沒有食譜或任何指令的情況下，在老舊破敗的廚房裡做出蛋糕來。

然而，在一九七八年八月二十一日清晨——在包括自家團隊成員在內所有人震驚的目光下——他們遙遙領先競爭對手，最先從烤箱裡取出了完美的蛋糕。[21]基因泰克公司成功做出了完全正確的DNA序列、對生物下達了表現基因的指令，並且成功生產了人類胰島素。這是生物科技誕生的時刻，同時也是「合成生物學」這門全新科學領域的創始之日。

禮來公司和基因泰克簽了涉及數百萬美元的二十年合約，請基因泰克開發並銷售全球第一件生物科技商品：優泌林。該商品在一九八二年得到了美國食品藥物管理局（US Food and Drug Administration，FDA）的認可。[22]

生命工廠

多虧基因泰克驚人的成就，人類社會步上了全然不同的軌道。我們有史以來第一次干預了生物的自然程序，以人為手段操縱細胞與分子，改寫了人體自然的運作方式。健康者的細胞宛如由電腦操控的自動化未來工廠，一切都以最高效率運行。你可以將細胞想像成高科技機器人合作形成的許多網路：它們是能隨時應身體要求生產大量或少量東西的3D印表機、能最大化產出的供應鏈與物流系統，以及能夠持續執行數十億行程式碼的作業系統。在人類史上，從沒有人建造過如此進步、如此精緻的機器或工廠，你的身體根本就是超大規格的移動式工廠群——將近四十兆顆未來工廠般的細胞合力工作，讓你持續生存下去。[23]

每一個細胞工廠都有三個主要要素：一組指令、傳送指令用的通訊系統，以及製造成品用的生產線。這些要素分別是DNA、RNA與蛋白質——這三個主要的分子要素，構成了創造所有生命的龐大基因生態系統。

我們都在生物課認識過長得像螺旋梯子的DNA雙股螺旋，這標誌性的分子是由四種核苷酸構成，四種核苷酸分別縮寫為A（腺嘌呤，adenine）、T（胸腺嘧啶，thymine）、G（鳥糞嘌呤，guanine）與C（胞嘧啶，cytosine）四個字母，核苷酸以化學鍵連結在糖（去氧核糖，deoxyribose）與磷酸骨架上。與相應的核苷酸配對時，核苷酸會緊密連結，但還是能相對輕鬆地拆開，因此DNA雙股螺旋能像拉鍊那樣拉開。兩股DNA分開時，細胞能將單股DNA當作樣板，寫出互補的新DNA序列，接著再將兩股DNA閉合起來，藉此精確地複製DNA。DNA鏈當中那四種核苷酸的序列，就是細胞生存所需的所有程序碼。DNA儲存了我們的遺傳訊息，而雖然其他微生物（例如病毒）也能儲存自己的遺傳指令，細胞裡的一切還是由DNA主導。我們可以毫不誇張地說，DNA分子是史上最重要的分子……不過水分子與咖啡因支持者無疑自成黨派。

DNA儲存了細胞的遺傳指令，不過有了核糖核酸（ribonucleic acid，RNA），DNA對細胞工廠的指示才有辦法傳達給整個細胞。RNA會在細胞內名為「核糖體」（ribosome）的複雜機器內，轉變——又稱「轉譯」（translate）——為胺基酸序列。RNA進入核糖體時，會啟動魔法般的程序：信使RNA（messenger RNA，mRNA）會黏到核糖體上，尋找生物學上相當於「啟動」按鈕的東西，也就是名為「起始密碼子」（start codon）的三字母序列；核糖體會讀過那一整條mRNA每三個字母組成的組合，直到找到「終止」按鈕為止。核糖體解讀mRNA的過程中，就是在生產細胞工廠的產品：蛋白質。

由胺基酸鏈組成的蛋白質，就是細胞主要的結構材料，也是執行細胞內大部分工作的分子，其種類多達數千種，功能也五花八門。舉例而言，膠原蛋白（collagen）等結構性蛋白質能構成軟骨與肌腱，紅血球中的血紅素（hemoglobin）等運輸蛋白質則能攜帶我們生存所需的氧。至於抗體（antibody）則是「Y」字形的蛋白質，它們具有特殊的辨識能力，在初次遭遇某種微生物時能依附上去，並且和其他細胞合力消滅微生物，或者阻撓微生物入侵其他細胞。如果你被感染後康復，會有一小部分能生產抗體的免疫細胞——記憶細胞（memory cell）——留存在體內，下次你遭遇相同的微生物，記憶細胞便能迅速展開防禦行動，而人為設計的疫苗也能刺激免疫系統產生相同的反應。雖然目前已知的胺基酸多達五百種，生物系統中常見的其實就只有二十種。[24]

若將細胞視為未來工廠，那基因體就是未來式作業系統了，其中的基因能視情況開啟或關閉。即使兩隻生物都有與某個特徵相關的基因，只要基因沒開啟，那就不會表現出該特徵，兩隻生物乍看下就會有差異。至於哪些基因該開啟、關閉，或者開啟的程度多高多低，就是由複雜的系統調控了，和啟動子（promoter）、強化子（enhancer）、蛋白質轉錄因子（protein transcription factor）等一些不會轉譯成蛋白質的序列有關。要研究這些因子並不容易，因為你很難即時測量與觀測它們，但我們還是在此舉一個匪夷所思的例子，希望能多少增進你對基因調控的認識：眼斑鰩（winter skate）是一種體型扁平的軟骨魚，在氣候變遷導致冬季水溫較暖的情況下，牠能自動啟動基因、改變身體構造，適應不同的水溫。[25]

生命作業系統和傳統工廠或電腦不同，它的運作邏輯與結構器械並非獨立運作，而是會互相影響，而我們現在還未完全瞭解其中各部分的合作模式。舉例而言，當你買一臺新電腦，裡頭可能已經安裝了最新版的Windows作業系統，但你必須另外購買遊戲與生產力軟體，並將它們載入機器。在這方面，生物就和電腦不一樣了，我們的機器與內部資訊可是存在密不可分的連繫。

即使到了今日，我們的電腦仍只算得上高級計算機，除了耗能以外，它們相當脆弱、無法自我修復或生產更多新電腦，在未連接到印表機的情況下它們也無法生產出實物。如果電腦也有夢想，那它們想必夢想成為細胞那樣的「電腦」吧——我們的細胞能自我複製、自我修復，而且幾乎任何能源都能使用。

這正是基因泰克開創性的方法重要之處，也是為什麼合成生物學將重塑我們所知的生命。一旦能解讀與操縱生物語言，我們將能影響細胞內部的運作，除了解讀與編輯基因密碼——生產胰島素或小幅度修復基因——以外，還能編寫新的指令，讓細胞傳達指令後生產出新的生物產品。優泌林是合成生物學的早期產品，而合成生物學領域雖然很新，卻在持續成長。該領域研究者很難定義它的範疇，不過合成生物學大致涵括化學、生物學、電腦科學、工程學與設計領域，目標只有一個：影響細胞工廠與生命的作業系統，編寫更新、更好的生物密碼。

合成生物學不僅和電腦科學有交集，還和人工智慧有交集，它可以應用機器學習揭露大數據之中有意義的規律。我們平時使用的許多服務背後都找得到機器學習的影子，例如你在YouTube與Spotify上的推薦影音，以及你和Alexa與Siri等語音助理的互動。在生物學方面，機器學習能幫助科學家以現存規律為基礎，做許多小小的賭注，追求特定方向的成果。當你的實驗有許多變數時，你往往得有條不紊地做許多微小變動，調整各種材料的量、材料本身，以及輸入——即使做了這麼多調整，你最後可能也無法得出好成品。Google的DeepMind部門專門研究與建造人工智慧系統，用人工智慧處理龐雜問題，他們開發出了測試與模擬長鏈胺基酸複雜折疊規律的方法，解決了長久以來令科學家煩惱的問題。DeepMind開發出的系統名為AlphaFold，它可用來預測人類與二十種模式生物超過三十五萬種蛋白質的結構，且此資料組預計會在二〇二二年達到一億三千萬種蛋白質結構。[26]只要使用AlphaFold，科學家便能迅速開發治療疾病的藥物，速度會比基因泰克製作優泌林時使用的反覆試驗法快得多。[27]此技術與其他合成生物學方法可以幫助研究者往較有潛力的方向進行更多探索，降低將新藥引進市場的成本。

早在人工智慧、大型資料庫、機器學習與深度神經網路逐漸超越人類智慧的時代**以前**，基因泰克團隊便成功合成了人類胰島素，而在今天，我們擁有龐大的蛋白質與代謝資料庫，還有能重複進行數十億次模擬的電腦，可以用電腦解決運算方面的問題。假如讓同一群研究者在今天解決胰島素問題，他們根本不必耗費數月在實驗室裡用試管與培養皿做實驗，只須配合人工智慧平臺作業，就能在短短數小時內找出所有不同蛋白質的三字母組合，設計出完美的解決方案。

每一天，你體內四十兆個微型工廠會自行遵從指令、做決策、複製與互相溝通，過程中完全不會尋求你的許可或指示。在接下來十年內，合成生物學會將改寫終極超級電腦——細胞——的能力放入人類手中。

改寫壞基因

那麼，我們能不能挑戰一個深植人心的假設——導致比爾罹患第一型糖尿病的壞基因，不過是人類天生的不幸——呢？比爾其實運氣很不錯，他父母知道該如何讓他得到良好的照護，而且更重要的是，他們有錢讓兒子接受治療。治療糖尿病成了全家人合力執行的任務，在學年結束後，父母幫他報名了糖尿病患者夏令營，讓比爾和其他罹病的孩子相處並向醫師學習控制疾病的方法。然而即使到了今天，即使你能像比爾那樣參加特別營隊，即使你父母同樣提高警覺注意你的身體健康，糖尿病對於你未來的影響仍會是未知數。

在COVID-19疫情高峰期，美國有數百萬人失業，同時也失去了醫療保健。這時，Facebook上出現了許多糖尿病患者的共享社群——一些有健保且有多餘胰島素的人，開始為買不起胰島素的病人提供藥物，幫助他們活命。[28][29]這些並不是絲路（Silk Road）或網路黑市般的祕密交易，而是一些人利用現行體制拯救人命。但即使在COVID-19之前，美國也有百分之二十五的糖尿病患者因為胰島素價格的緣故，被迫限縮自己的胰島素用量。[30]（這在拉丁裔、原住民與黑人患者族群更是常見，因為這些族群無論是糖尿病患者或貧窮比率都較高。）在許多國家因疫情而封鎖國界以前，美國糖尿病患經常到墨西哥或加拿大，以遠低於美國本土的價格購買胰島素。[31]

美國約有百分之十的人每天都需要胰島素，卻只有賽諾菲（Sanofi）、諾和諾德（Novo Nordisk）與禮來三家公司生產胰島素，價格也逐年飆漲，[32][33]在二〇一二與二〇一六年間，一個月份的胰島素價格從二百三十四美元暴漲到了四百五十美元。[34]今天，一罐胰島素可能要價二百五十美元，而有些人每個月需要六罐，以致一些缺乏好健保方案的美國人不得不限縮胰島素使用量──或者在買胰島素、養家糊口與繳房租之間做抉擇。藥廠表示，價格上升反映了創新的成本，他們花了不少金錢與時間創造更有效的配方、試劑與科技──這我們之前在基因泰克、班廷與貝斯特的研究過程中見識過了──而且作為上市公司，他們投入研發的資金也必須要賺回來才行。

反顧歷史，我們在這之中看見一種諷刺：還記得班廷、貝斯特等人最初在一九二三年發現與製造胰島素的事嗎？當時他們拒絕商業化發展，也不願意憑這項發現賺錢，而是以一美元的超低價將專利賣給了多倫多大學（University of Toronto），希望所有需要這種救命藥物的人都能買到胰島素。「在考慮胰島素價格危機的解決方法時，」《新英格蘭醫學期刊》（*New England Journal of Medicine*）編審委員會寫道，「我們必須記得……〔班廷與貝斯特都〕認為胰島素應屬於大眾。將近百年後的現今，美國卻因價格高漲而有數千人買不起胰島素。」[35]

在今天，胰島素是由工廠用合成方法生產出來，但它的效果不過是模仿人體本該完成的工作而已。隨著合成生物學不斷演進，我們將不受限於單純的模仿，也許還能設計客製化的細胞株，專門生產胰島素，以精確且複雜許多的方式治療糖尿病。最有潛力的相關研究之一，目標是設計出可只在必要時生產胰島素的細胞。這份研究可能影響深遠──如果在未來，我們不再需要昂貴的胰島素了呢？如果糖尿病患者不再需要注射或輸入胰島素，而是能注入可因應血糖濃度自行生產胰島素的合成細胞，簡單地用一劑藥物解決問題呢？

聽起來很像科幻故事吧，但這個未來比你想像中近得多。在二〇一〇年，全球最傑出的生物科技學家——約翰・克雷・凡特（John Craig Venter）——率領團隊合成了一整隻細菌的DNA，人為複製出自然界已然存在的DNA分子……不過，他們還在序列裡加了料。除了細菌基因以外，新的基因體還包括協助寫計畫的四十六名研究者姓名，以及J・羅伯特・奧本海默（J. Robert Oppenheimer）的名言、詹姆斯・喬伊斯（James Joyce）的詩句，還有能像拼圖一樣解碼的祕密留言。那隻細菌繁殖時，將包括詩句、名言與留言在內的這組新生物密碼遺傳給了後代，代代傳承下去。這是我們第一次見證到新型態生命，這種人為設計、用以完成特定任務的生命體不僅能成功創造出來，還能夠生存、繁衍。[36]

凡特團隊做的可不是合成人類胰島素那般簡單的工作，而是利用電腦生成的基因體，刻意設計了生命的演化。我們在二〇一九年便瞥見了那種力量的潛力，當時與凡特合作的研究者證明了編寫遺傳密碼的可行性，由此可見，在未來某一天像比爾這樣的人也許能後天改善自己天生的壞基因。[37]換句話說：如果能將細胞再程序化，那也許糖尿病患者自己體內就能「成立」藥廠。

這件事牽涉極廣，可能造成深層次的影響，也可能造成偌大的問題：既然科學家能創造天生標記著「去生活、去犯錯、去跌倒、去勝利，去用生命重塑生命」詩句的新細菌株，那我們自己的生物機械是否也能加入一些客製化功能與特質呢？[38]假如在未來所有生命都可以改寫，那擁有知識與能力的人將掌握無限力量，能夠創造生命、改變既存生命體，無論好事壞事，幾乎什麼都做得到。

因此，人們展開了第二場競逐——這回目標不只是一顆細胞，也不是胰島素這樣的單一蛋白質，而是整個人類基因體。這回，競賽的賭注更高，結果除了意料之外的選手得勝以外，還有一些新的憂慮浮上水面：我們該將編寫人類共同遺傳密碼的權限交給誰呢？

第2章　往起跑線的賽跑

一些研究者認為，既然我們能解讀生命密碼，那就能重新打造它、修復它——甚至是重新設計遺傳密碼、達到各種目的——而為了測試這一套假說，研究者需要一組工具。在發現與成功合成胰島素時，我們畫了圖譜、製作了工具，最後還創造出了電腦系統，但也在過程中製造出一系列新的問題。原來真正困難的不是發現新事物，而是挑戰科學本身的政治與組織結構。於是，一場競爭激烈的賽跑開始了，其中一組人代表革新派、新科學與私募資金，另一組則是偏好保守方法的傳統守舊派，資金來自政府。

在試圖定序基因之前，科學家必須先回答一個關鍵問題：一股DNA上的基因究竟有多密集呢？在尋找答案時，各派勢力逐漸成形，競賽即將開始。

在一九八〇年代早期，美國能源部（Department of Energy，DOE）與科技和技術政策辦公室（Office of Science and Technology Policy）在猶他州辦了一場會議，討論遺傳學與能源議題——之所以以此為主題，是因為之前發生過一次極為恐怖的事件，事件的後果令人們餘悸猶存。美國在一九四五年用原子彈轟炸日本長崎與廣島，那之後多年，美國政府持續針對日本倖存者做（強迫性的）

研究。國會責令能源部的前身——原子能委員會（Atomic Energy Commission）與能源研發委員會（Energy Research and Development Commission）——研究輻射所造成的影響。[1]那數十年間，科學家研究與分析了他們使用的化學物質與散發出的輻射，以及這些所造成的後果，希望能藉此瞭解基因體結構及輻射所致的突變。

到了一九八四年，科學家在猶他州開會時，研究仍在進行中。[2]會議有不少重量級人物出席，包括生物學家戴維．博特斯坦（David Botstein，麻省理工學院〔MIT〕）、生物化學家羅納德．戴維斯（Ronald Davis，史丹佛大學），以及遺傳學家馬克．史柯尼克（Mark Skolnick）與雷伊．懷特（Ray White，猶他大學〔University of Utah〕）。[3]不過當遺傳學家喬治．丘奇（George Church，哈佛大學）談起原子能與人類演化的後果時，話題發生了出人意料的轉折。說著說著，他提起了製作完整基因圖譜的必要性，結果開啟了全新的話題——透過「基因連鎖」（genetic linkage）的理論，科學家理論上可以根據兩段基因間的緊密連結機率，來描繪它們在基因體中的相對距離和位置。藉著這種方式，他們預期能創建人類的基因連結圖。儘管當時的技術尚未完全成熟，但科學家相信在未來將能建立完整的人類基因體圖譜。

丘奇與其他科學家越想越覺得該推行基因體計畫——問題是，這會是一場浩大的工程。丘奇帶動了初步討論，探索基因體計畫的可行性，後續開了一系列會議，而在最終，定序人類完整基因體的計畫就這麼誕生了。[4]然而，在計畫啟動後不久，多個聯邦機構為此發動了領域爭奪戰，為計畫規模、經費與主導權爭論不休。一些人提出，假如要嘗試繪製完整的人類基因體圖譜（這可是前所未聞的艱鉅工程），那就必定得以國家衛生院（National Institutes of Health，NIH）為首執行計畫，而非由猶他會議主辦單位——能源部——為首腦。[5]與此同時，美國國家科學院（National Academy of Sciences）成立了特別委員會，專門提供相關意見並輔佐立法人士。在一九八七年，國會決定成立隸屬國家衛生院的新組織，名為「人類基因體計畫」（Human Genome Project，HGP）。先前因發現DNA雙股螺旋結構而榮獲諾貝爾獎的詹姆斯・華生（James Watson）當時在國家衛生院供職，他在一九八八年對國會說明定序解構DNA分子、解碼基因體的重要性與必要性，他認為即使該計畫費時數十年、耗資數十億美元也有執行的必要。[6]

衛生院與能源部簽署一份備忘錄，同意「協調人類基因體相關的研究與技術活動」，華生則成為衛生院新成立「人類基因體研究辦公室」（Office of Human Genome Research）的主管，負責主導這項計畫。[7]原始計畫是在二〇〇五年前完成人類基因體定序——這會是一個為時十五年的計畫，五年為一輪募資，一共募資三次。大部分資金會由國家衛生院接收使用，不過能源部也將在計畫中扮演配角。[8]

那段時期，一位頗有潛力的年輕科學家也在衛生院工作，他以工作速度及不服從權威聞名，這位科學家就是約翰・克雷・凡特。那是在他未經允許便用細胞「出版」詩句、惹怒喬伊斯遺產委員會多年之前的事了。

凡特小時候在加利福尼亞州密爾布瑞市（Millbrae）長大，這是舊金山國際機場西邊的一座勞工城市。[9]他從小展現出了出人意料的冒險精神，喜歡騎腳踏車在機場跑道上和飛機賽跑，即使被警衛警告——甚至是被大聲喝斥——後，他仍然樂此不疲。凡特一家小小的屋子座落在鐵道附近，他有時會站在軌道上看著列車直衝而來，直到最後一刻才及時跳開。上高中以後，凡特在木工課與生物課嶄露頭角，雙手閒不下來的他在畢業前造出了兩艘快艇。另外，他還喜歡去海邊，在天候適宜時下水衝浪……很多時候天候不佳他還是會去衝浪。[10]

在一九六四年，凡特為了躲避徵兵而加入美國海軍，作為醫務兵被派至聖地牙哥的海軍醫院——基本上就是去當醫師助理。他早上在醫院做腰椎穿刺與肝臟切片檢查，下午則去拉霍亞（La Jolla）的沙岸衝浪。儘管已經加入海軍，凡特後來還是被派至越南，在一九六八年新春攻勢（Tet Offensive）期間於峴港市海軍醫院見證了腥風血雨，服役期間不停和上級長官發生衝突。歸國後，凡特在加州大學聖地牙哥分校（UC San Diego）讀博士班，在曾參與曼哈頓計畫（Manhattan Project）的知名生物化學家內森・卡普蘭（Nathan Kaplan）門下學習，最後修得了博士學位。[11]

凡特從一九八四年開始在國家衛生院工作，在那個年代，大部分科學家在研究個別基因時，必須用一套費工的方法解讀整段序列。凡特看著他們工作，回想起自己在實驗桌前賣力工作的日子，以及過去在越南治療重傷者的經歷——他過去學到了在未掌握完整資訊的情況下解決問題的辦法。他不禁想到，如果能像拼拼圖一樣，將基因片段分離出來解讀完再拼湊回去，那讀取基因序列的速度想必會快得多。

凡特提出了解碼基因片段而非完整序列的特殊方法：他首先分離出所謂的「表現序列標籤」（expressed sequence tag，EST），也就是用反轉錄酶（reverse transcriptase）複製回DNA序列裡的

mRNA片段。[12]這些DNA短片段能幫助我們瞭解序列中存在的基因、基因在基因體當中的位置，以及它們在特定細胞或組織中是否有開啟。凡特用表現序列標籤辨識出先前未知的人類基因片段；他將這些表現序列標籤當作一塊塊拼圖看待，試圖用特製的電腦辨識軟體連接基因片段，拼湊出較完整的基因藍圖。

研究同儕對凡特的方法不以為然，認為他的方法像是草草略讀基因一樣太過隨便，應該用傳統較深入的解讀方法才對。凡特選擇無視他們。到了一九九一年，他從約三百五十段人類基因中辨識出了新的片段序列，進度遠遠超前其他研究者，這在當時就是人們對於人類基因體最為完整的認知。[13]這個數字具體而言是多是少呢？人類基因體當中的遺傳訊息共有至少六十四億個字母，約等於四千本《白鯨記》（*Moby Dick*）的字母數。[14]話雖如此，三百五十段序列也算是一個好開端了，而且凡特的新方法比傳統辨法簡單、有效且快得多。面對此情此景，自然有一些科學家備感威脅，凡特準備將研究成果投稿同行評審的期刊時，一些同事央求他不要投稿，以免危及他們的名譽與基因體定序的經費。凡特逕自投出了論文，他認為若加入超強電腦與定序程式的助力，他提出的方法便能加速且規模化——而在發表自己這些技術相關的論文後，也許會有更多研究者加入他的陣營。[15]

詹姆斯・華生不甚喜歡這名強勢的年輕下屬[16]——人類基因體計畫是一項複雜又浩大的工程，他認為應將工作分配給多個團隊處理才好。他安排全美多所學術機構分別做DNA定序，這項巨大的任務他認為會耗資三十億美元（約等同今天的六十億美元），經費來自美國幾個政府機構與倫敦的惠康基金會（Wellcome Trust）——全球最大的醫療慈善基金之一。[17][18]華生等人最初草擬了一份五年計畫書，預計在五年內達成目標。首先，他們會改良與開發定序人類基因體所需的科技，定序方法是分離出個別的染色體並選殖其中片段，整理出基因文庫（clone library）。他們會用遺傳學與物理方法排列選殖出的DNA片段，利用重疊片段組合出DNA序列。到了一九九〇年代中期，他們會開始定序這些選殖片段，用電腦分析序列以辨識出基因，最終判斷哪些基因和亨丁頓舞蹈症（Huntington's disease）、X染色體脆折症（fragile X syndrome）等無藥可醫的遺傳疾病相關。在定序與分析過程中，計畫參與者會試著開發更快的自動化方法，尤其著重DNA定序方法。

華生代表守舊派，他和其他傳統主義者不會探尋新方法，而見凡特的方法如此迅速，他們反而心生憂慮。其實，華生不只在科學發現方面目光狹隘——在華生與弗朗西斯．克里克（Francis Crick）因發現DNA雙股螺旋結構而一舉成名之前，倫敦國王學院（King's College London）名為羅莎琳．富蘭克林（Rosalind Franklin）的科學新秀就在用X光研究DNA分子了，該技術稱為「X射線晶體學」（x-ray crystallography）。[19]當時人們已知DNA在細胞轉型過程中扮演重要角色，富蘭克林就是想研究出DNA記錄遺傳訊息的方式。她用X光穿透結晶化的DNA樣本時，照出了該分子特有的繞射圖，但她還不確定那是什麼結構。一位學界前輩未告知她便將她的研究拿給華生看，結果就是你聽過的那個故事了：華生與克里克提出，DNA分子是兩條核苷酸鏈組成的雙股螺旋結構。華生不僅不肯將發現DNA結構的功勞給富蘭克林，後來在《雙螺旋——DNA結構發現者的青春告白》（*The Double Helix*）一書中還用具性別主義色彩的文字描寫她。華生將富蘭克林寫得很幼稚，稱她為「羅絲」（Rosy）——她本人可從沒用過這個暱稱——且比起她對科學界的貢獻，華生更致力描寫她的外貌：

我猜在最初，莫里斯（Maurice）希望羅絲能冷靜下來，但僅僅檢視情勢我就看得出她不會輕易妥協。她刻意不凸顯自己的女性特質，儘管五官陽剛，她的相貌並非不吸引人，若稍微注意穿著也許還能令人驚豔，但她並沒有這麼做。她從沒用口紅映襯直黑髮，都三十一歲了裙裝還令人聯想到英國穿著藍褲襪的青少年。我可以想見，她應該是個對人生不滿的母親的產物，母親想必過分強調了專業的好處，認為事業能讓聰明女孩子逃避和無趣男人的婚姻。[20]

華生對於女性、有色人種與LGBTQ社群有明確且強烈的意見，不認為這些人在科學界有立足之地，也不認為他們該成為研究者。他在一九九七年對倫敦《星期日電訊報》（*Sunday Telegraph*）記者表示，如果未來發現「同性戀基因」，那就該允許胎兒帶有此基因的孕婦墮胎。[21]華生在加州大學柏克萊分校（UC Berkeley）客座演講時，對學生表示自己不願意聘僱肥胖者，並錯誤地表示深色皮膚與性能力之間存在基因關聯。[22]他在二〇〇三年一部BBC紀錄片中表示，遺傳學研究可用以改善女性相貌不佳的問題：「有人說我們讓所有女孩子變漂亮會很糟糕，但我覺得會非常棒。」[23]在二〇〇七年，華生對《倫敦時報》（*London Times*）表示非洲人「先天」不如歐洲人聰明：「〔英格蘭〕所有社會政策的基礎，都是他們的智力和我們相當——但是從所有測試結果看來事實不然。」[24]同年，他在《君子雜誌》（*Esquire*）一次訪談中強化了對於猶太人的刻板印象：「為什麼不是所有人都和阿什肯納茲猶太人同樣聰明呢？」他如此問道，並表示應付錢讓聰明的富人（也許不限猶太人）多生小孩。[25] 到了二〇一九年，華生更是直截了當地在一部PBS紀錄片中提出：「黑人和白人智力測驗的平均分數有差異，我覺得這是基因上的差異。」[26]

華生會覺得凡特威脅到自己的地位也不奇怪，畢竟凡特留了多年的長髮、支持女性，也希望自己能多和聰明人相處，完全不在意這些人的身分背景。凡特這個人只重視科學。

至於凡特呢，他也沒有掩飾自己對華生的厭煩，導致國家衛生院內部出現裂痕。他相信用自己的方法能較快完成工作，成本也低得多，但他也明白衛生院習慣了既存的體制與方法，因此才發生摩擦。話雖如此，凡特還是將問題歸咎於華生，認為華生不適任行政主管，並表示華生創建的官僚體制「已成為無意義、煩人又惱人的分心之物，令人無法專注於科學」。[27] 然而凡特也缺乏耐性與說服人的才能；在大型組織裡，魅力與交涉能力往往是成功關鍵，而他直言不諱、愛挑戰他人的態度並不討人喜歡，反倒有不少人對他恨之入骨。他曾對人說道：「我浪費了時間、精力和情緒，和沒有真心想讓外人分析人類基因體的那些傢伙鬥爭。」[28]

儘管如此，衛生院仍決定用凡特辨識出的基因片段申請專利，這是相當重要的一舉，因為握有專利的人就能決定如何授權使用這些片段。凡特想申請的並非生物物質本身的專利，而是他定序出來的編碼——美國專利及商標局（US Patent and Trademark Office）不會通過這種專利。華生為此大發雷霆，高聲謾罵衛生院長伯納丁・希利（Bernadine Healy），並要求衛生院收回申請專利用的經費。（希利同意了。）[29] 然而，衝突已經從衛生院擴散至國會了。華生與凡特在一九九一年被召到國會山莊一間聽證會室，房裡沒幾個人，因為當時美國剛開始將五十四萬軍人撤出波斯灣戰爭，洛杉磯還傳出四名警察多次毆打羅德尼．金（Rodney King）的影片，所以國會沒能花太多心思爭論少有人能定義的晦澀議題。[30][31]現場有幾位參議員，不過他們似乎對基因體學認識不深，即使提出關於計畫與專利的問題，問的也都是基礎問題。華生竭力表達自己對於凡特工作方法的疑慮，說到激動處還將凡特比喻為猴子。「這不是科學！」華生大喊道。[32]

那年十月，專利局拒絕了衛生院的申請案。[33]

凡特對華生與衛生院越來越不滿，他希望能將衛生院先前發給他做DNA定序的經費用來做表現序列標籤定序。他試圖徵求許可——也許在衛生院工作這段期間，他終究學到了官僚體制的運作模式——然而人類基因體計畫否決了他的請求，也不讓他參與計畫。凡特對他們深感嫌惡，他將經費退回，還寄了封尖酸的信給華生。不久後，凡特離開了國家衛生院，這時有個名為華萊斯．史丹伯（Wallace Steinberg）的創業投資者提議用凡特的表現序列標籤定序法成立新公司，不過凡特希望集中精力做基礎研究，不想將心思用在經營企業上，於是他和史丹伯談成了稍稍不同的協議。凡特會和太太——基因體學者與微生物基因體學專家克萊兒．弗雷澤（Claire Fraser）——在基因體研究院（The Institute for Genomic Research，TIGR）合力進行研究，史丹伯則會成立人類基因體科學（Human Genome Sciences）營利公司，兩個組織再來合作，由人類基因體科學公司將凡特在基因體研究院的研究成果開發後做商業應用。後來，華生因處理凡特與專利問題及其他一些爭議，被迫在一九九二年辭去人類基因體計畫主導者之職，[34]他憤然退出公眾視線，但仍默默地在背後為人類基因體計畫做些顧問工作。

到了一九九四年，人類基因體計畫已然建構了足以繪製果蠅、酵母菌、線蟲與大腸桿菌基因體圖譜的科技與流程，卻仍無法做到完整定序，進度也相當遲緩。[35]與此同時，凡特與當時在約翰．霍普金斯大學醫學院（Johns Hopkins School of Medicine）的同僚漢彌爾頓．O．史密斯（Hamilton O. Smith）提出了又一種用爭議性技術加速基因體研究的方法（很不意外吧）：霰彈槍定序法（shotgun sequencing）。在用傳統方法繪製基因體圖譜時，科學家必須費力地分離出個別染色體，在染色體上每隔一段切出小片段DNA，將片段排序後用定序機器「解讀」密碼。這段過程雖合乎邏輯且有條理，卻十分緩慢，等同暴風雪中開高速公路，你只看得見前方一小段距離的道路。[36]

使用霰彈槍定序法時，史密斯與凡特會將複製出來的多段基因體DNA切碎，然後將片段選殖放入細菌質體（plasmid），每一個質體含數百個字母的DNA密碼，定序後由電腦軟體解讀每一段、找到重疊處並拼湊起來。如此一來，他們便能拼組出完整的基因體，不必花大把時間排列選殖質體的順序。

這種方法當然也稱不上簡單——霰彈槍定序法雖已被應用於較小的計畫，當時卻還沒有人將它用在人類基因體這般龐雜的研究上。為了切割出有多處重疊的DNA片段，他們必須將DNA切得極碎，產生大量須定序與拼組的片段，也須使用專門的軟體與電腦硬體。儘管如此，凡特與史密斯這套方法仍堪稱奇計，嚇壞了科學界的大多數人。

史密斯與凡特向國家衛生院申請經費，想做流感嗜血桿菌（*Hemophilus influenzae*）——造成兒童腦膜炎的細菌——的霰彈槍定序，還對衛生院表示該計畫只需一年時間便能完工。[37]這種細菌的DNA密碼多達一百八十萬個字母，若要在一年內完成定序，那包括週末在內，他們必須每天辨識並比對拼湊約五千個精確的密碼片段。[38]衛生院審核小組給這份提案很低的評分，還譴責了史密斯與凡特，表示用霰彈槍定序法做基因體定序非但不可行，風險還非常高。史密斯與凡特提出重新審核的請求，不過凡特還未收到重審結果便逕自開始執行計畫，他認為慢慢等官僚系統重審計畫案太浪費時間了。

一年後的一九九五年五月，美國微生物學會（American Society of Microbiology，ASM）在華府舉辦年會時，邀凡特與史密斯發表主題演講。[39]本書作者安德魯也參加了那場年會，他和同事肯尼・山德森（Ken Sanderson）與肯尼・魯德（Ken Rudd）當時在研究腸道沙門氏菌（*Salmonella typhimurium*）這種細菌的雜交作圖（hybrid mapping，指包括基因與物理部分的生物圖譜）。安德魯還記得，那天數千名科學家震驚地聽凡特與史密斯宣布流感嗜血桿菌基因體的定序工作已然完成，兩人一步步介紹他們的工作程序，並且用電腦產生的圖譜詳細展現出基因體結構。這是人類第一次完整定序自由生活生物的基因體。然後，在史蒂夫・賈伯斯開始在演說最後加上「對了，還有一件事」的四年前，凡特與史密斯在演講最末展示出了**第二種**細菌——生殖道黴漿菌（*Mycoplasma genitalium*）——的完整基因體圖譜。

安德魯深知這份消息意義重大，他原先以為廣受研究與作圖的大腸桿菌會是最先被完整定序的細菌，沒想到凡特與史密斯後來居上，超前整個微生物學界完成了另外兩種細菌的基因體定序。安德魯很快就決定離開學術界，加入生技製藥公司安進（Amgen），這樣才能獲得做凡特等級大規模基因體定序的技術與財政資源。

數月後，凡特與史密斯照計畫在於著名的《科學》（*Science*）期刊發表兩種細菌的基因體細節。[40,41]結果，論文發表在期刊上時，凡特等人剛好收到了衛生院重審委員會最終的否決信，信中表示史密斯與凡特的霰彈槍定序法不可行——凡特想必對事情諷刺的展開暗自竊喜吧。

與此同時，傑出的醫學遺傳學家法蘭西斯·柯林斯（Francis Collins）繼被迫下臺的華生，成為人類基因體計畫的新主導者，不過華生並沒有就此消失，而是經常私下和柯林斯分享自己的意見。基因體研究院的研究者已經轉移目標，開始做其他計畫了，但凡特一想到有更好的基因體定序方法便為過去的事耿耿於懷。他的想法頗有道理——從內部審核報告看來，以目前的速率進展下去，到二〇〇五年截止日期以前只可能成功定序人類部分基因。華生之前堅持建立複雜的組織架構，其中包括許多不同的團體，每個團體都領了經費，但並不是每個團體都拿出了成果。人類基因體計畫因組織過分膨脹而失去了推進力，甚至連計畫本身都岌岌可危。

加速

不可能有人將珀金埃爾默公司（Perkin-Elmer Corporation）誤認為埃克森（Exxon）或寶僑公司（Procter & Gamble）等級的大企業，不過它在特定圈子裡也稱得上家喻戶曉：該公司販售科學家做DNA定序所需的化學藥劑，在此市場的占有率約為百分之九十。一九九〇年代，珀金埃爾默其中一家子公司——應用生物系統公司（Applied Biosystems）——忙著進行一項小型旁支計畫：他們製作出名為ABI Prism 3700的自動定序機，用填滿膠體的毛細管或細管取代當時常用的大塊扁平膠體，可以高速且持續定序DNA。[42]

安德魯在參加美國微生物學會年會的數月前，曾到加拿大亞伯達省愛德蒙頓市（Edmonton）拜訪專精單分子偵測系統的傑出分析化學家——諾曼．多維奇（Norm Dovichi）博士——除了和多維奇博士討論新「合成定序法」的合作以外，他還見識到了ABI Prism 3700原型機。多維奇博士禮貌地聽了安德魯的提案，但表示自己因為太忙而無法合作，況且他已經著手製作新的定序機，他也很樂意讓安德魯看看這臺機器。原型機有三十二條毛細管，每一條等同平面式定序膠上一條「跑道」。（最終版本則會有九十六條毛細管，和機械化系統標準微板上的孔數相同。）多維奇還將定序機的表現數據分享給安德魯，安德魯快速計算了一下，發現這樣一臺機器能在短短兩三週內定序一隻細菌的基因體。[43]

僅僅一臺ABI Prism 3700還不足以獨力定序人類基因體，不過珀金埃爾默公司部分高層認為若同時使用數百臺機器，就能比傳統方法更快解碼人類DNA。用這種方法讀出來的遺傳密碼也許會有些漏洞，但也算是初步解決了問題，且他們只須多次用電腦程式處理定序結果，就能補全遺漏或錯誤的密碼。這部分就令公司的財政部門相當擔憂了，因為所謂「再定序」可不是短短數月便能完成的工作，可能得耗費數年時間，而且相較於販售電腦，公司販售化學藥劑的獲利高得多。

珀金埃爾默高層聽過凡特的霰彈槍定序法，他們認為只要結合他們的電腦與凡特的方法，就能達成基因體學的一大突破。至於凡特呢，他立刻瞭解了技術結合的潛力，知道這樣能提升基因體解碼的速率，於是他和同僚在一九九八年走進了國家衛生院，宣布要成立以定序人類基因體為目標的私營企業，企業的根基將會建立在凡特的技術與大量**ABI Prism 3700**電腦之上。[44]他們提出公私營機構合作的提案：他們有新方法與電腦，若和衛生院科學家較傳統的研究方法結合，就能在二〇〇五年死線前完成人類基因體定序，並在過程中省下大量政府經費。[45]凡特提議共享數據，而一旦人類基因體發表出去，他們所有人都能同享人類史上最大科學成就之一的光榮——雖然沒人敢將這句話道出口，不過這項計畫如果獲得諾貝爾獎，所有人也將共享那份榮耀。

柯林斯對凡特表示會考慮他的提議，然而凡特也許不完全是抱著合作的心態提案的——他其實已經聯絡了《紐約時報》（*New York Times*）洩露風聲，對記者表示他的新公司塞雷拉基因體公司（Celera，取自拉丁文，意思是「速度」）會在二〇〇一年完成人類基因體定序，比人類基因體計畫預估的完成期限早了整整四年。他另外在新聞稿裡表示，塞雷拉公司使用的經費會遠低於人類基因體計畫，不到三億美元——這是由公部門出資、聯邦政府主導的人類基因體計畫十分之一不到的預算。《紐約時報》刊登的報導暗示道，有了凡特經實驗證明的方法與最新式超級電腦，人類基因體計畫較緩慢的傳統方法也許會失去存在意義。[46]報導刊登出來後，凡特在和人類基因體計畫開會時出言譏諷其他與會者，叫他們乾脆別再做下去了，反正不久後他們的進度將會大大落後。

凡特對他們的嘲諷還沒有結束，在會議過後，他們開記者會說明目前為止的定序進度，臺上與柯林斯座位相鄰的凡特直接對記者說道：人類基因體計畫應該訂立較可行的目標，定序小鼠基因體就好。說到此處，凡特也許意識到自己說得太過分了，他「稍微」退一步說道：「小鼠是詮釋人類基因體的必經之路。」記者會結束後，當時沒和柯林斯與凡特一起上臺的華生在大廳破口大罵，公然拿希特勒（Hitler）和凡特相提並論。[47]事後，華生還在旁人面前責難柯林斯，叫他振作起來模仿邱吉爾（Churchill）的風範，別像張伯倫（Chamberlain）一樣軟弱。[48]

人類基因體計畫的其他科學家不只厭惡凡特的方法與冷嘲熱諷，他們還認為為了如此關鍵的研究成立營利企業有失品德，也擔心凡特非但會搶先完成目標，還會阻礙其他人使用他的研究成果。技術上而言，塞雷拉公司能讓所有人觀看與使用定序出的基因編碼，但如果沒有合適的電腦系統，同時又未深入瞭解凡特的研究方法，外人也許完全無法解讀凡特對大眾公開的資料庫。況且，想要實際分析基因體——這是最重要的部分，只有分析了基因體，你才能知道不同基因所在的位置——你就必須付費。

為人類基因體計畫出資的倫敦機構——惠康基金會——得知這個由背棄人類基因體計畫之人創立的私營企業忽然插一腳、宣稱公眾計畫浪費了大筆金錢，當然十分擔憂。基金會高層擔心他們捐贈的高額款項被白白浪費、整項計畫被迫中止，於是他們飛往美國確認情勢。柯林斯試著說服他們計畫沒有問題，他表示凡特太過驕傲自大又愛自誇，且凡特的電腦與霰彈槍定序法不可能成功定序人類基因體。柯林斯甚至對《今日美國》（*USA Today*）表示，塞雷拉公司只可能做出人類基因體的「Cliff Notes（譯註：經常為學生所用的閱讀筆記資源）或《瘋狂雜誌》（*Mad Magazine*）版本」。[49]

競賽開始了。凡特表示自己的團隊會在二〇〇一年做出人類基因體草圖，二〇〇三年定序出完整版人類基因體圖譜。人類基因體計畫別無選擇，只能跟著快馬加鞭。華生開始向國會提出增加經費的要求，希望能為人類基因體計畫購買數臺ABI 3700——這些機器每臺要價約三十萬美元。國家衛生院加強了計畫執行，將工作集中分配給三個學術中心：貝勒大學（Baylor University）、麻省理工學院與華盛頓大學（Washington University），不過這麼做就表示其他許多參與者被排除在外，這時有數百位科學家已經為定序人類基因體努力了將近十年，經費卻突然被砍。為什麼會發生這種事呢？原因顯而易見：是突然出現的新競爭對手重塑了這項計畫。

破解密碼

競速開始時，有些人試圖協調國際聯合團隊與塞雷拉公司之間的合作，不過到了二〇〇〇年二月雙方關係越來越緊張，談判也不了了之。雙方大部分時候是透過新聞媒體互相非議，凡特氣人類基因體計畫將他們寄給塞雷拉的一封信洩露給媒體，進而公開了塞雷拉公司所用的定序方法中的種種問題，於是凡特對記者表示人類基因體計畫用了「卑鄙」的方式回應他。與此同時，人類基因體計畫一位首腦人物出言表示，塞雷拉預計將他們的研究成果與對大眾公開的基因體數據賣出去，這簡直就是「詐欺」行為。[50]

二〇〇〇年三月，凡特發表了重大聲明：塞雷拉公司使用他的技術與Prism機器，成功定序了果蠅（*Drosophila*）的基因體。[51]這項成就印證了凡特過去的主張，也證明塞雷拉的方法確實有效。到了這一步，已經有數百臺Prism機在嗡嗡聲中不停運轉、解讀密碼，乍看下像是《007：空降危機》（*Skyfall*）電影裡規模巨大的現代伺服器農場，只不過這一切都發生在「伺服器農場」一詞問世的多年以前。凡特另外表示，塞雷拉已經開始解讀人類DNA，再過不久便能完成一份人類基因體草稿——其中包括約十二億個字母的編碼——並且送出了六千五百段人類基因的專利臨時申請案。

專利是賺錢的商業模式之基礎，持有專利的人就能賺入大把金錢。我們可以將這種情況想像成大富翁遊戲，只不過玩家的動作與特權並非由擲骰子與運氣決定，而是受科學發現左右。最先發現新基因的團隊會提出所有權主張，而申請專利就彷彿在那個格子蓋房子或飯店，其他人若想要或需要使用那段基因，就必須付錢給該團隊（也就是支付授權費）。凡特的策略簡單又明確：他每找到一段基因就會用臨時申請案提出所有權主張，晚點再來決定哪些基因值得他進一步送出正式的專利申請案。

無論在保健、醫療或基因體學領域，專利都十分重要，因為它們允許持有者製作可以賺錢的商品，例如治療痼疾的新藥。塞雷拉申請多份專利，就表示在接下來十七年內，所有以這些基因為基礎製作的東西都將屬於他們。但你可以想想看，如果各家公司分別占據了人類生命的基礎要素使用權——如果塞雷拉公司將特定基因占為己有，人類基因體計畫占據另外一些基因，其他企業或政府機構也自己持有其他基因的使用權——那結果會如何呢？定序人類基因體仍是關鍵工作，不過各方勢力割據基因體圖譜只會使定序工作慢下來，人們無法快速獲得這些研究所得的必要資訊，用新式基因療法解決棘手健康問題所需的合作會變得困難許多，也會增添許多不必要的成本。根據統計，大富翁中最常有人落在紅色與橘色格子上，所以這些區塊較可能帶給地主大量租金收入。假如人類基因體計畫與塞雷拉公司在大富翁遊戲板上互相追逐，雙方都試圖占據紅色與橘色地產——定序對一般基因療法而言最有用的基因，並且申請專利——那問題就大了。

科學界為這些智慧財產權問題頭疼不已。再這樣下去，塞雷拉公司可能會取得數千段人類基因的專利，誰知道凡特之後還會想出什麼駭人聽聞的主意呢？

其中一些人顧慮的是存在問題：假如塞雷拉成功了，外界便會認為傳統的基礎研究——一般由大型研究機構與政府機關進行的研究——可能不是最佳選擇，應該由規模較小、彈性較大的經營團隊進行研究才好。凡特標新立異的方法威脅到了傳統科學界。

除了研發新科學技術以外，塞雷拉還試圖創建生物科技界的新商業模式。[52]凡特打算對大眾公開基因體的原始數據，不過他的公司會銷售相關軟體、讓人訂閱使用處理過的數據，且外人須付費才能使用他們效率極高的定序機器、將數據轉換成可用的形式。塞雷拉公司的價值一度高達約三十五億美元，比人類基因體計畫的經費額高出整整五億美元。

除此之外，一想到塞雷拉想利用人類基因體這般普遍且與生俱來的東西獲利，許多人就感到憂心忡忡。人類基因體不該是公有領域嗎？況且在此之前，關於人類基因體的研究是由多國納稅人出資，為什麼要讓單一企業藉這份研究賺入大把鈔票？

科學界為此爭論不休的同時，凡特在二〇〇〇年四月六日宣布塞雷拉已完成必要DNA的定序工作，接下來會「初步組合」人類基因體。[53]他們後續只需短短數週時間就能生產出基因體草圖，進度比所有人料想的快得多。[54]塞雷拉定序的人類基因體屬於一名男性（他們並沒有公開這名男性的身分，不過一些人猜那是凡特自己的DNA，凡特並沒有證實此事——但他也沒有否認），人類基因體計畫則用了數人的遺傳物質。

到了這一步，塞雷拉勢必會搶先抵達終點，不過由於人類基因體計畫使用了大量政府經費，各方勢力都認為定序人類基因體的競賽、新知、新發現與新方法，最後都會以平局收場，由塞雷拉公司與人類基因體計畫共享這份功勞。話雖如此，他們仍面對一些麻煩的問題：製藥公司與生技公司都明白，其他學術研究者、政府機構與新創公司終究會需要這些基因體序列與專利，如果要研發出新的療法，他們就需要原始基因體數據與解讀數據的能力——不過沒有人想花錢使用這些數據。塞雷拉公司有兩個規模較小的競爭對手——人類基因體科學公司與英賽德公司（Incyte）——兩家企業都冒了巨大的財務風險試圖定序人類基因體，現在得想辦法將先前投入的金錢賺回來。

上述問題都反映了這種研究牽涉極廣的性質，你只要控制了他人對於特定基因的使用，便能控制人們觸及與步入生技未來的能力。商場上，只有生物學領域才有人爭論哪一個組織能控制它包裝研究成果的方式、哪一個組織能從中獲利。（最貼近這種情況的爭議，是當前對於個人數據資訊之使用與控制的討論，不過目前為止還沒有人實際採取行動解決問題，現在看來問題短期內也解決不了。）然而，這也突顯了生物科技領域——以及近在眼前的合成生物學領域——與世界上其他所有商業領域的不同之處。

和談

關於這許多議題的爭議最終被帶到了政府最高層的議事堂，結果在二〇〇〇年六月二十六日，凡特與柯林斯假作配合地到白宮和比爾．柯林頓（Bill Clinton）總統開會，出身工黨的英國首相東尼．布萊爾（Tony Blair）也在柯林斯與惠康基金會的遊說下，透過衛星通訊加入談話。[55] 華生並沒有收到邀請，不過柯林頓在談話中親切地認可了他的貢獻：

> 將近兩世紀前，在這層樓的這間房間裡，湯瑪斯．傑佛遜（Thomas Jefferson）和他信任器重的祕書一同攤開了一張了不起的地圖，這是傑佛遜多年來渴望此生能夠一瞥的地圖。那位祕書是梅里韋瑟．路易斯（Meriwether Lewis），那份地圖則是他勇敢地探索美國邊疆，一路探索到了太平洋的成果。那份地圖定義並永久拓展了我們這塊大陸與我們想像力的輪廓及邊界。
>
> 今天，全世界將加入此刻在東廂房的我們，見證一張更加重要的地圖。我們來此，是為了慶祝完整人類基因體初步研究的成果，這無疑是人類史上最重要、最奇妙的一張地圖。
>
> 不到五十年前，一個名為克里克的年輕英國人和一個更年輕性急的美國人——華生——

才剛發現了我們遺傳密碼優美的結構。華生博士，您在《自然》（*Nature*）期刊發表您的發現時，寫得實在保守過頭了：「該結構有一些新特徵，在生物學方面令人十分感興趣。」

先生，謝謝您。[56]

總統接著宣布，雖然完成基因體圖譜的競賽已然結束，從那一刻開始，公眾與私人研究團隊應合作造福全人類，完成無錯誤的最終版人類基因體圖譜。完成作圖後，他們會接著辨識出所有基因，最終將所有數據用以開發新的醫療方法。

然而，這歷史性的公告是以警告收尾：柯林頓表示，科學不能成為人類「道德、倫理與精神力量」的唯一裁決者，不可將遺傳訊息用來侮辱或歧視任何族群，也絕不該用以撬開隱私的大門。布萊爾首相跟著強調道：「我們所有人都共享一份責任，須確保人類基因體這共有財產能自由用於謀求全人類的福祉。」[57]

柯林頓對凡特與柯林斯道賀並握手之前，凡特說了最後一段話：「我和同僚在解碼病毒、細菌、植物、昆蟲與人類等二十多個物種的DNA時，其中一項美好的發現是，我們都和共同的遺傳密碼演化有著密不可分的關係。將生命縮小至最根本的要素後，我們會發現，我們和地球上所有物種都有許多共同基因，其實彼此之間沒有太大的差異。你聽了也許會很驚訝，不過你的序列和其他動物的蛋白質序列有超過百分之九十的相同性。」[58]

身為無神論者，凡特聽上去卻像個窺見了神聖之物的人，心中似乎多了幾分謙卑。[59] 除此之外，他的謙卑還有另一個原因：儘管在基因定序方面取得了偌大的成就，凡特知道自己不過是贏了奔往起跑點的賽跑而已。真正的競逐——設計合成生物學未來的競賽——才正要開始呢。

第3章 生命基石

「細胞」是所有生物共同的基本單位，這種優美的機器能傳遞訊息。它們雖然表現得和電腦有些類似，能夠儲存、提取與處理數據，卻和電腦迥然不同。另外，細胞還能像完全自動化的高科技工廠一樣運作，不同部門負責完成特定的工作，最後生產出成品。將細胞比喻為電腦與工廠時，我們就是在挑戰腦中對於生命的看法：我們很多時候會將生命想像成黑箱，知道（甚至能控制）輸入的是什麼東西，也能看見最後的輸出，卻不明白中間創造生命與操控生命系統的過程。假如能操控生命的基石——細胞——那我們就能對這些機器下指令，讓它們按照我們的指示工作。

如果將細胞視作含水的生物電腦，能夠執行指令、生產產品與服務，那我們也可以將DNA當作一種數位程式語言，只不過它並非二元系統。你桌上的電腦與智慧型手機能讀懂由1與0組成的訊息，這是一種由兩個符號組成的語言（所以稱為二元系統），其中1代表「是」、0代表「否」。這些1與0通常會八個串成一組形成「位元組」（byte），這是數位訊息的標準單位。舉例而言，字母「A」的二元碼是01000001，如果你想拼出「AMY」這個字，就會用到三個位元組，其中1與0都須以正確的順序排列。

DNA的語言則是使用A、T、C、G四個位元，DNA版的位元組則是「密碼子」（codon），由三個而非八個位元組成。舉例而言，ATG密碼子能轉換成甲硫胺酸（methionine）這種胺基酸，它同時也類似生物學上的「你好，世界」（hello world），細胞看到第一組ATG就知道要以此為起點製作蛋白質。

人類基因體計畫聯盟與克雷．凡特的團隊定序人類基因體時，辨識出約兩萬段基因，增進了我們對於人類「原始碼」的瞭解。這組密碼會拼湊成一系列指令，詳述我們發展與演化的構造、組織與功能等人類細胞的細節，只要瞭解了遺傳密碼，我們辨識、治療與預防疾病的能力便會有所提升，甚至還有機會考慮更為遠大的可能性。

細胞裡裝有一份完整的基因體，每一顆細胞都能夠決定自己的未來；一顆細胞不可能同時成為肌肉細胞與皮膚細胞——它必須做出選擇。在它的生命過程中，細胞有分裂與在岔路做選擇的潛能，每一代新細胞可能會越來越特化，不過還有另一種細胞——幹細胞（stem cell）——它沒有特化也沒有排他性，可以一再分裂與複製，因此是極具價值的再生資源。如果你在化療過程中細胞受損，幹細胞就會生產新的細胞替代它們，幹細胞還會幫助免疫系統抵抗血液疾病，並且協助受損組織再生。

人類在二十一世紀早期繪製出基因體圖譜，得以簡單認識各個基因的位置，以及染色體上基因與基因之間的距離。與此同時，有人提出了大膽的假說，開始構思用這份知識改善人生的方法，我們只缺乏細胞程序化所需的工具與標準化語言了。一些科學家在生物學與科技交會的新領域邊緣做研究，他們開始認為生命也許沒有原先想的那般神祕，而只是單純的機械——生命彷彿一道極富挑戰性的工程學謎題，等著人們去深入探討。然而，在無標準化共用語彙及等級化系統（部件、裝置與方法）的情況下，研究者無法分享他們的新發現，無法為新辨識出的生物學結構申請專利，也無法以其他人的貢獻為基礎做進一步研究。其他物質領域的基石都已經標準化了，舉例而言，你走進五金行買螺栓時不用特地問螺紋的規格，螺栓、螺絲、釘子等許多零件都是按照特定規格製作的。在工程領域，金屬、聚合物與其他材料也是如此，而在電腦領域，硬碟與記憶體也是按同樣的基本主機板規格而造，假使你的硬碟壞了那就直接上網訂新的，打開電腦換上新硬碟即可。那麼，為什麼生物部位不能按照標準規格製作與相互取代呢？

試想，如果能將生物部件標準化，我們將迎來何等神奇的未來？在那個耀眼的將來，我們可以走進分子生物工具店（wetware），購買標準化生物部件，以及用以合成分子的特殊印表機。我們可以將DNA重新想像為可改寫的數據儲存單位，細胞則可視為微型生產設施。一些人料想到了這些可能性，於是科學界有了生物技術員的需求，希望能由他們建立共同的生物學界面。在編寫新的密碼、試圖控制自然——甚至是編寫左右人類演化方向的新軟體——之前，必須有人開設硬體店。

✦ ✦ ✦

學生時期，馬文・閔斯基（Marvin Minsky）做了關於白日夢的白日夢：他思考了「思考」這個概念。閔斯基戴著圓眼鏡，留有一頭濃密的棕色翹髮，在父親的藏書室看書時他又會將頭髮撥得更亂。他居住在紐約布朗克斯區，其他孩子在外頭玩棍球時，閔斯基都忙著閱讀佛洛伊德（Freud）作品集，肖想著以後要建造人腦的複製品——不是自動機器人，而是真正能思考的機器。他幻想的人腦複製品不僅和我們擁有相當的運算能力，還能夠像人類一樣創造、想像與感受。身為學生的閔斯基友善又討人喜歡，他在學校探索了自己的想法，先是就讀優秀的布朗克斯科學高中（Bronx High School of Science）——該校校友包括多位諾貝爾獎得主——接著入學麻州安多弗鎮的菲利普斯學院（Phillips Academy in Andover），也就是知名遺傳學家喬治・丘奇後來就讀的學院。

閔斯基在一九四六年到哈佛大學讀書，原本打算讀數學，但沒過多久他就發現自己的學術前途蒙上了一層迷霧。他讀了數學與物理——然後又學習心理學、語言，甚至和著名音樂家阿隆・科普蘭（Aaron Copeland）、李奧納德・伯恩斯坦（Leonard Bernstein）同樣成為歐文・芬（Irving Fine）的學生，學習作曲。雖然他當時仍是大學生，閔斯基卻自己經營實驗室，這對大學部學生而言十分難得，而且他們做的還是跨領域研究，同時研究生物學與心理學。做研究時，閔斯基大部分時間都用以研究人的心智：它的運作方式、思想的起源、它如何控制人體其他功能、它和器官與細胞之間的互動，以及我們是否真有自由意志。他隨著無可滿足的好奇心追尋下去，將焦點放在心目中最有趣的三個問題之上：遺傳學、物理學，以及人類智慧。[123]

到了一九五〇年代中期，閔斯基得到了數學博士學位，卻仍執著於大腦在基本層面上的運作方式。在一九五六年，他和數學家約翰・麥卡錫（John McCarthy）、數學家與貝爾實驗室（Bell

Labs）密碼學家克勞德・夏農（Claude Shannon）、IBM公司電腦科學家納撒尼爾・羅切斯特（Nathaniel Rochester）幾個朋友提出了為時兩個月的專題研討計畫，旨在探索人類頭腦，以及回答「機器是否有可能像人類一樣思考」這個問題。他們集結電腦科學、心理學、數學、神經科學與物理學等多領域的獨立研究者組成跨領域團隊，在暑期的兩個月裡於達特茅斯學院（Dartmouth）探討人腦與機器之間的連結，兩個月過後提出了新的研究領域，也就是我們現今耳熟能詳的「人工智慧」（artificial intelligence，AI）。[4]

最早研究人類思想與細胞為何貌似能自主運作的，並不是閔斯基等人。早在古希臘，哲學家柏拉圖（Plato）與蘇格拉底（Socrates）就思索了「自我認識」的意義，試圖倒推出思想與身分自我。亞里斯多德（Aristotle）提出三段論證邏輯（syllogistic logic）與第一套正式的演繹推理系統，後來的歐幾里得（Euclid）則以此為基礎創造出第一套數學演算法，用以找出兩個數字的最大公因數。這些雖然乍看下和細胞與人類基因體無關，卻奠定了合成生物學一些關鍵觀念的基礎：特定的物理系統能作為一組合乎邏輯的規則運作，而人類思考本身可能是由編碼與規則組合而成，也算是一種符號系統。

多虧了這些早期的哲學與數學觀念，後來科學家才有機會花費數百年探討人類心智與身體之間的關聯。我們的身體裝有數百萬顆細胞，每一顆都能獨立作業也能作為複雜的系統工作，能夠為了讓我們生存下去而做各種決定，如此複雜的身體和我們的心智之間究竟存在何種關係呢？常有人將人體比喻為精細的老爺鐘，那為什麼我們的身體能如此精密運作呢？法國數學家與哲學家勒內・笛卡兒（René Descartes）曾質疑意識的存在，思索人該如何證實自己的想法是否真實。他在《沉思錄》（*Meditations on First Philosophy*）一書中提出思想實驗，請讀者想像惡魔故意創造出了世界這個假象——假如你在湖裡游泳的肢體與知覺體驗不過是惡魔所造的幻象，那你就不可能真正**知道**自己在游泳。話雖如此，在笛卡兒看來，如果你對自己的存在有自我意識，那就已經符合知識的標準了。他寫道：「我是，我存在，無論在何時由我道出或由心思構想而出，那就必然為真。」換言之，即使有惡魔試圖用幻象欺騙我們，我們存在之事實也無庸置疑。或者套句笛卡兒的名言：「我思，故我在。」後來笛卡兒在《論人》（*Treatise of Man*）一書中提出，人類可能可以製作出和實物無異的機器人——這裡指的是一隻小動物——不過他認為即使製作出人形機器人，它也不可能被誤認為真人，因為它缺乏心智，因此也缺乏靈魂。機器和人類不同，不可能符合知識的標準：它永遠不可能擁有自我意識。在笛卡兒看來，意識是內部存在之物，靈魂則是存在於我們身體機械之中的魂魄。

查爾斯・達爾文（Charles Darwin）在一八三六年完成了環遊世界的旅航，乘著小獵犬號（HMS *Beagle*）歸國。他在旅途中發現了巨大的動物頭骨，那些是遠古時期地獺與其他動物的化石，他還在加拉巴哥群島（Galapagos Islands）看見不同品種的雀鳥與巨陸龜，為不同島嶼之間動物些微的差異驚奇不已。在旅行結束後數年，達爾文對生命循環——生命的誕生與滅絕——產生了濃厚的興趣，除了研究生物等級與遺傳傳承以外，他還提出了理論：所有物種都是在「天擇」過程中存活下來的。生物如果能成功適應或者演化到足以面對環境所帶來的挑戰，就能繁衍後代、生存下去，而無法適應或演化的生物就不會繁衍下去，最終全數死亡。他認為自己看見的鳥類與陸龜、動物化石、蕨類與樹木，甚至是人類都是天擇的結果。達爾文提出，所有生命都起源於共同祖先，而後在極長的時間內逐漸演化至今。生命演化不受天意干涉，上帝並沒有如維多利亞時代人們的信仰，在某一天創造所有居住於地球的動物，接著創造出第一個男人與第一個女人。上帝並不是生命的創造者，而是一種強而有力、根深柢固的種族生存策略，是我們在天擇過程中發展出的東西。[5]

達爾文在尋找連結所有生物的共同生物學語言時，英國數學家愛達・洛芙蕾絲（Ada Lovelace）與科學家查爾斯・巴貝奇（Charles Babbage）試圖透過工程學模仿人類的認知功能，在一八二〇年代建造出可顯示數字的「差分機」（Difference Engine），接著提出「分析機」（Analytical Engine）的假說，這種進階版機器能用一系列預先設定的步驟解數學題。洛芙蕾絲於一八四二年翻譯一篇論文，並在註腳提出一套更加複雜的系統，此系統能依指令製作音樂與藝術——她算是寫出了第一套假想的電腦程式。從只存在於理論的思想機器轉變為初步模仿人類思想的電腦，是在何時發生的呢？在一九三〇年代，數學家艾倫・圖靈（Alan Turing）發表了〈論可計算數及其在判定問題上的應用〉（On Computable Numbers, with an Application to the *Entscheidungsproblem*），克勞德・夏農則發表了〈繼電器和開關電路中的符號分析〉（A Symbolic Analysis of Switching and Relay Circuits），這兩篇重大的論文開創了電腦時代。（夏農後來和閔斯基合作，在達特茅斯那魔法般的暑期專題研討計畫中拓展了數學、工程學與人類思想的界限。）[6]

這些都是十分重要的背景資訊，顯示了人類長久以來對於生命的思索——從我們的生物機械到心智，以及兩者之間的配合。

到一九六〇年代中期，閔斯基發表了數篇關於人工智慧的重要論文，談及機器有了自我意識以後，人類將在未來面對的種種挑戰。他在麻省理工學院成立人工智慧實驗室，開始研究繁雜的人類與機器問題，例如如何教電腦繁殖與理解語言。閔斯基門下最有潛力的學生之一——湯姆．奈特（Tom Knight）——技術上而言並不是大學生，而是麻州韋克菲爾德鎮（Wakefield）的高中生，韋克菲爾德是座寧靜的老城鎮，依傍著占地遼闊的森林與湖泊，在麻省理工學院北方約二十分鐘車程處。奈特十一、十二年級暑假都在閔斯基的實驗室做研究，並且在麻省理工學院修程式設計與有機化學課程。他高中畢業後得到麻省理工學院錄取，卻和過去的閔斯基一樣，不知該專攻哪個學術領域才好。當時還沒有電腦科學系——電腦科學領域才剛誕生而已——在過去大學也不鼓勵學生跨領域修課。[7]

於是奈特步上閔斯基的後塵，致力賦予機器思考的能力。奈特留了大鬍子，上唇鬍鬚則剃得很乾淨，再加上滿頭濃密的深色頭髮與眼鏡，看上去像是帶有書卷氣的門諾會教徒，他很快便成了校園裡廣受崇拜的人物。他在一九六七年寫出電腦作業系統的設計理論，他設計的系統能追蹤使用者用電腦的時間——這在過去是十分關鍵的任務，因為當時只有大學與政府營運的研究室才有電腦，而且一次只能供一個人使用。奈特所在的團隊參與了高等研究計畫署網路（Advanced Research Projects Agency Network，ARPANET，又稱阿帕網）的創建工作，該系統後來演變為國家科學基金會網路（National Science Foundation Network，NSF Net），然後更進一步演變為我們今日使用的網際網路。在一九七〇年代，奈特設計了最早期的半導體記憶體點陣圖與點陣圖印表機。在一九七八年，他和同在麻省理工學院的同事理查・葛倫布勒（Richard Greenblatt）著手建造較簡單的電腦，希望在未來除了受過訓練的程式設計師以外，一般大眾也能使用電腦。他們成功建造出簡易電腦，卻沒能創造相應的商機，儘管如此兩人後來還是另外成立了生產電腦的兩家公司：葛倫布勒成立了Lisp機器公司（Lisp Machines），奈特則創立了辛博利克斯公司（Symbolics）——該公司在一九八五年成為有史以來第一個註冊.com域名的組織。[8]

這一路上，奈特在電腦科學與電機工程學領域貢獻良多，申請了數十份專利，並在一九八三年完成的博士論文中提出了設計集成電路（integrated circuit）的方法。根據摩爾定律（Moore's Law），在成本不變的情況下，集成電路上可容納的電晶體數目約每十八到二十四個月會增加一倍；眼見摩爾定律仍未被推翻，奈特預測在不久後的未來，人們將因為物理上的限制，無法再用傳統工程學方法在集成電路上放下更多電晶體。奈特認為，到了某個地步，他們必須改在奈米等級上增加電晶體數目。十奈米也才等於六十顆原子的直徑而已，到時要設計出可正常運作的系統，機率就很低了（但技術上仍有可能實現）。

奈特回憶起自己青少年時期在麻省理工學院修的有機化學課，他開始思索：有沒有辦法讓分子自行排列，造出更好的電腦晶片呢？他複習了從前的生物學課本，接著閱讀關於簡單生物的新書籍，並讀了生物物理學家哈羅德・莫羅維茨（Harold Morowitz）的著作——莫羅維茨提出，「所有生物程序都以捕捉太陽光子起始，以熱能流至環境終結」，他也曾說明烤出完美披薩所需的熱力學原理。[9]其實當時已經有一種經過驗證且廣受使用的科技，能夠使原子移動並以特定方式排列，這種科技就是「化學」。[10]

奈特繼續在麻省理工學院當教授，卻也在一九九五年作為學生再次入學，這回他修習的是生物學研究所核心課程。[11]他想要探索生物訊息的流動，以及這種流動背後的物理架構。遺傳訊息的基本單位是基因，DNA則同時是密碼也是儲存空間，而基因被表現時可以生產蛋白質，或阻止蛋白質的生產。蛋白質是在細胞內執行指令的分子，其中稱為「酶」（enzyme）的蛋白質能催化化學反應，進而將一系列反應連接成代謝途徑，前一個反應的產物會是下一個反應的反應物。不同基因的表現與否（開關）與表現時機，代表了生物訊息的流動，對生物學者而言這是所謂的「中心法則」（central dogma），在奈特看來這則代表有待開發的種種可能性。

你也許在高中生物課解剖過青蛙和蛙器官，老師也許會叫你記錄自己的觀察，然後將青蛙拼回原樣。（艾美從前的生物課就是這樣的。）一九九〇年代中期新生的生物科技領域也是如此，人們仍專注於解構與觀察。奈特並不想研究分子領域相當於蛙屍的東西，也不想單純複製基因、細胞與組織（這也是當時生技領域的核心工作之一），那對回答他的問題並沒有幫助。奈特想知道的是：說到底，人類是不是軟綿綿的機器？細胞程序有沒有辦法像電腦程式一樣編寫呢？那麼，有沒有可能用生物元件組裝電腦呢？

要回答這些問題，奈特就必須進行深度探索，也必須挑戰學界一些根深柢固的理念，做跨領域研究。光是研究電腦科學、機器人學與人工智慧並不能回答問題，用傳統方式研究生物學或化學也不足以解謎，他必須將理解機器、資訊轉移、網路連接、連線作業與自主決定等電腦運算所需的工程學方法套用在細胞機器上。然而如此一來，研究者就必須接受生物學的複雜性與多樣性。

有了新一組工具、試圖將部件標準化過後，研究者便能解鎖新的方法。一系列生物部件（biopart）可以帶有一些生物功能的指令密碼，生物部件組成的裝置可以帶有特定功能的指令密碼，而系統就能夠執行特定工作了。閔斯基在達特茅斯的跨領域團隊影響深遠，導向了人工智慧研究領域的誕生、次世代電腦學研究，以及多領域研究的創新突破，奈特也是想到這一點，所以一九九五年在鱈魚角（Cape Cod）組織了自己的專題研究團體。他集結多位科學家，致力結合工程學、電腦科學、生物學與化學，試圖完成當時仍無人嘗試的任務：定義生物科技平台，以基因體為程式碼編寫有生命物質。他將之稱為「細胞運算」（cellular computing）。[12]

下個學年開始時，奈特說服麻省理工學院出資，在該校遠近馳名的電腦科學實驗室內部成立分子生物學實驗室。然而，他很快就發現製造細胞電腦過程中的另一個障礙：他們每一次做實驗都必須先組裝團隊所需的DNA，且通常是從零開始組裝，每次都須事前做一系列實驗，浪費不少時間。

合成生物學時代

湯姆．奈特忙著開創新科學領域的同時，具抗藥性的新型瘧疾正肆虐非洲，人們光是被帶有瘧疾的蚊子叮咬一口就可能罹患重病，甚至死亡。當時每年有兩億人被蚊子叮咬後罹病，其中將近兩百萬人病逝。[13]最常用以治療瘧疾的藥物——氯奎寧（chloroquine）——療效越來越差，新的瘧疾原蟲對藥物產生了抗藥性，後來即使在從未使用氯奎寧的地區也出現新型原蟲。除了瘧疾以外，迅速增長且數量龐大的蚊蟲還會散布其他疾病。更麻煩的是，瘧疾本身善於偽裝，乍看下和其他疾病十分相像，症狀包括畏寒與冒汗、腹瀉與頭痛，病人甚至可能只有些許不適。有時瘧疾可以潛伏長達一年，然後突然發作。[14]

中國和世上許多地區一樣，自古面對瘧疾問題，古時的中醫用青蒿（sweet wormwood）治療瘧疾，這是一種生長季節相對短的芳草，葉子長得像較茂密的胡蘿蔔頭。公元三百四十年，中醫葛洪在《肘後救卒方》中建議用青蒿治療瘧疾症狀——當時人們甚至還未為這種疾病取名，也尚不瞭解它的傳播機制。在越戰期間，蚊蟲對參戰各方都造成了困擾。早在氯奎寧在非洲完全失去療效之前，就已經有具抗藥性的瘧疾株在東南亞傳播開來，參與越戰的軍隊都飽受困擾，於是中國政府發起了祕密計畫，旨在找出有效的瘧疾療法，希望能將療法用以援助中國的北越盟友。中國一位名為屠呦呦（Tu Youyou）的植物化學家參與了計畫，她和研究團隊讀起了古醫書——其中包括葛洪的著作——並運用他們對傳統中醫學的知識辨識出可能用以治療瘧疾的六百四十種植物與兩千種療方。最後，他們找到了葛洪在書中提及的青蒿，這種在中醫領域歷史悠久的藥草，如今成了治療疾病的好選項，團隊在一九七二年從無毒性的青蒿萃取物之中分離出活性化合物「青蒿素」（artemisinin）。當時中國科學家不得將新發現分享給外界，所以屠呦呦無法發表文章，後來她的發現在一九八〇年代初公諸於世，為人們改良與開發新療法奠定了基礎。屠呦呦在二〇一五年獲得諾貝爾獎，多年前的研究成果終於得到了認可。[15]

使用青蒿的問題在於，青蒿的栽植條件相當嚴苛，它需要長時間日照與排水性佳的土壤，且在潮溼環境中長得不好。為了滿足人們對這種藥草的需求，中國、東南亞與非洲掀起了商業化生產青蒿的熱潮，不過青蒿實在太難栽種了，因此它的產量、品質與價格十分多變，且人們很難預估青蒿素的需求量，所以全球供應鏈也不甚穩定。到了一九九〇年代早期，與其他藥物配合使用的青蒿素仍是唯一能穩定且有效治療瘧疾的藥物，然而人們對青蒿素的需求量太高了，農人栽植與收成青蒿的速率遠遠跟不上需求。

奈特在麻州劍橋市（Cambridge）研究如何做細胞電腦的同時，數千英里遠的加州大學柏克萊分校裡，名為傑伊．凱斯林（Jay Keasling）的生化工程師與助理教授也處於工程學、電腦科學、化學與分子生物學的交叉路口。凱斯林的資深同事建議他專注於當前已有一定基礎的研究，例如預測新基因嵌入細胞的結果。但是，凱斯林本人對打造一組新工具較有興趣，也特別熱衷於代謝途徑的研究，希望能用新方法改寫細胞內部的迴路，讓未來的生物做出超出牠們演化範圍的事。他已經開發出類似生物變阻器的東西——這是可用以控制基因表現流量的開關，類似你裝在臥房裡使燈光逐步調暗或調亮的變光開關。凱斯林將這種方法應用於不同生物的各種代謝途徑，試圖設計新的生物學迴路，以便調整基因表現結果——甚至是發明出新的表現結果。

凱斯林的團隊開始研究「類萜」（terpenoid），植物代謝途徑的一類副產物，[16]牡丹花獨特的甜香、薑黃與芥末籽鮮明的黃色、稱為「瀝青」的黏膩殘渣（常用作船的防水處理），以及大麻的有益成分，其實都屬類萜。在一九九五年，製作類萜並不容易，一些科學家試圖將不同的植物基因嵌入微生物，藉以從零生產類萜，然而這種生產方式成本高、產率低，並不划算。於是凱斯林的團隊致力探索另一條代謝途徑，[17]他們不是用親屬關係較近的植物做研究，而是使用和植物大不相同的生物：酵母菌。

如果你烤過披薩或麵包，想必記得過程中一個神奇的步驟：你將顆粒狀褐色酵母菌加入混了糖的溫水，稍微攪拌後就能看著它形成漂著一層泡沫的混濁漿液。酵母菌是一種以糖為食的單細胞微生物（它在食用糖的同時會產出二氧化碳，使麵團發酵）。凱斯林團隊將植物代謝途徑嵌入酵母菌落，生產出大量產物，然後他們又加入另一條植物代謝途徑，希望這條途徑能產出近似類萜的副產物。問題是，究竟要生產哪一種類萜好呢？該生產讓黃水仙呈鮮黃色、讓番茄呈紅色的類胡蘿蔔素（carotenoid）呢，還是薄荷腦（menthol）或樟腦（camphor）？

其中一個團隊成員熟悉屠呦呦關於青蒿與青蒿素的研究，生產青蒿素似乎頗有市場潛力，不過當時大藥廠都偏好繼續銷售它們現有的瘧疾藥物，還未進駐這一塊市場。販售氯奎寧的成本低、利潤高，每一劑售價約〇．一〇美元，而加入青蒿素之後合法市場上的價格可能會飆升至二．四〇美元，黑市上的售價甚至可高達二十七美元。[18]然而凱斯林的團隊意識到，若能以合成方法生產青蒿素，就能完全避免自然栽植與收成青蒿的種種麻煩了。他們將生物變阻器設定調高，生產名為「法尼基焦磷酸」（farnesyl pyrophosphate，FPP）的青蒿素前驅物，然後調低將FPP轉變為酵母菌細胞壁結構材料的基因表現量。他們接著將青蒿中一種能將FPP轉變為青蒿酸（artemisinic acid）的基因嵌入酵母菌基因體，然後讓酵母菌繁殖。雖然產物還不是青蒿素，但這已經是不錯的開始了。

凱斯林與奈特分別在美國兩岸做研究，卻得到了近似的結論，將細胞想像為可改編的電腦與工廠。照他們的研究方向走下去，如果再加上導引訊息流動方向的工具，人類將不必再接受天擇的不可抗力。現代合成生物學時代已然拉開序幕。

✦ ✦ ✦

凱斯林與奈特都明白，若要將合成生物學從他們標新立異的實驗室帶到主流學術界，甚至是外界，就必須為這新興的混合領域奠定較穩固的基礎，需要更多對工程學、電腦科學與生物學交集領域感興趣的學生，也需要將關鍵部件標準化的方法。持續從零建構DNA片段與發現多條代謝途徑十分枯燥耗時，研究團隊花費太多時間心力做這些冗長工作，沒辦法投注精力做更有趣也對社會更有幫助的工作——創造新生物。如果能成功建立生物硬體店，能夠輕易取得生物部件、裝置與系統，研究想必會順利許多。

到二〇〇二年，凱斯林與奈特的團隊都推動了新計畫。奈特團隊中，生物技術員與生化工程師德魯・恩迪（Drew Endy）致力將DNA組裝流程標準化，希望能以便利的方式將部件組合成可用的裝置、代謝途徑與系統。奈特從小愛玩樂高積木（Lego），此時也從這種廣受喜愛的小積木與零件獲得靈感：他想製作名為「BioBricks」的工具組，這會是一組有著標準化序列的生物部件，可以依使用者需求組裝與重組。問題是，如果要成功做出這樣的工具組，奈特和團隊就必須瞭解工具組在其他人眼中可能的用途，以及麻省理工學院內部有多少人對這樣的系統感興趣，畢竟他們的研究計畫主要在學院進行，若成功建立系統，第一批使用者也應會是校內人士。[19]他們考慮開設合成生物學課程，不過這些觀念仍太過新穎，當時還不存在合成生物學的教學生態系統，他們沒有教科書、標準課綱，也少有可用於個案研究的實驗案例可參考。

儘管如此，奈特等人還是開了合成生物學課程，教學方法參考電腦科學家與電機工程師琳・康維（Lynn Conway）一九七八年夏季在麻省理工學院開設的知名課程。康維和同僚——加州理工學院（Caltech）的卡弗・米德（Carver Mead）教授——在發明新型微晶片期間，設計了帶學生認識這種晶片的課程。康維、米德與學生迅速做出了原型電路，並透過阿帕網將設計稿傳送至加州一所晶片製造廠。有了來自國防高等研究計畫署（Defense Advanced Research Projects Agency，DARPA）的補助金，師生在短短一個月後便製作出可用的微晶片，徹底改變了晶片的設計與使用方法，也證明了設計與生產晶片的非主流體系能夠被規模化。康維等人率先走上革新之路，為後續晶片設計、使用晶片的機器，以及需要這些機器的商業生態系統奠定了基礎。[20]

麻省理工學院在冬季會有稱為「獨立活動」（Independent Activities Period，IAP）的期間（審註：實際上是一段比其他學校更長的寒假期間），學生與教職員可以選修多種仍在實驗階段的特殊主題課程。恩迪與奈特想到了康維那門課的成功以及那之後的創新革命，於是他們決定採取類似的策略，開設BioBricks與合成生物學的獨立活動課程。他們計畫帶學生設計與建造DNA迴路，然後透過現代商用網際網路將設計稿送至西雅圖一間工廠，交由工廠印製基因迴路（DNA circuit）。[21]該課程最先推出的成品名為「抑制振盪器」（repressilator），是麥克·埃洛維茨（Mike Elowitz）與斯坦尼拉斯·萊布勒（Stanislas Leibler）兩名學生於二〇〇〇年設計出來的。[22]抑制振盪器是嵌入大腸桿菌的小型基因迴路，其中包括三段抑制基因，為方便起見，我們稱這三段基因為A、B與C好了。這三段抑制基因會以回饋迴圈（feedback loop）的形式相連，基因A生產的蛋白質會抑制基因B的蛋白質生產，基因B生產的蛋白質會抑制基因C的蛋白質生產，而最後迴圈會繞回原點，基因C生產的蛋白質會抑制基因A的蛋白質生產。蛋白質C還會抑制另一段基因——生產綠色螢光蛋白（green fluorescent protein，GFP）的基因——幫助學生視覺上瞭解系統內部的情狀。在開啟系統時，細胞會生產包括綠色螢光蛋白在內每一種蛋白質，所以呈綠色。隨著各種抑制機制開始作用於不同基因上，基因的抑制會形成一種循環：C會抑制A（同時抑制綠色螢光蛋白，所以細胞亮度會降低），使得B的表現量提升，導致C受抑制（這時細胞亮度會提升）。系統會逐漸達到動態平衡，綠色螢光蛋白的產量也會在高與低之間擺盪，使得細胞緩緩閃爍綠色螢光。

至少，理論上該是如此。恩迪收到西雅圖那間工廠製作的序列時，發現序列並沒有他們預期的效果。第一代BioBricks雖然組裝起來了，卻沒能產出他們要的結果。之所以出問題，是因為他們使用的遺傳物質並不夠，他們等同在用極少的樂高積木組裝高難度作品。

幸好恩迪與奈特在二〇〇三年開設的獨立活動課程頗受歡迎，他們將班上學生分組，讓每一組致力於不同的計畫。[23]他們為每一組學生提供一些標準部件，以及合成約五千對鹼基DNA的經費，然而所有小組設計出的序列都太長了，他們需要更大量、更多樣的標準部件，也需要能用以追蹤數據的登記系統。

二〇〇四年夏季，恩迪與奈特在麻省理工學院組織了第一場國際合成生物學研討會（International Meeting on Synthetic Biology，SB1.0），[24]研討會為期三天，研究者齊聚一堂討論設計與建造標準化生物學系統的方法——以及這套系統可能對社會造成的影響。最終，研討會造就了國際遺傳工程機器設計競賽（International Genetically Engineered Machine，iGEM），也促成了第一套標準生物部件註冊系統（Registry of Standard Biological Parts），後者就設立於麻省理工學院。安德魯先前一直密切關注奈特團隊的發展，這時希望能加入計畫，於是他協助恩迪等人組織了在奧克拉荷馬州新成立基因體中心的小型研討會，在二〇〇五年和參加iGEM的多倫多隊合作，並且在二〇〇六年成為iGEM大使之一。多虧了安德魯與其他人的努力，iGEM參賽團隊從十三隊增加到了三十九隊。

除了標準化部件以外，合成生物學領域還需要標準化的度量衡系統——奈特團隊必須用數據描述BioBricks，這才能讓研究者建立更穩固的知識基礎，進而幫助其他人使用BioBricks。不久過後，這個由研究者組成的社群著手打造多個系統，旨在登記各種必要生物部件、裝置與系統的描述，並在同儕審查過後將資料編成資料庫。與此同時，由更多領域研究者組成的群體也開始將一種特殊的程式語言標準化，該語言能將數據轉化為方便機器讀取的形式，也使數據便於合併不同軟體工具使用。這套程式語言名為「合成生物學開放語言」（Synthetic Biology Open Language，SBOL）。

恩迪的一位朋友——物理學家羅伯．卡爾森（Rob Carlson）——致力追蹤不同生物科技的進步速率，且對DNA合成技術特別感興趣。根據他的推算，到二〇一〇年，實驗室工作者將能以僅僅每對鹼基〇．一〇到〇．一二美元的低價，每天從零合成多套人類基因體。人類基因體計畫與克雷．凡特的團隊當初可是花了大量時間才完成基因體定序工作，更花費十位數的鉅款，相較之下卡爾森的預言太不可思議了。然而，卡爾森提出了數據佐證，他的模型似乎也十分合理。在恩迪、奈特、凱斯林等人所想像的未來中，人們完全可以大規模設計與製造生物系統，新一波革命即將拉開序幕。

一號公司

與此同時，凱斯林的研究團隊在二〇〇二年運用代謝途徑技術生產了數毫克的青蒿素，結果發表於著名的《自然生物科技》（*Nature Biotechnology*）期刊，其中包括將基因嵌入大腸桿菌的新方法。[25]但凱斯林也明白，僅僅是實驗室內的成功仍無法拯救世上的數百萬瘧疾患者，於是他向比爾與梅琳達．蓋茲基金會（Bill and Melinda Gates Foundation）申請了四千二百六十萬美元補助金，意圖探索提升青蒿素產量的方法。他在二〇〇三年成立亞美斯生技公司（Amyris Biotechnologies）——世上第一間生產導向的合成生物學企業——目標是創造出所有人都能使用的青蒿素療法。[26]凱斯林與恩迪另外創立了地位相當於iGEMs的BIOFAB，目標是由專家開發與登記現存與新生物部件。[27]

亞美斯公司已成功在實驗室內生產青蒿素，但尚未建設可大規模、商業化生產青蒿素的設施，於是該公司在二〇〇八年同意在不收取權利金的條件下，讓法國製藥業巨擘賽諾菲（Sanofi-Aventis）用凱斯林的合成生物學技術製造與發售青蒿素，預定售價是「無利潤、無虧損」的每公斤三百五十到四百美元，並預期在二〇一二年前開始販售青蒿素藥物。然而，這份消息與青蒿素藥物救數百萬瘧疾患者於水火之中的可能性登上了全球新聞，農人得知青蒿的價值之後，開始栽種數萬公頃的青蒿，結果亞洲市場很快便過飽和了。亞洲的青蒿產量高到價格崩盤，從原本每公斤一千一百美元跌至不到二百美元。[28]更要命的是，賽諾菲公司也在中國等以自然方法栽植青蒿素的市場上銷售其他產品，以致當地藥廠將它視為競爭對手，不願意和它做生意。

儘管如此，亞美斯公司仍達成了了不起的成就。巨型農業企業孟山都（Monsanto）的客群遍及全球，當時的研發經費高達數十億美元，卻只成功將八段新基因嵌入一種新的玉米株而已。而反觀亞美斯員工，他們在加州柏克萊附近的愛莫利維爾市（Emeryville）一間相對小規模的實驗室做研究，卻已經將十三段新基因加進了酵母菌基因體。

傳說級別的矽谷創業投資者紛紛找上門，凱鵬華盈公司的約翰．杜爾（John Doerr）、昇陽電腦（Sun Microsystems）共同創立者維諾德．柯斯拉（Vinod Khosla）與TPG生技公司（TPG Biotech）的傑夫．杜克（Geoff Duyk）都想出資讓亞美斯公司研究合成生物學的應用。這些人對瘧疾、開放原始碼資料庫或自由授權不感興趣，而是想利用這些創新產品擾亂石油產業，因此他們希望亞美斯能研究用合成生物學生產生質燃料（Biofuels）的方法。在創立亞美斯公司時，凱斯林邀請四名博士後學生加入公司，希望能針對青蒿素做進一步研究，然而投資者希望能由身經百戰的企業經理接下執行長之位，而那四名學生無論是背景或經驗都不足以實現投資者的夢想。[29]

可以想見，最後亞美斯公司還是遵照投資者的意見，成了專精燃料與化學物質的生技公司，以凱斯林的酵母菌技術做生質燃料等物質的修飾，並且請曾任英國石油（British Petroleum）美國燃料業務總裁的約翰．美羅（John Melo）擔任執行長。公司立刻就遇上了問題，美羅與新上任的高層經理希望能追蹤研究團隊的產出值，但這些經驗豐富的研究者並不習慣由他人規畫他們的研發產出，更何況突破與創新往往來得出其不意。美羅另外在巴西成立了子公司，專門生產大量低價糖類——這是酵母菌生產生質燃料所需的養分。

美羅與亞美斯董事會決定讓公司上市，希望能募得數百萬美元資金。他們在二〇一〇年首次公開募股，對大眾表示未來的燃料需求量只會越來越高，並提出用酵母菌低價合成燃料的可能性。人們對亞美斯公司的興趣逐漸高漲，可用合成生物學生產的生質燃料估計值也逐漸攀升，最後亞美斯在同年九月於那斯達克股市（Nasdaq）以每股十六美元的價格上市，初步募得了八千五百萬美元，估價則是六億八千萬美元。在那斯達克受訪時，美羅滿面春風地表示：「巴西就等同生質能源的沙烏地阿拉伯。」[30]

美羅承諾道，到二〇一二年，亞美斯公司將能生產五千萬公升的金合歡烯（farnesene）——一種轉化後可取代柴油的化合物，可當作汽車甚至是噴射機的燃料，且對環境無害。他們保證，那將會是天然燃料的終末，也會是生質燃料時代的伊始。如我們先前所見，這又是一個由人們自行制定的死線了，而賽諾菲公司也表示他們將在同一年大規模合成青蒿素。結果呢，二〇一二年來了又去，到年底仍不見新藥物，也不見源源不絕的柴油替代品。[31]

科學VS.商業

無論是何種複雜的新科技，都會在令人心生期待的同時給出不切實際的時間規畫，人們往往預期能早早推出新產品與服務。定序人類基因體是個有清楚開頭與結尾的計畫，而在開創合成生物學領域之時，科學家解鎖了許多引導生命與生命演化的可能性……不過，這都還停留在基礎研究階段，合成生物學也還只是新興的科學領域而已。

亞美斯公司雖承諾用新方法合成生物材料，但無論是這份科學或公司本身都仍須一段時間慢慢發展、成熟。凱斯林原先的設想是在未來某一天，生物學者能在電腦上設計遺傳編碼、用演算法模擬與測試這段基因，最終印出最成功的組合，然後用機器與機器人自動生產他們所需的生物。那麼，生物學者未來有沒有可能透過上述方法生產金合歡烯呢？的確有可能，不過光是將糖轉化為燃料這份承諾就達到了化學反應般的效果，導致眾多發明家的連鎖反應：隨著這個研究主題的熱度提升，發明家的耐心一落千丈，不久後他們彷彿喝太多紅牛能量飲料、吃太多彩虹糖的青少年，全都興奮地投入了生質能源經濟。

但我們在這裡想傳達的重點是：透過科技新創公司的視角觀看新的科學時代，就只會達到心生期望然後落空的效果而已。為什麼呢？原因是，合成生物學雖起源於工程學、電腦科學與人工智慧，本質上卻與這些領域不同，它是一門以生物學為基礎的科技，雖然成長速度快，卻遠遠未達成熟的標準。投資者沒能正確預測合成生物學的成長速率，因此沒能認知到這個領域仍在草創階段。合成生物學確實能在未來產出改變人類在地球上生存模式的產品，甚至是讓我們離開地球生活，不過投入該領域的資金應用以建造與改良「硬體店」生態系統才對——他們應該先組建完整的材料庫與目錄冊、供應鏈與價值鏈上的所有環節。

青蒿素被譽為合成生物學第一份成功的產品，生產與販售此產品的企業——亞美斯公司——卻成了警世寓言。凱斯林曾估算道，他的團隊在發現種種代謝途徑過程中，花費了約一百五十人一年份的工作量。[32]他們的下一步本該是創立基礎的種子企業才對，但這時卻有投資者、記者——實際上還有不少科學家——提出對合成生物學的質疑，懷疑該領域為學術研究與市場所帶來的價值不及人們對它的期待。

和物理、航太與化學等領域的科學發現相比，合成生物學界宗師們——凱斯林、奈特、恩迪、凡特、丘奇、柯林斯與華生（沒錯，華生也是其中之一）——在不到二十年內完成了真正了不起的成就，他們的成就驚天動地、令人嘆為觀止，政府機關與慈善機構卻沒有爭先恐後地出資協助他們做進一步研發，由此可見成立新科學領域之困難。人工智慧今天有穩固的基礎與龐大的全球生態系統，但此領域也曾在一九八〇年代遭遇人工智慧低谷（AI Winter）：一九六〇與七〇年代的投資和大膽承諾沒能產出人們預期的商業產品，例如能自動、即時翻譯不同語言的電腦，也沒能產出可供政府使用的情報工具。[33]

新的科學時代集守舊派厭惡的事物於一身：速度、新技術，以及不同領域的結合。它翻轉了我們對於生命與生命起源的信念，光是合成生物學之存在本身便挑戰了現狀，使不少人忐忑不安。許多科學家提出對BioBricks的批評，認為組合BioBricks的方法太緩慢、太簡單，或者太像……**樂高**。那時奈特在對非生物學者解釋生物部件與硬體店概念時，頻頻拿樂高積木做比喻，因為這是相當易懂的說法，卻有一派人僅從字面意義理解奈特的說明，認為樂高積木給小孩子玩還可以，但不會有人想住在用小積木組裝成的屋子裡。

若要從中學到什麼教訓，那就是：你必須保持開放的心態與耐心，才能夠理解科學。我們現在雖無法大規模生產生質燃料，卻為未來奠定了扎實的基礎。在接下來的章節，我們會詳述後續數十年，我們的生命將會因合成生物學發生何種變化，這些變化有些零碎、有些深切、有些則兩者皆是。我們已經有了嶄新的研究基礎與學術討論，有了可用以描述生物學工具與過程的新一套語彙，有了生物部件、裝置、系統及儲存和使用生物學數據的藍圖，有了新的編碼語言可以幫助機器讀取DNA，也有了初步的硬體店，供應我們設計未來生命所需的一切。

第4章　上帝、教會與（有點長毛的）長毛象

一八一六年五月，一名男子、他不到二十歲的情婦與情婦的繼妹入住丹格利特飯店（Hôtel d'Angleterre）——瑞士日內瓦湖畔一間簡樸的旅社。男人是詩人，兩年前讓年輕的情人瑪麗（Mary）懷了身孕，但在嬰兒出生過後數日，瑪麗甚至還來不及幫男嬰取名，就發現孩子死了。天真的瑪麗擔心是自己腫大的胸部分泌了毒奶，不僅害死孩子，可能還會令自己中毒。她在夢中窺見了幸福的世界，睜眼時卻又得面對恐怖噩夢。她在日記中寫道：「我夢見小嬰兒又活了過來；他只是太冷而已，我們在火爐前搓了搓他的身體，他就活了。」[1]

來到日內瓦湖畔時，瑪麗再次懷孕並產下健康的男嬰，但她仍無法擺脫過往的傷痛。一晚，她朋友當中另一位同樣來湖畔暫居的詩人提議所有人都來寫鬼故事，於是本就愛寫作的瑪麗將痛苦投注在了一篇新的虛構作品之中。故事中有一具被瑞士科學家維克托（Victor）用屍塊拼組成的無生命屍體，維克托讓那具屍體活了起來。瑪麗並沒有幫怪物本人命名，後來也是匿名出版這部作品，不過今天我們都知道瑪麗・雪萊（Mary Shelley）就是《科學怪人》（*Frankenstein; or, the Modern Prometheus*）的作者。

在書中，維克托激動地說道：「我已經成就了許多……之後還會達成遠高於此的成就；我會踩在已然標記的路徑上，開拓新的一條路、探索未知的力量，對全世界解開『創造』這深奧難解之謎……從創世至今，最具智慧的人們便深深熱衷於這份研究，而他們研究與渴望之物如今已觸手可及。」《科學怪人》之所以流傳至今，是因為它迫使我們思索自己的本源，以及我們長期以來為理解「創造」與「控制」之觀念而做的種種努力。人類自古便對這類問題感到好奇：生命究竟是什麼東西？它是怎麼開始的？它真會結束嗎？我們能隨心所欲操控它嗎？

幾乎所有文化在面對生命本源的問題時，都會用一些角色與故事回答問題。在希臘神話中，最初只有卡俄斯（Chaos）——虛無——的存在，接著蓋亞（Gaia）從虛無而生，然後生下天空烏拉諾斯（Uranus）。他們的後代包括泰坦（Titan）、獨眼巨人（Cyclopes）、百臂巨人（hundred-handed creatures）、諸神（赫斯提亞〔Hestia〕、狄蜜特〔Demeter〕、宙斯〔Zeus〕等），以及後來的人類。古蘇美人則相信母神納木（Nammu）生下了天與地，並且誕下動植物與人類。在拉科塔族（Lakota）傳說中，這個世界存在之前還有另一個世界，那個世界的人類罪孽深重，因此大靈（Great Spirit）用洪水淹沒大地，只有烏鴉康吉（Kangi）活了下來。大靈另外派三隻動物取了泥回來，由大靈塑造成土地與世界各地的動物，然後又用紅、白、黑、黃四色的泥塑造出男人與女人。而在基督教故事中，上帝先是創造出無形的荒蕪，接著創造光、天空、土地、動物，以及掌管所有生物、後來成為人類始祖的亞當與夏娃。

這些故事都編造於我們理解生物學、天擇與生命演化之前。《創世紀》（Genesis）記載了許多戲劇化的故事，故事中世界遭遇危難、一家人盼望生下孩子，還有人遠行尋找未來的家園，它的多位作者根本沒聽過好幾世紀後達爾文對於天擇的觀察，也沒聽過格雷高爾・孟德爾（Gregor Mendel）提出的遺傳法則。（若能研究《聖經》中幾個著名家族——例如撒拉〔Sarah〕、利百加〔Rebecca〕與拉結〔Rachel〕的家系——的基因序列，那也許可以找出她們難以懷孕或成功生育的原因。）

蘇格蘭哲學家大衛・休謨（David Hume）曾觀察到，我們人類共同的這些創世神話之所以存在，是因為我們需要用有因果關係的故事理解周遭世界，也是因為當社會規則有前後文脈絡時，社會才能運作得更好。[2]那麼如今，隨著合成生物學打破我們自古流傳下來的規則，迫使我們重新思考這些規則的合理性、挑戰自己原先相信的起源故事，我們又該如何是好呢？到了今天，科學家忙著在數百間實驗室裡幻想、設計與生產生命的未來——而在其中一間實驗室裡，一位備受敬慕的研究者邀我們檢視與調和自己對科學及信仰的信念。

✦✦✦

喬治・丘奇在生物學界絕對算得上「大」人物，他同時是麻省理工學院與哈佛大學的教授與實驗室主任。即使不穿鞋，他的身高也達六呎五吋（約一百九十五公分），校區內甚至有幾道門太矮，他必須彎腰低頭才有辦法通過。他擁有天使般大大的可愛笑容、紅潤的雙頰、一頭茂密的白髮，以及蓬鬆的長鬍子。簡而言之，他可說是聖誕老人的遺傳學家弟弟，脾氣也和聖誕老人同樣和藹可親。人們常因丘奇的研究主題而將他和查爾斯．達爾文——甚至是更偉大的人物——相提並論。在討論如何利用合成生物學設計與操控生物學未來時，喜劇演員史蒂芬．荷伯（Steven Colbert）一度打斷了丘奇，急切地問道：「我們有重新設計的必要嗎？」他接著說道：「第一次發明我們的是上帝，是創造天地的主。先生，你這是在扮演上帝嗎？你這個鬍子的確很有假扮上帝的潛力。」[3]荷伯也許沒發現，他這句笑話其實有幾分真實，因為丘奇花費了大量心血想創造新生命，以及復活已死的生物。

丘奇在一九五四年誕生於佛羅里達州麥克迪爾空軍基地（MacDill Air Force Base），從小在鄰近坦帕灣（Tampa Bay）的中產階級社區長大，生活環境不算特殊。丘奇的父親是空軍中尉，同時也是賽車手、光腳滑水運動員，比起寧靜的家庭生活，他對刺激的活動感興趣得多。丘奇的母親則是律師、心理學者與作家，她優秀又有想法，早就受夠了丈夫的行徑。她兩度再婚，第二次對象是一位名為蓋洛．丘奇（Gaylord Church）的醫師，蓋洛正式收養了當時九歲的喬治。喬治立刻對繼父包包裡的醫療器材深感興趣，蓋洛教好奇的兒子如何消毒針頭，甚至偶爾讓喬治為他注射藥物。[4]

這段時期，丘奇在天主教學校的老師都對他頭疼不已。丘奇雖然禮貌，卻頻頻提出修女們答不上來的問題，經常帶著老師們鑽神學的牛角尖。他高中就讀麻州名聲極佳的寄宿學校——菲利普斯學院，也就是馬文．閔斯基的母校——這所學校就比較適合他了。他在此鑽研電腦學、生物學與數學——卻也發現自己越來越無法在夜裡完全入眠，日間也難以保持清醒，即使在他深愛的數學課上也會打瞌睡。其他學生不停拿這件事笑他，代數學老師甚至叫他乾脆別來上課了：既然他這麼常在課堂上打瞌睡，那就自己想辦法學數學吧。丘奇為自己辜負師長的期許而感到羞愧，同時也恨自己無法融入群體。

後來他就讀杜克大學（Duke University），睡眠問題仍不見起色，他常在會議或研討課中不小心睡著，睡幾分鐘後聽見自己的名字，他又會像沒睡著一樣猛然驚醒、回應對方。有次在一位系主任的課堂上，系主任見學生斗膽打瞌睡，甚至氣得拿粉筆丟他。儘管如此，丘奇還是在短短兩年內拿到了化學與動物學的學士學位，接著繼續在杜克大學讀生物化學研究所。他很快便被晶體學（crystallography）吸引，這在當時是一門新學問，可用以研究轉運RNA（tRNA）的三維結構，深入瞭解這種負責解碼DNA、將遺傳指令運輸到細胞其他部分的RNA。[5]

丘奇的睡眠問題並沒有好轉，大多數人都以為他不過是太無聊或在做白日夢，孰料他其實是無意間迅速進入了睡眠的快速動眼期（REM sleep）——也就是人們睡眠時做夢的階段——並且將清醒時的想法帶進了夢裡。在清醒夢狀態中，他看見了未來的各種可能性，探索了不同排列組合的科學方法——換作是清醒的人，絕不可能想到用如此古怪、瘋狂的方式應用科技。

在學生時期，丘奇老是因太過好奇與容易分心（當然還有打瞌睡）而惹上麻煩，他每週花上百小時做尖端晶體學研究，以致從不出席核心課程，最後想當然耳被當掉了。他被逐出了生物化學系，只能試圖轉系、繼續從事研究，然而他修的課程太雜、個人名聲不佳，而且研究領域又很奇怪，沒有教授想收他。此時的丘奇二十歲了，他發表過重大論文、獲得了著名的國家科學基金會

（National Science Foundation）青年學者獎，卻被學術界的官僚體制拒之門外。[6]

話雖如此，丘奇仍設法轉學到了哈佛，並下定決心讀完研究所。到了哈佛大學後的第一學期的早秋某一天，丘奇上課遲到了幾分鐘，於是他悄悄溜進教室、在最後一排找位子坐下。他取出筆記本、抬頭看向老師的投影片，赫然發現當日主題是自己的一篇論文。那堂課的教授是分子生物學界首屈一指的學者華特・吉爾伯特（Walter Gilbert），他沒發現丘奇也是這堂課的學生。（吉爾伯特在三年後因開發出DNA定序的早期方法之一而獲得諾貝爾獎。）

丘奇繼續做著生物化學相關的夢，提出了許多大膽的想法，其中之一是能低成本且快速解讀DNA的機器，還有一者是用現成分子改寫基因體、改良自然造物的方法。在他的想像中，他可以用特定的酶修改基因體當中不同的部分，還能讓神經多樣（neurodiverse）者——例如有強迫症或自閉症的人們——調控他們的特殊能力，而不是用藥物抑制這些能力。丘奇的想法被他帶進了實驗室，他致力於基因體定序與分子多工（molecular multiplexing）的研究，後者是能夠同時定序數條DNA的技術，不必像當時廣受使用的方法一樣，一次僅定序一條DNA。這其實不是新技術，但大部分科學家認為這種想法太過荒謬，所以並沒有繼續順著這條路研究下去。丘奇證實了此事的可行性，一次定序多條DNA的方法很快便被許多人接受，大幅降低了DNA定序的成本。[7]

在研究路上，丘奇認識了哈佛分子生物學者吳昭婷（Chao-ting Wu）博士。吳十分欣賞他不受拘束的工作態度與創意，也支持他瘋狂的想法，兩人墜入愛河，在一九九〇年結婚。他們在數年後生了個女兒，女兒的睡眠模式和父親同樣不尋常。吳提議父女都去做檢查，結果丘奇和女兒都被診斷出猝睡症（narcolepsy）。丘奇意識到自己若接受標準治療就會失去清醒夢狀態，於是他決定接受嗜睡症狀，繼續照常生活。他不再開車，但也學了一些保持清醒的方法，例如站立或在雙腳之間轉移重心。[8]

儘管與眾不同，丘奇仍在家人幫助下活出精采的人生，他深受家人啟發，開始大力支持其他人的想法。到了二〇〇〇年代初期，他門下已有背景各異的學生，發表論文數也多達數百，其中許多篇奠定了現今合成生物學的基礎。二〇〇四年一篇論文提出平價DNA合成方法，並示範了將一條條DNA印在微型晶片上的技巧。[9]二〇〇九年一篇重大的研究論文中，丘奇提出能同時分析數百萬份基因體序列的新科技。[10]那之後，丘奇想到了加速基因建造與拼組過程的方法：他想將生物演化應用在實驗室裡。還記得先前介紹的青蒿素嗎？在研究青蒿素合成方法的過程中，研究團隊費了約二千五百萬美元與約一百五十人一年份的辛勞——而當時的任務僅是稍微調整數十段基因，和合成一整隻生物相比差得太遠了。丘奇認為不必從零編寫一份完美的DNA密碼，而是能讓機器從設計草圖開始自動發展出多種變化，之後再挑選出最成功的幾個版本。

他和實驗室一小群人還真製造出這麼一臺機器，它是機械手臂、燒瓶、管線與偵測器組成的四不像，全都由電腦操作。他們的第一場實驗是稍微改變一株大腸桿菌，讓它生產更多茄紅素（lycopene）——讓番茄呈紅色的類胡蘿蔔素。機器做出了一百五十億個新菌株，每一株的遺傳密碼都經過調整，有些菌株能生產比原菌株多達四倍的茄紅素。丘奇將這種方法稱為「多路自動化基因體工程」（multiplex automated genome engineering，MAGE），這可以算是生物演化，只不過是加強版演化。他還想到幾種實際應用方法，例如創造各不相同的人類細胞株做研究使用——有了這種方法，科學家就能瞭解突變造成疾病的機制等等，有機會大幅改變我們醫學與醫療發展。我們或許可以設計出對病毒有抗性的幹細胞，將它們用於細胞療法，或者也可以設計並培養對疾病有抗性的新器官。我們理論上還能調整基因體之後用體外受精技術讓受精卵在母體子宮著床，最後生下對病毒有抵抗力的嬰兒。

但是說到底，丘奇最重大的貢獻可能是在二〇一二年發現輕易改變DNA序列、修改基因功能的方法，進而奠定CRISPR技術的基礎。CRISPR是基因編輯的科技基石，全稱為「常間回文重複序列叢集」（clustered regularly interspaced short palindromic repeats，CRISPR），這是基因體當中特定一種重複的DNA序列，序列無論是正讀或反讀都一樣。廣泛而言，這是一種有廣泛用途的技術，可用以改正基因缺陷，還可用以創造生命力較頑強的植物或消滅病原體。

丘奇和從前的博士後學生——哈佛博德研究所（Broad Institute）的張鋒（Feng Zhang）——合力在《科學》期刊發表數篇論文，提出了用CRISPR技術引導細菌酶Cas9精準剪切人類細胞DNA的方法。他們以微生物學者伊紐曼·夏彭蒂耶（Emmanuelle Charpentier）與生物化學學者珍妮佛·道納（Jennifer Doudna）早先的發現為基礎；夏彭蒂耶、道納兩人當時分別在瑞典優密歐微生物研究中心（Umeå Centre for Microbial Research）與加州大學柏克萊分校做研究，她們發明了用CRISPR關聯蛋白質（CRISPR associated proteins）這種酶有效剪貼DNA的方法。[11]她們的CRISPR系統在二〇一〇年代引起了一波淘金狂潮，致使兩人在二〇二〇年獲得諾貝爾化學獎，成為有史以來第一個贏得諾貝爾科學獎項的全女性團隊。[12]丘奇雖也有貢獻卻未得獎，但他不以為忤，反而對記者表示「我覺得這個選擇非常棒……那是關鍵的新發現」，並接著誇讚夏彭蒂耶與道納優秀的工作成果。[13]

過去二十年來，丘奇平均每年合作成立一家新公司，主要是為了幫助自己門下最有潛力的博士後研究員離開實驗室、正式出社會。他另外申請了六十份專利、輔導了新一代基因工程師，協助新世代研究者塑造明日世界。[14]到了二〇〇〇年代中期，他萌生了重新發明塑膠杯的想法，只不過這次不用石化材料。簡單而言，丘奇團隊將微生物的遺傳訊息再程序化，讓微生物吃下糖之後生產聚羥基丁酸酯（polyhydroxybutyrate），這種強韌且可生物分解的材料能用以短時間容納液體，對攤販而言再適合不過。團隊在二〇〇九年甘迺迪表演藝術中心（Kennedy Center）一場演出的中場休息時間首次推出新產品，杯子上貼著得意洋洋的宣言：「百分之百植物製成的塑膠。」[15]

丘奇另外和一小支科學家團隊提出了腦科學計畫（BRAIN Initiative），結合國家科學基金會、國防高等研究計畫署等公私部門的力量，試圖解析大腦的運作原理。他在二〇〇五年推出個人基因體計畫（Personal Genome Project），用以交流基因體、健康與遺傳特徵等公眾數據。[16]為了推動計畫，丘奇與科學界許多著名人物公開了自己的基因體數據，希望能促使人們自由分享數據，以便讓科學家研究人類的基因與遺傳特徵，並且開啟關於個人遺傳密碼透明度與隱私的討論。公開自身基因體數據的人包括受過太空人訓練的投資者與慈善家艾絲特．戴森（Esther Dyson）、哈佛醫學院的科技主任約翰．哈拉姆卡（John Halamka）、客製化醫療保健公司賽歐納（Sciona）的創辦人羅莎琳．吉爾（Rosalynn Gill）、知名心理學者與作家史迪芬．平克（Steven Pinker），而丘奇本人當然也參與其中。[17,18,19,20]十組基因體並不算太多，而數據本身雖然沒有署名，這十位著名人物的身分還是對大眾公開了，所以不可能完全保證他們的隱私。他們願意提供資料，完全是多虧了丘奇的請託。

復活

讀到此處，你想必看得出丘奇是聰慧且願意挑戰自己與他人的思想家、啟發人心的導師，也許還有一口氣接下太多計畫的毛病。換言之，他就是那種會去研究如何讓絕種動物復活的研究者——而他特別想復活的動物，正是四千年前在更新世（Pleistocene）絕跡的長毛象。

四千年以前，長毛象已經在地球極北存活數千年。你可以將牠們想像為大象的近親，只不過身上長著粗糙的毛髮與多層脂肪以便抵抗冰河時期的嚴寒，還有可用以覓食的長象牙。（過了很久很久以後，創作者從牠們身上得到靈感，創造了《星際大戰》〔*Star Wars*〕中的虛構生物「班薩」〔bantha〕。）我們不清楚長毛象滅絕的確切原因，不過研究者認為是人類狩獵與氣溫變化減少了長毛象族群數目與食物來源。

長毛象算是「關鍵物種」（keystone species），生態系統裡其他物種在許多方面都仰賴牠們的存在，才得以穩定生存。長毛象成群行動、找尋可食用的枯草時會將樹木撞倒，也會將雪層壓實，保持永凍土層的穩定。一旦長毛象與其他大型草食動物不再吃枯草也不再將雪地壓實，生態系統就發生了變化：表面的雪層融得快了些，以致永凍土遭受陽光直射，開始以驚人的速率融化並將溫室氣體釋放到大氣中，造就了惡性循環。氣溫升高導致冰雪加速消融，釋放出更多溫室氣體，使得氣溫繼續提升，就這麼不斷循環下去。若能使長毛象起死回生，野放到加拿大與俄羅斯，那或許有機會修復失衡的生態系統，而且——老實說吧——如果能用這種方式抵抗氣候變遷造成的生存危機，那不是超級新奇、超級酷嗎？

丘奇花了不少心思考慮去滅絕（de-extinction）的執行方法，不過第一個做這種嘗試的人並不是他。全世界第一隻哺乳類複製動物——桃莉羊（Dolly the sheep）——誕生於一九九六年，[21]牠之所以能被複製出來是多虧了一種稱為「核轉置」（nuclear transfer）的技術，而這種技術開啟了讓滅絕生物起死回生的大門。核轉置的主旨在於將一顆完整細胞的細胞核小心翼翼地抽取出來，置入同物種或近親物種的卵子，餘下步驟則近似製作試管嬰兒的方法：雜交卵子置入動物子宮後著床，若一切順利，孕母將會在孕期結束時產下健康的雜交動物。在二〇〇〇年，世上最後一頭庇里牛斯山羊（一種野生的山羊）死了，不過人們用液態氮將那最後一頭山羊的細胞保存下來，後來到了二〇〇三年，研究者成功用核轉置方法複製出一頭小羊——可惜牠出生後只活了短短幾分鐘。[22]核轉置技術雖能用以複製動物，但也有其限制，只有保有完整且具功能性之基因體的動物才有機會被複製出來——舉例而言，研究者必須要有冷凍保存得異常完好的動物屍體，而北極圈內恰巧有好幾隻保存完好的長毛象屍體。然而即使在屍體存在且保存完好的情況下，讓滅絕物種起死回生的研究也不一定能成功，複製出來的動物也許無法存活。這種動物早已在數千年前絕跡，牠的基因體想必無法適應今日的地球環境。

因此，丘奇想到了另一種解決辦法：他想反其道而行，以近親物種完整、健康的細胞為起點，再加入滅絕物種留存下來的基因片段，一步步倒推回去。[23]我們以旅鴿（passenger pigeon）為例，這種鴿子一度遍布全美，數以百萬計的鴿群從天上飛過時，甚至能遮蔽白晝陽光，但牠們卻在一九一四年絕跡了。[24]我們能使用目前仍存活的近親物種——野鴿（rock pigeon）——的幹細胞，讓旅鴿重回地球。我們可以將旅鴿的部分基因置入野鴿幹細胞，接著轉形（transform）到精子細胞，再注入卵子細胞後發育成受精卵，最後生出帶有旅鴿特徵的野鴿。

這類想法深深吸引了創辦《全球概覽》（*Whole Earth Catalog*）期刊與尖端線上服務「The WELL」的科技界傳說級人物史都華・布蘭特（Stewart Brand），以及生技業經理（也是布蘭特之妻）萊恩・菲蘭（Ryan Phelan）。布蘭特、菲蘭與丘奇聯手推出了去滅絕關鍵物種的新計畫，其中包括旅鴿與長毛象——確切而言，是**有點長毛**的長毛象，畢竟他們製作出的不會是真正的長毛象，而是和長毛象現存親緣關係最近的物種——亞洲象——幹細胞基因剪接（splicing）後誕生的生物。

二〇一三年，「去滅絕」觀念在集結分子生物學者、環保主義者與記者的TEDx去滅絕研討會上廣受接納，與會者討論了讓長毛象、袋狼（Tasmanian tiger）等物種起死回生的可能性。布蘭特在會上發表了一場引人深思的演說，論及生物多樣性的喪失，以及利用丘奇的科技再次賦予滅絕動物生命的機會。他藉著研討會與TED平臺推出「基因重現及復原計畫」（Revive and Restore），旨在調查生物滅絕的原因、保存生物學與遺傳上的多樣性，並且應用生物科技修復我們的生態系統。[25]

布蘭特的TED演講大受好評，[26]同時卻也令許多人又驚又怒，一些科學家、環保主義者聽到布蘭特想讓滅絕已久的生物死而復生，不禁感到十分驚恐。這可不僅是複製現存的動物那麼簡單——也不是在複製曾經生存在地球上的動物——而是模糊了現存與滅絕動物之間原本分明的壁壘。況且，丘奇也表明自己不僅對長毛象與鴿子感興趣，還想拿尼安德塔人（Neanderthal）的DNA來做實驗——他不僅想復活其他動物，甚至想改良人類。[27]

你也許和過去的科學家一樣，認為尼安德塔人是原始的次人類物種，基本上就是粗獷、野蠻版的人類。不過從近期的研究看來，尼安德塔人其實十分聰明，他們不僅建造了有組織的文明，以物種而言也十分成功，存活了二十五萬年。（作為對比，研究者認為最古老的智人〔*Homo sapiens*〕生存於三十萬年前的地球。）尼安德塔人的身體能有效保溫，因此能在嚴酷的環境生存，而且他們非常強壯——這部分倒是符合人們對他們的刻板印象——卻也擁有良好的精細肌動技能（fine motor skills），能夠做到精細的動作。若製作智人與尼安德塔人（*Homo neanderthalensis*）的雜交種，或許就能創造較健壯的人類物種，這種新尼安德塔人可能可以面對現代的氣候變遷難題與極端天氣事件，也比較有可能在遷徙至全新環境時存活下來。

目前已經有人定序歐洲與亞洲出土的幾組尼安德塔人化石基因體，接下來科學家便能小片段分析與合成此基因體，在人類幹細胞中拼組出正確的尼安德塔人DNA序列，如此一來，理論上就能做出尼安德塔人複製體了。我們來聽聽丘奇的說明吧：

你會先從成年人類的幹細胞基因體著手，逐步反向操作回推至尼安德塔人基因體，或者是合理程度上相近的基因體。這些幹細胞可以生產組織與細胞。假如未來社會接受複製動物的觀念，也重視真正的人類多樣性，那甚至能將完整的尼安德塔人複製出來。[28]

出生於現代的尼安德塔人當然會面臨許多挑戰，舉例而言，典型的西方人飲食多為乳製品、精緻穀物製品與加工食品，即使是鐵胃的尼安德塔人可能也無法消化塔可鐘（Taco Bell）的起司玉米片多力多滋瘋狂塔可餅——你如果沒吃過，可以把它想像為多力多滋做成的塔可餅，裡頭包著調味過的廉價絞肉與抗結劑做成的切達起司混合物。尼安德塔人再怎麼健壯，兩份塔可餅下肚後，他們——還有他們的史前消化系統——想必也會舉旗投降。

你或許認為復活尼安德塔人這種想法糟糕至極，那如果我們單純借用幾段尼安德塔人基因，稍微修改人類自己的身體呢？你想想看，尼安德塔人可是沒有乳糜瀉（celiac disease）這種疾病，不會像現代一些人一樣對麩質過敏而導致身體疼痛。他們的免疫反應與我們不同，研究者也許能藉助尼安德塔人免疫系統，找出根治類風溼關節炎（rheumatoid arthritis）、多發性硬化症（multiple sclerosis）與克隆氏症（Crohn's disease）等自體免疫疾病的方法。此外，尼安德塔人的骨骼非常堅硬，我們也許能借用骨骼密度相關的基因，用以治療數億女性在逐漸老化時不得不面對的骨質疏鬆問題。

✦ ✦ ✦

你也許會覺得混合尼安德塔人與智人基因並讓代理孕母生下這樣的融合生物，聽起來完全就是恐怖片或反烏托邦科幻小說的劇情——沒錯，許多虛構作品的確探討了類似的議題，而在大部分故事中，人類試圖改變上帝偉大的計畫時，往往會招致災難。這類作品包括：H．G．威爾斯（H. G. Wells）的《攔截人魔島》（*The Island of Dr. Moreau*，一八九六）、阿道斯．赫胥黎（Aldous Huxley）的《美麗新世界》（*Brave New World*，一九三二）、法蘭克．赫伯特（Frank Herbert）的《沙丘》（*Dune*，一九六五）、娥蘇拉．勒瑰恩（Ursula Le Guin）的《黑暗的左手》（*The Left Hand of Darkness*，一九六九）、南希．克雷斯（Nancy Kress）的《西班牙乞丐》（*Beggars in Spain*，一九九一），以及理查．摩根（Richard Morgan）的《碳變》（*Altered Carbon*，二〇〇二）。這同時也是《星艦迷航記》（*Star Trek*）與漫威（Marvel）X戰警（X-Men）系列頻頻討論的議題，後者的反派角色萬磁王（Magneto）甚至打算「讓智人臣服於變種人」！。

綜觀歷史，無論是科學或社會都不樂見任何人扮演上帝，甚至是談論扮演上帝相關的議題。瑪麗．雪萊僅僅是撰寫了關於怪物的故事——並不是創造出真正的怪物——就因為故事太具顛覆性而不敢以本名出版作品，以免政府剝奪她扶養孩子的權利。桃莉羊成功複製出來時，全球各地無數人召開了緊急會議與記者會，幾乎無人注意到桃莉羊計畫明文道出的宗旨：增進我們對生物發育過程中細胞變化的瞭解。人們迅速做出了極端負面的反應，密蘇里大學聖路易斯分校（University of

Missouri in St. Louis）醫學倫理學者隆納・孟松（Ronald Munson）博士對《紐約時報》表示：「精靈已經從神燈裡放出來了。」他接著質問道：下一步會是什麼，難道要用十字架上的一滴血把耶穌基督也複製出來？[29]波士頓大學（Boston University）公共衛生學院公衛法律系主任喬治・安納斯（George Annas）教授也對生物學與遺傳學界表示譴責。「正確的反應該是驚恐才對。」他說道，並聲稱按邏輯推演，下一步想必就是複製人類了。「父母並沒有權利收集孩子的細胞，做出那個孩子的複製品。大眾對於複製人的反對聲浪是對的。」[30]蘇格蘭教會甚至正式頒布教令，要求聯合國通過具約束力的禁令，禁止複製生物行為。該教會引用《舊約》的《耶利米書》（Jeremiah）1:4-5，表明人類不可取代上帝：「耶和華……〔說〕：『我未將你造在腹中，我已曉得你；你未出母胎，我已分別你為聖。』」[31]美國總統比爾・柯林頓特地舉辦一場活動並安排電視轉播，在活動上宣布禁止聯邦政府提供經費給任何複製人類相關的研究計畫。[32]

CNN與《時代》（*Time*）雜誌在一九九七年三月一日發表的調查結果顯示，多數美國人突然對核轉置技術——生物複製技術之一——產生了明確的意見。[33]現在說來你也許會覺得難以置信，不過在桃莉羊誕生前，那些人大多從未花心思想過複製生物議題，也從沒思考過核轉置技術相關的問題。那份調查中，三分之一填答者表示他們為桃莉羊的存在深感不安，甚至願意參加反對生物複製的公眾示威與抗議。在桃莉羊問世將近二十五年後的今日，我們獲得了重要的知識、新生物科技，以及對生命運作模式更廣泛的理解。地球可還沒被惡魔複製羊攻占呢。多虧了桃莉羊，科學家開始複製成人的幹細胞，進而創造出人工「誘導性多功能幹細胞」（induced pluripotent stem cell， iPSC），並將之用於醫學研究。有了iPSC之後，利用胚胎做研究的需求減少了，多少消弭了胚胎研究多年來引起的倫理疑慮。研究者能用iPSC研究老化過程——並且首次將成年細胞再程序化，表現出年輕細胞的特性。這類研究開啟了新一道大門：人類也許能使用各種幹細胞療法治療疾病，畢竟解藥若出自病人自身的遺傳密碼，那就不可能受免疫系統排斥了。今天已經有許多再生醫學療法可用以治療血液相關疾病，其中包括白血病、淋巴癌（lymphoma）與多發性骨髓瘤（multiple myeloma），以及心衰竭等其他退行性疾病。

要改變人們的信念與觀感往往要花費大量時間，而這也無可厚非——我們畢竟受數百年的著作與根深柢固的社會價值觀影響。科學家經常在無預警的情況下發表驚天動地的新發現，當我們面對這些挑戰現存思想的新聞時，自然會感到震驚、疑惑，甚至是焦慮，而有時連科學界內部人士也會感到不安。當丘奇的生物去滅絕想法廣泛傳開後，《科學人》（*Scientific American*）的編審委員會在二〇一三年寫了一篇帶諷刺意味的譴責文章，主要論點是丘奇花在這份實驗性技術上的金錢，應該用在傳統保育行動上才對。[34]丘奇自己也在《科學人》發表一篇文章反駁他們，在文中鎮定地說明讓滅絕生物復活的目的，並表示自己的計畫不是為了製作「絕種生物的完美活體複製品，也不是為了成為實驗室或動物園裡一次性的展演」。他解釋道，他的研究重點是探討我們能對現存生態系統做出的調整，以確保在人為環境變遷過後，人類仍能存活下去。[35]

截至二〇二〇年十二月，丘奇與他的哈佛研究團隊已逐步逼近他們複製長毛象的「巨大」目標了。亞洲象的基因體和長毛象約有百分之九十九．九六相似，然而剩下那百分之〇．〇四加總起來卻等同DNA序列當中的一百四十萬處差異。這些差異大多無關緊要，不過在我們寫這本書的目前為止，丘奇團隊已辨識出一千六百四十二段重要的不相似基因，仍須持續做研究才有可能複製出長毛象。團隊還在努力逐一設計、測試與微調他們在實驗室裡培養的細胞，希望能製作出正確的基因序列，讓類似長毛象的亞洲象得以存活下來。他們希望能用長毛象與亞洲象相似的基因作為基底，只不過這頭大象會擁有長毛象濃密的毛髮、適應嚴寒氣候的血紅素、積存多層脂肪的能力，以及其他優點，例如可讓鈉離子通透的細胞膜，這對長毛象適應冬季嚴苛環境大有幫助。[36]在調整出正確的特性組合之後，研究團隊便能將這些改良版皮膚細胞注入幹細胞，做出活生生的（有點長毛的）長毛象。丘奇與德州企業家班恩·拉姆（Ben Lamm）在二〇二一年九月成立了巨大公司（Colossal），專門支援他們的長毛象研究計畫。

假使成功製造出長毛象，這些二十一世紀版的長毛象將會居住在新的家園裡——一個靈感起源於小說家麥克·克萊頓（Michael Crichton）作品的新家，只不過這地方不會取名為侏羅紀公園，而會以更新世為名。更新世公園（Pleistocene Park，沒錯，真的是這個名字）是位於西伯利亞的實驗區，許多原生物種在多年工業化衝擊過後，終於得以重返這個自然保護區，在此再野化（rewild）的物種包括雅庫特馬、加拿大馬鹿、美洲野牛、犛牛等動物。[37]若將修改版長毛象野放於此，就能看出大動物踩踏雪地與永凍土是否能改善氣候問題了。

你聽了或許會認為將這些動物復活與再野化，完全就是人類站上創造者之位的行為，但其實我們早在數千年前便開始玩上帝遊戲了——問題是，我們玩得頗為失敗。

歐洲人在十五世紀航行大西洋時，對環境造成了系統性的影響。他們不僅發現「新世界」（確切而言，是歐洲人不曾見過的新世界），還將歐洲原生的植物、動物與疾病傳給了他們在新大陸接觸的人類。一四九二年，克里斯多福．哥倫布（Christopher Columbus）於現今的多明尼加共和國登陸，一年後他帶著一千五百人、數十種植物的種子與插條（小麥、大麥、洋蔥、小黃瓜、瓜類、橄欖與莊稼植物），以及數百頭馬、食用牛與豬回到當地。所謂「哥倫布大交換」（Columbian Exchange）就此拉開序幕，許多生物橫跨大洋去到新大陸，兩地生態發生了巨大變動。你現在聽了也許會覺得不可思議，不過在哥倫布大交換之前，巴西原生的辣椒仍未成為普遍出現於印度料理的調味料，當時的愛爾蘭人也未曾嚐過馬鈴薯的味道。在十六世紀以前，非洲不存在花生，義大利不存在番茄，而北美洲也不存在小麥。哥倫布大交換造成了農業的巨變，改變了人類與動物的飲食，同時也改變了許多人的生命與文化。[38]

然而，歐洲人抵達陌生地區之時，也帶來許多危險的病原體，對這些病原體不具先天免疫力的當地原住民受到了莫大的威脅。每一艘來自歐洲的船都帶來新一波傳染病：天花、肺炎、猩紅熱、瘧疾、黃熱病、麻疹、百日咳、傷寒與鼻病毒等等。新疾病抹殺了百分之八十的原住民，也重創當地動植物族群。（哥倫布與他的許多同胞也生了病。）[39]

哥倫布大交換最終造就了全球經濟架構，進一步造成了反烏托邦式的後果，對全人類造成不少負面影響——這些都是數百年前航海家無法預見的結果。疾病傳播、土地被用於工業規模的農業、動物被過度獵殺、數百年來採礦和全球貿易航線造成的環境汙染，都導致今日生物多樣性減少與氣候變遷。

從二〇〇〇年到二〇一九年，全球發生了七千三百四十八次重大自然災害，其中許多是氣候變遷所致。[40]大規模氾濫的次數已是過去的兩倍，足以造成嚴重房地產損失的風暴增加了百分之四十。澳洲在二〇一九到二〇二〇年發生史上少見的大規模野火，大量灰燼與沉積物被吹到大氣層，甚至阻擋陽光，造成了迷你冰河時期：大氣研究者發現，地球氣溫暫時下降了幾分之一度（確切而言下降多少，目前仍是未知數）。火積雲（pyrocumulonimbus clouds）——充斥火焰的雷雨雲——激起了強風，在其他國家引起危險的旋風。目前為止，野火造成的全球經濟損失已累積至將近三兆美元。[41]

到二一〇〇年，全球各大城市氣溫估計會上升多達攝氏四．四度（約華氏八度），這對我們的天氣系統而言是大量多餘的能量。假使你住在氣溫調節與空氣循環良好的家中，那可能不會覺得這是大問題，不過巴黎與倫敦等都會區的居民多達二千五百萬人，且許多老舊建築並沒有裝設冷卻通風管道、無法加裝冷氣機，氣溫上升對居民而言就會是棘手的問題。僅僅是夏季幾個炎熱的日子，就可能嚴重危害人類的性命。當你身體的過熱時，循環系統會自動將平時流往器官的血液導向皮膚，讓你盡量冷卻下來。問題是，在持續不斷的極端高溫下，身體不會停止上述過程，致使缺乏血流的器官逐漸衰竭。假設環境又熱又溼，那人體冷卻用的生物機制——排汗——也會失去作用。夏威夷大學馬諾阿分校（University of Hawai'i at Manoa）的科學家將熱浪威脅人命的機制分成了二十七種，即使是健康的人也可能因種種原因死去。[42]從目前的氣候趨勢看來，到了二一〇〇年，大多數人都將頻繁暴露在可能致死的高溫之下。

我們還得另外考慮到，接下來數十年內，全球人口預計會從七十七億增加到九十七億人。即使不必面對氣候變遷所致的農業衝擊，我們也沒能力養活額外的二十億人。這二十億人當中，估計有一大部分會出生在印度，然而當地約百分之十的糧食作物是用迅速減少且不可再生的地下水資源灌溉。美國加州的中央谷地、中國東北與巴基斯坦也面臨相同的問題，這些都是負責生產穀物、蔬果、棉花、乾草與稻米的主要糧食產區，無論是人類或人類經濟都仰賴這些地區的產出。我們雖在農業方面有許多進步，全球約百分之八十的作物仍需要雨水，所以農業生產仍需要可預測的天氣規律，而極端降雨事件會導致全球糧食供應的浩劫。如果你接受關於氣候變遷、人口成長與極端氣候事件的循證研究結果，那運用邏輯推演可得出結論：順著我們目前這條路走下去，最佳情況下會導向大量不必要的死亡，最壞情況下則會導致全球性的饑荒與混亂。

除此之外，地球的生物多樣性也大大減少了。人類的整體生物質（biomass）占地球所有生物不到百分之〇・〇一——換言之，我們在所有活著的生物當中占不到萬分之一——卻造成了百分之八十三的動物物種滅絕。聯合國生物多樣性和生態系統服務政府間科學政策平臺（Intergovernmental Science-Policy Platform on Biodiversity and Ecosystem Services）在二〇一九年發表了一組似在預測末日的資料，結論是當下有一百萬種動植物物種瀕臨絕種——這裡指的並不是一百萬隻兔子或一百萬株黃水仙，而是一百萬種**物種**，即將從地球上絕跡。[43]

這就是我們創造的世界。我們創世並不是透過智慧與規畫或刻意的設計安排，而是數百年來許多決定與行為無意間造成了生物演化，這一切也持續造成無可預測的後果。舉例而言，我們看看海平面上升對於美國東南部地貌與動物相所造成的變化：在新的環境條件下，體型很小、難以用肉眼看見的紫色相手蟹（*Sesarma reticulatrum*）開始迅速繁衍，族群爆炸性成長，並開始大啖營養豐富且對海濱沼澤地水土保持極為重要的原生植物——米草（cordgrass）。如今，曾經綿延不斷的草地逐漸破碎，潮溝逐漸擴大，[44]當地溪水的沉積物含量增加，暴風雨來襲時氾濫的次數增加，水上運動可用的空間減少，商用捕魚區域也縮水了。在這種情況下，科學家被迫重新組織生態系統的階級：紫色相手蟹成了生態系統中的關鍵物種。

現在是時候——不對，最佳時機早已來了又去了——著手調查另一種說法，挑戰我們先前的信念、迫使我們客觀而非憑情緒評估風險了。以下是合成生物學對未來做出貢獻的兩種可能性：

人類升級：其實我們已經在做這件事了，只不過沒將它稱為「人類升級」而已。人類生而易受特定病毒等病原體與疾病攻擊，其中包括輪狀病毒（rotavirus）、A型肝炎（hepatitis A）、B型肝炎（hepatitis B）、小兒麻痺症（polio）、肺炎、B型流感嗜血桿菌（*Haemophilus influenzae* type b）、水痘（varicella）、麻疹（measles）、流行性腮腺炎（mumps）與風疹（rubella）、白喉（diphtheria）、破傷風（tetanus）及百日咳桿菌（pertussis）。在美國等已開發國家，大多數嬰兒都會在出生一年內以接種疫苗的形式「升級」，成年人每年注射流感疫苗，到五十歲時可能還會接種帶狀皰疹（Shingles）疫苗。在二〇二一年初，許多人爭先恐後做我們這輩子最重要的一次升級：接種COVID-19疫苗。

下一次升級會是什麼呢？我們能以教會的教誨為靈感，開發一些幫助神經多樣者改善生活的工具。本書作者艾美在三十多歲時診斷出強迫症（obsessive-compulsive disorder，OCD），證實了她多年來的猜測。她有時不得不默數自己的腳步，或無法停止重做統計模型，或感覺自己必須每天走完全相同的路線去上班。此類情形對她的生活造成了嚴重的負面影響，她有時不得不遠離其他人——但有些時候，艾美會因此得到近乎超能的精力，能夠連續多日集中精神解決難題，甚至不需要休息。人們之所以罹患強迫症，是因為血清素擾亂了大腦前部與內部深層構造之間的聯繫，若要治療強迫症，可以用藥物將血清素調整為正常值，或者用認知行為療法（cognitive behavioral therapy）——一種能逐漸調整神經傳導物質的談話治療——或者雙管齊下。血清素抑制藥物可以防止艾美陷入死循環，卻也會阻礙她的創意與動力，這類藥物畢竟不是變阻器，艾美無法隨自身需求調控血清素濃度。在醫師的建議下，艾美選擇接受認知行為治療，但她經常想到恩迪與奈特的抑制振盪器——也許有了這種工具，她便能視情況利用自己的強迫症，將它從身體系統的問題轉變成附加功能了。

農業升級：杏仁這種食物美味、營養且能以多種形式為人所用，但這種作物的灌溉需求可是惡名昭彰。研究者在二〇一九年定序了杏仁樹的基因體，我們現在有機會改良它的基因，減少它對水分的需求量、讓它產出兩倍的堅果仁，並將其樹木從龐大灌木改變成較小巧而不占空間的形狀。[45]

如此一來，我們便能以全然不同的方式栽植杏仁。現在幾乎所有的糧食都是在戶外栽培，受不可控的天氣影響，不過有了基因編輯、客製化微生物與應用人工智慧與機器人學的精準農業系統，我們得以探索不同的生產模式——例如在巨型倉庫層層堆疊栽植作物的垂直農法（vertical farming）。在這種農場中，LED燈光能起到日曬的作用，感應器與人工智慧系統則會負責監控灌溉與養分供給，視情況調整，而機器人則會負責在一排排豌豆、大蒜、菠菜與萵苣之間移動。和一般農場相比，垂直農場的總產量可達一般產量的十到二十倍，過程中產生的廢料也少得多。

✦ ✦ ✦

我們可以憑藉智慧設計人類演化的下一階段——其實再過不久，我們除了這條路以外也別無選擇了——但前提是，我們必須保持開放的態度，重新審視我們對於創造與造物主根深柢固的想法。在今天，一些有宗教信仰的學者與信仰群體相信合成生物學（以及其他科學、科技領域）都屬人類成長與進步的例子，而上帝的任務則是改變與更新世上的造物。許多宗教都重視人們和疾病、飢餓與死亡之間的抗爭，合成生物學不過是該過程中一種自然的表現罷了。

美國國家衛生院長法蘭西斯．柯林斯博士是虔誠的基督教徒，著有多部探討科學與宗教關係的暢銷書，包括從科學角度辯論上帝存在的《上帝的語言》（*The Language of God*），以及檢視上帝與信仰之神祕的《信仰：解讀宗教信仰之因》（*Belief: Readings on the Reason for Faith*）。柯林斯和喬治・丘奇、克雷・凡特同樣是遺傳學界的開拓性人物，對該領域貢獻了卓著的研究成果，巴拉克・歐巴馬（Barack Obama）總統在二〇〇九年指派他擔任國家衛生院長後，他負責管理手下兩萬名科學家與職員、三十二萬五千名外界研究者，以及二十七所機構與研究中心。[46]統領國家衛生院時，他不顧基督教同胞的反對，甚至克服了自己因信仰而生的疑慮，允許並提倡幹細胞研究。柯林斯在歐巴馬、川普（Donald Trump）與拜登（Joe Biden）三任總統麾下工作，時至今日仍持續提倡基因編輯相關的研究。

如果我們能效法柯林斯，放下情緒並以客觀態度看待未來的種種可能性，想必便能創造出同時容得下上帝與基因體改良的未來。如果我們能效法柯林斯，允許心思有效地多方探索，那嶄新的世界想必就在前方等著我們。在那個新世界，我們將坐擁全新的生物經濟、用創新科學方法解決棘手難題，並且以無數種創意方法明確改善——甚至是拯救——我們的生活與生命。

第二部分

現在

第5章　生物經濟

二〇一九年底，中國政府開始積極壓抑極危險新型冠狀病毒問世的消息，而與此同時，上海公共衛生中心（Shanghai Public Health Center）病毒學者張永振（Zhang Yongzhen）博士對這神祕新病原體的疑慮越來越深。他的團隊在當時已經發現了兩千多種病毒，眼見他們實驗室以西僅八小時路程的武漢市內新型病毒肆虐，他們為新病毒的一些特性感到惴惴不安。令人不安的特性之一是，感染者也許過了十到十四天才會產生症狀。張博士擔心政府若不趕緊採取應對措施，病毒將會迅速藉由身在武漢的中國人、外籍勞工與觀光客，擴散至他們旅遊的各地。張永振的團隊和中國其他知情研究者一樣，著手定序新型冠狀病毒的基因體序列。[1]

張永振的團隊在發現新病毒與使用現代科技這方面經驗豐富，短短四十小時便完成了解讀病毒基因體的工作。[2][3]如他們所料，這次的冠狀病毒與二〇〇三年肆虐許多國家的嚴重急性呼吸道症候群（severe acute respiratory syndrome，SARS）病毒十分相似。見中國政府遲遲不願承認新型冠狀病毒的危險性，張陷入兩難，一方面而言，他如果發表病毒基因體序列就必須面對個人與政治上的後果，但另一方面他也希望趁早防止病毒擴散。幸好他最後沒有猶豫太久，決定在二〇二〇年一月五日於基因銀行（GenBank）——類似生物學界的維基百科——公開病毒序列，造福全世界。[4,5]研究者可以將自己解讀的基因序列與相關註記投稿到基因銀行，由社群管理員審查通過後刊登在網站上。（基因銀行就和維基百科一樣，投稿者不會得到報酬，但所有人都能受惠於他們的研究成果。）儘管上述程序比傳統期刊的同儕審查快得多，張仍擔心消息無法快速傳播出去。他一位澳洲朋友幫忙聯絡了Virological.org——限制遠少於基因銀行的論壇網站，類似病毒學者的Reddit——希望能在網站上發布消息。後來在二〇二〇年一月十日，貼文刊登在網站上，立刻催化了基因銀行那邊的審查程序。[6]

數日後，企業家努巴．阿費揚（Noubar Afeyan）在麻州劍橋市外出用晚餐，正在為女兒慶生時，他收到執行長斯特凡．班塞爾（Stéphane Bancel）傳來的緊急訊息。阿費揚是莫德納公司（Moderna）的創辦人，該公司當時仍沒沒無聞，名字取自「修改」（modified）與「RNA」的組合——意思是可以利用合成生物學技術修改mRNA，開發個人化的癌症治療。這項技術在實驗室裡已經成功了，但還未做出商業成品，於是團隊轉將修改mRNA用以治療其他疾病，例如用新的序列片段教我們的細胞一些新功能，其中就包括產生抗體與癒合組織兩種功能。

看到訊息以後，阿費揚匆忙奔到寒冷的室外回電話。班塞爾前些日子一直在關注張博士發表的序列及相關討論，也試圖設計對應新型病毒的mRNA疫苗，有了可實踐的設計稿之後，班塞爾想請阿費揚從莫德納公司當時正在開發的二十項商品那裡撥出一些資源，投入新型病毒mRNA疫苗的開發與生產。莫德納已經有不少類似經驗了，早在先前便和國家衛生院合作製作冠狀病毒的

mRNA疫苗原型產品，只不過目前尚未開始販售這些疫苗，也沒有額外的經費可以從零開始建構大規模的疫苗生產線。即使有這些風險，班塞爾還是認為接下來會發生大事件，阿費揚也同意他的看法。「開始行動就是了。」阿費揚對他說道。[7]

莫德納以張在基因銀行發表的序列為基礎，開始設計針對冠狀病毒棘蛋白（spike protein）的RNA序列。你想必已熟知這種病毒的形狀了，它長得像表面滿是凸刺的球體，而莫德納團隊從過去的研究猜測那些棘蛋白最有可能引起人類免疫系統的反應——免疫系統往往會針對較大、較明顯的刺激做出反應。簡而言之，莫德納的疫苗就像是舊時西部的通緝告示，對人體宣布：「通緝犯！注意這顆長滿凸刺的球！殺無赦！」

在開發mRNA疫苗的過程中，莫德納已經完成最困難的部分，例如研究出讓疫苗mRNA出現在細胞外部區域——細胞質，也就是組裝蛋白質的區域——的方法了。mRNA會暫時守在細胞核外，將自己的字母序列轉譯成蛋白質，不久過後便會離開。如此一來，細胞就會生產冠狀病毒一些不具危險性的部分，激發免疫系統的反應。那之後，疫苗mRNA會自動分解，讓身體憑自身力量對抗病毒。

莫德納團隊使用客製化工具組，找尋遺傳密碼當中特定的片段：開關、在轉錄時標出基因尾端的核酸序列，以及定義蛋白質頭尾的指令。他們在短短兩天內解析了病毒的遺傳密碼，SARS-CoV-2和其他冠狀病毒之間只有短短十二字母的差異，它的基因體多了以下十二個字母：CCU CGG CGG GCA。這十二個字母就是新冠病毒如此之強大的關鍵，它們使棘蛋白活化、允許病毒入侵人類細胞。但是有了mRNA疫苗之後，mRNA可以對細胞傳達一套指令，讓那一段病毒序列成為辨識標靶，進而阻撓病毒的入侵。[8]

傳統疫苗有的用弱化的病毒，或者像每年的流感疫苗一樣，須使用數百萬顆雞蛋才能生產出充足的劑量，而莫德納的合成RNA策略比傳統方法有效得多，適應性也強得多。莫德納基本上就是在設定遺傳指令，這些指令可以像軟體那樣編寫出來，裝入類似奈米USB隨身碟的東西，一旦這些生物USB隨身碟插入細胞，細胞便會下載並執行mRNA的指令。除此之外，mRNA疫苗也比傳統疫苗安全且容易控制。基因療法可能會造成永久性的基因變化，這些變化甚至可能遺傳給後代，而mRNA只會在我們細胞裡存在須臾，疫苗生產計畫在執行短時間過後就會自毀。

莫德納與新創生技公司拜恩泰科（BioNTech）終於為所有人認為不切實際、異想天開的科技找到了實際應用方法，不過我們今天得以使用的疫苗也不是憑空而生，它們能夠存在，也是多虧數十年來合成生物學機械與科技方面的進步。這些科技、機械、附屬系統及產物組成了所謂「生物經濟」：與合成生物學相關並起源於合成生物學的生產及消費行為，整體同時能滿足產業內各公司的需求。明日的生物經濟將會帶來許許多多不可思議的創新，COVID-19的mRNA疫苗不過是一切開端罷了。

你是不是覺得上一句話聽起來太異想天開？可是反觀歷史我們就會發現，這其實是可以預料的趨勢。

✦
✦
✦

紐約市齊克英廳（Chickering Hall）裡，亞歷山大・格拉漢姆・貝爾（Alexander Graham Bell）與托馬斯・華生（Thomas Watson）站在臺上，對臺下三百名觀眾展示一件奇特的木頭與金屬製物品。當時是一八七七年五月十七日，兩人花費數年默默努力，堅持不懈地追求當時人們認為天馬行空的目標：他們想用電報線的電子脈衝傳遞人類語音。經過一段時間的研究，他們發明出可將語音轉換成電子脈衝、再將脈衝轉換回語音的接收器與薄膜，最後終於在齊克英廳首次發表新科技並對眾人示範它的用法。他們告訴觀眾，他們的發明透過線路與分別位於加拿大新布藍茲維省、美國紐澤西州與紐約的另外三臺裝置相連，到時另一頭會有個男低音獻唱流行頌歌〈守住堡壘〉（Hold the Fort）。[9]

貝爾對著他們發明的機器——以及與之相聯的線路——說話，觀眾忽然就聽到看不見的男低音開始唱歌。一些觀眾認定這臺「電話」不過是手法繁複的把戲，還大聲要求要去找出躲在後臺的歌手。貝爾沒有放棄，而是接著詳盡解釋機器的電路設計與聲音傳遞的科學，然後帶觀眾到後臺走了一圈，質疑者終於被他說服，相信電話真有將語音傳到遠方的功能了。[10]

過幾年後才有企業家發現這份突破性科技的價值，人們成立了數十間公司供應新電話經濟的種種需求：通用的電池系統、金屬迴路、電線、開關、手持式與壁掛式電話、電話交換機（telephone exchange）用的網路設計、將電話訊號傳送出去用的巨大天線及安裝天線的公司、接線總機與接線員、發電與分配電力的相關設施，甚至還有一些公司專門用華麗的花環與旗幟裝飾電話交換機（電話交換機是連接線路與接地竿的架構）。

到一九一八年，全美已有一千萬臺貝爾系統（Bell System）電話機，歐洲與斯堪地那維亞各地也有了類似的區域網路。問題是，這些電話網路受限於地理，人類還需要發明電子交換機、微波通訊技術與電晶體，才有可能打越洋電話。[11]接下來數十年，電話網路業者專注於逐步改進系統，而與此同時，英國皇家空軍的亞瑟・C・克拉克（Arthur C. Clarke）則想到了大膽得多的通訊方法。他在一九四五年寫了篇論文，描述透過「地球同步衛星」與未來式電話交換機，瞬間將訊息從地球任何一處傳送到另一處的方法。他提出的新電話交換機不會固定在地面，也不會掛滿漂亮的花環，而會在天際之外繞地球公轉。[12]在他的想像中，這個物體會以相同於地球自轉的速率移動，高掛在二萬二千二百三十六英里的高空，而地面可以裝設時時指向它的天線，為地球每一個角落提供無線電信號。克拉克後來成了遠近馳名的科幻小說家。

人們對如此莫名其妙的想法興致缺缺，後來是因為一件重大的全球性事件——蘇聯將海灘球大小、名為史普尼克一號（Sputnik I）的一塊金屬送至高空繞地球運行——才開始有人支持克拉克提出的計畫。到了一九五八年，美國推出「SCORE計畫」（Project SCORE，Signal Communication by Orbiting Relay Equipment），這臺人造衛星發出了一段訊息，是德懷特・D・艾森豪（Dwight D. Eisenhower）總統的語音：「地球和平，以及對全人類的善意。」[13][14]到一九六〇年代，隸屬AT&T（American Telephone and Telegraph Company）的貝爾實驗室和美國國家航空暨太空總署（NASA）

合作改良那項科技，最終導向現代史上最重要的發明之一：能相對於地表固定一點同步移動的雙向通訊衛星。多虧這種人造衛星，我們有了廣播電視，世界各國進入外太空的計畫受到了催化，我們也有了後來的GPS衛星導航，甚至是現在人手一臺的智慧型手機。人們曾認為貝爾發明的「電話」太過奇異，不可能在日常生活中派上用場，它卻造就了當今的電信業巨擘，今天價值約一兆七千億美元。[15]

電話與支持它、因應它而生的通訊網路，在幾乎所有企業與社會全面向的演化發展中都扮演定義性角色，並且促進了起源於一九六二年一篇異想天開的研究論文的大進步。麻省理工學院科學家J．C．R．利克萊德（J. C. R. Licklider）同時也在美國國防部高等研究計畫署（Advanced Research Projects Agency，ARPA）工作，他詳盡說明了自己的一套假說，說法顯得過於難以置信，以致一些早期讀者以為他在開玩笑。也許人們以為他在說笑，部分原因是他為這套假說取的名字太不真實：利克萊德提出，可以製作能互相溝通的電腦「星際網路」。[16]這篇論文發表於冷戰情勢最為緊張的時期，利克萊德表示若使用他提出的通訊網路，那即使電話系統遭蘇聯破壞，美國的政府機關仍能夠互相通訊。（在史普尼克計畫過後，美國人心惶惶，人們擔心科技進步的蘇聯會對美國造成重大損傷。）於是在一九六九年，國防部為測試利克萊德的想法，建造了試驗性的阿帕網，連接加州大學洛杉磯分校（UC Los Angeles）與史丹佛大學的電腦。加州大學洛杉磯分校一位教授試圖將簡單的「login」一字傳送給位於北加州的同仁，然而系統在送出第二個字母「o」之後就當機了，結果史上第一份藉由網際網路傳送的訊息就只有令人失望的兩個字母：lo。[17]

然而到了一九七〇年代末期，電腦科學家文頓．瑟夫（Vinton Cerf）發明了傳輸控制協定（Transmission Control Protocol，TCP），能夠連接遠端多臺電腦，允許它們來回傳送資訊。[18]在科技進步的幫助下，提姆．柏內茲－李（Tim Berners-Lee）得以在一九九一年提出去中心化的「全球資訊網」（world wide web），全球人們都可以在此分享與取得資訊。[19]在一九九二年，伊利諾大學（University of Illinois）一群學生造出「Mosaic瀏覽器」（Mosaic browser），人們可用這較為友善的介面搜尋剛成形不久的全球資訊網。[20]使用Mosaic時，使用者不受限於簡單的文字介面，也不必掌握編寫電腦軟體的技能，而是能憑圖案與可點擊的連結進入其他網頁。緊接在Mosaic之後問世的是商用網路，以及無數家公司：網頁代管服務、電子信箱供應商、新網路——例如CompuServe與美國線上（America Online）——還有Google等搜尋引擎與亞馬遜（Amazon）等電子商務網站。我們多數人提及「網路」時指的是酸民肆虐的社群媒體網站，但其實這在整體網路世界不過是微乎其微的一部分。網路是看不見、摸不著的基礎建設，我們現代生活幾乎所有面向都奠基於此，無論是薪資系統、都市服務、保健紀錄、學校考試與超市供應鏈都仰賴網路系統。

包括奧斯坦．古爾斯比（Austan Goolsbee）、彼得．克列諾夫（Peter Klenow）與埃里克．布林約爾松（Erik Brynjolfsson）在內，多位權威經濟學者都曾試圖估算網際網路所產生的價值。[21]他們得出了相似的結論：無論如何研究網路的價值，結果都必然有缺陷，因為網際網路現在已經是等同電力的通用科技了，若從人類社會移除電力，那就會對生產力、收入與我們製作商品及服務的能力造成嚴重的經濟打擊，而網路也是如此。

合成生物學如今已經到了電話在齊克英廳展示的階段，它存在，也可以使用了，不過支持它與相關的企業、公司與附屬機構及個人所組成的龐大網絡還未成形。到未來某天，我們會將合成生物學視為一種通用科技，它和電話與網際網路一樣，將會賦予社會遠超出我們想像的價值。儘管它在未來的價值難以估量，我們還是能參考一些早期指標：美國國家學院（National Academies of Science, Engineering, and Medicine）在二〇二〇年一月發表了一篇詳盡的研究，提出美國生物經濟約占國內生產毛額（gross domestic product，GDP）百分之五，價值超過九千五百億美元。[22]（注意，這是在COVID-19之前的數據，未計入莫德納等公司因疫情而生的種種合成生物學進步。）二〇二〇年五月，麥肯錫（McKinsey）一篇研究分析了現今四百份合成生物學相關創新對於全球經濟的影響力，結論是從現在到二〇四〇年間，這些創新與進步能**每年**產出平均四兆美元價值。[23]而且，這四兆美元還不包括未來必定隨合成生物學產業而生的鄰接企業、服務與產品的連鎖反應。

產業發展出這些連鎖反應，就是所謂的「價值網絡」（value network）——這是哈佛教授克雷頓．克里斯汀森（Clayton Christensen）在一九九七年重大著作《創新的兩難》（*The Innovator's Dilemma*）中提出的概念。廣泛而言，價值網絡是一種健全的生態系統，系統中多家公司合力生產能吸引顧客之產品與服務。假設單檢視網際網路的一小部分——物聯網（Internet of Things）——它的價值網絡就包括軟體、平臺、介面、連線、安全、農業、醫療保健、汽車、供應鏈、機器人學、工業可穿戴設備，以及數十種企業的細項分類，其中又包括數百家新創公司與根基穩固的老公司，這些企業也都合力使連網裝置更有效地互相溝通，讓所有人過上更輕鬆、更享受的生活。

合成生物學的價值網絡才剛開始成形，雖然該產業對COVID-19的反應加速了價值網絡成長，目前為止每一分支都只有少數幾個「玩家」而已。然而，情況已開始迅速改變，投資者光在二〇二〇年就將八十億美元投入了合成生物學新創公司。[24]這個數字在其他產業也許不算驚人，畢竟在二〇二一年初，抖音（TikTok）開發商北京字節跳動公司（Bytedance）的估值已經將近四千億美元——話雖如此，反觀二〇一八年以後的合成生物學產業，每年投入該產業的資金都增加了一倍，也是頗為可觀的成長。[25]現在有一些交易所買賣基金（exchange traded fund，ETF）完全由生技股票構成，這在數年前還是前所未見的現象。眼見方舟投資（ARK Capital Management）與富蘭克林坦伯頓基金集團（Franklin Templeton）的合成生物學ETF表現超乎預期，投資管理巨擘貝萊德公司（BlackRock）也在二〇二〇年十月推出了合成生物學ETF。方舟的ETF在二〇一九年的獲益為百分之四十四，二〇二〇年則飆升至驚人的百分之二百一十。合成生物學首次公開募股（initial public offering，IPO）的中間數值也在迅速成長，二〇二〇年的平均IPO值是二〇一九年的兩倍。[26]這一切都給了支持生物經濟的既存企業不少生意：硬體生產商製作了不少合成用的機械、機器人與裝配器；分子生物工具生產商販售了不少DNA、酶、蛋白質與細胞；軟體公司則製作了功能類似Photoshop的許多特殊生物學工具。

這些公司都需要高速網路、自動化機械與雲端系統，更別提加密網路、健全的資訊科技服務與資料庫管理。這時許多舊型生技工具已經跟不上時代，無法做到現今合成生物學工作所需的高精密度設計與製造。我們接下來便會介紹組成生物經濟的種種科技與工具，以及它們迅速演化的趨勢。

張永振的團隊在短短兩天內就完成了SARS-CoV-2的定序工作，我們看到現代定序方法的速度之快，實在很難想像舊時的DNA定序是怎麼回事。在電腦與自動化工具廣受使用之前，你必須小心翼翼地準備DNA樣本，每間實驗室通常都會自己發展出一套預備流程。現在的實驗室多仰賴簡易的DNA純化試劑組，但當時並沒有這種工具，也沒有定序機器，許多複雜的實驗室流程都須手動完成。研究者必須製作大塊膠體後跑膠，然後親自解讀並用紙筆記錄數據。即使在完成定序工作之後，你也幾乎不可能對序列做出什麼有意義的觀察，因為過去也不存在基因資料庫與基因體研究專用的搜尋軟體。

✦✦✦

隨著科技日益進步，科學家開發出自動化的Prism定序機，也就是凡特與柯林斯在二〇〇三年爭先完成人類基因體定序時，立下大功的工具。解碼第一份人類基因體的任務費時十三年，人類基因體計畫的總成本是三十二億美元，其中包括許多與基因體定序無關的大筆支出。假使凡特與柯林斯在二〇〇三年重新開始人類基因體計畫，並用上當時所有的新科技，那完全可以在一年時間內完工，而且只需五千萬美元成本。到了二〇〇七年，一家新創公司造出速度更上一層樓的定序系統，僅花一百萬美元就完整定序了詹姆斯．華生的基因體。短短十年後，新一代機器甚至能解讀單一DNA或RNA分子，表示研究者能檢視單一細胞，觀察個別基因功能是否開啟了。英國牛津奈米孔科技公司（Oxford Nanopore Technologies）生產的一型定序機價格相當於一臺iPhone，體積甚至是

iPhone的一半，太空人凱薩琳・魯賓斯（Kate Rubins）二〇一六年在外太空完成首次成功的DNA定序時，用的就是這款機器。定序機現在越做越小——也越來越聰明了。[27]總部位於聖地牙哥的羅斯維爾生技公司（Roswell Biotechnologies）正在開發分子電子定序科技，他們直接將DNA酶接合在半導體晶片上，晶片會以電子方式記錄各個酶的活動，藉此有效窺知它們與DNA的互動與作用。該公司目標是在接下來一兩年內做出攜帶式的定序裝置，而且裝置將能在一小時內，以低於一百美元的低價定序完整基因體。

定序技術進步得很快，最初花費三十二億美元與十三年才能定序完整基因體，不久後的將來卻只需花一百美元與六十分鐘完工，沒有其他產業能在三十年內達到如此巨大的進步。然而，上述技術都只包含解讀基因體這一部分而已，真正的大工程才剛開始呢。

✦ ✦ ✦

相較於一般編寫電腦程式的難度，細胞編程困難得多，理由之一是我們對於細胞機械的瞭解不夠透徹，另一個理由是生物學是以水為主體的科技。水主體科技與矽晶片、電子科技不同，我們無法像控制電路那樣讓電子順著固定軌道移動、用精確且高速的開關控制電子流。細胞可說是一鍋湯，湯裡漂著數千不同的分子，這些分子無時無刻不到處移動與互動，但移動速度又比電子慢得多。細胞程序與編碼不算是完全隨機，可是也稱不上線性、邏輯，所以我們很難準確預測任何生物學系統的表現。細胞及其構成物可沒有說明書——工程師無法照著標準或規格敘述組裝細胞。

傳統上，分子生物學實驗只有「活體」（*in vivo*）與「體外」（*in vitro*）兩種，但有了應用機器學習的合成生物學，我們現在可以用電腦模擬實驗結果了。那麼，歡迎來到「電腦」實驗（*in silico*）時代。舉例而言，我們一般將超過一百個胺基酸組成的多肽鏈視為蛋白質，光是這樣短短一條胺基酸鏈序列就有大量可能的排列組合，比可觀察宇宙當中的原子總數來得多。但有了電腦模擬實驗，研究者可以測試不同基因體合可能的互動模式，學會預測細胞活動，並透過實驗測試生物程序在合成干預過後會如何進行下去。

儘管如此，能用電腦模擬測試的設計物仍然有限，科學家還是得觀察真實的生物學活動，也須為此培養細胞與建構不同的分子。此外，他們還需要能快速合成DNA的方法，速度越快越好。最初的DNA合成者和最早期的電腦一樣，其實就是受過大量訓練的一群人，由他們完成頗具挑戰性的重複性工作。然而實驗室內總是充斥著有毒氣體，而且這些工作又極其單調無聊，化學家恨不得早早將這部分工作交由機器完成。

第一臺DNA合成機在一九八〇年問世，當時維加生技公司（Vega Biotechnologies）在市場上推出一臺微波爐大小的機器，宣稱它能自動生產DNA。[28]那臺機器他們賣五萬美元——約等同今天的十六萬美元——能每天做出一段十五對鹼基長的DNA片段（又稱寡核苷酸〔oligonucleotide〕）。那之後，生產寡核苷酸的成本大幅降低了，幾乎到了一對鹼基才幾分美元的低價，而且現在還能一次合成數百萬段寡核苷酸。

現代合成機可以高度精確地合成DNA，以百分之九十九．五的準確度將正確的DNA鹼基加到長鏈上。但隨著在DNA鏈上增添鹼基的次數增加，總鹼基數量越來越龐大，出錯的機率也會逐漸提升，因此能以化學合成法製作的寡核苷酸長度限在數百對鹼基以內，大部分都只到六十對鹼基而已。如果只是要做COVID-19聚合酶連鎖反應（polymerase chain reaction，PCR）檢測，偵測那個病毒獨有的RNA，那六十對鹼基的長度就夠了，但如果你想寫一段基因長度甚至更長的DNA片段，那就必須組裝更長鏈的寡核苷酸。在自然界，DNA合成與組裝工作可以相輔相成，而目前為止在實驗室裡，合成與組裝工作仍會分開進行，遺傳密碼僅僅出現一個錯誤就可能影響下游發生的一切事件。

生物經濟圈內就存在一些專門降低這種不確定性的公司，其中一例便是拓唯思特生物科技公司（Twist Bioscience）。該公司設計了一套系統，能以極低價生產大量DNA序列，且錯誤率相當低。拓唯思特使用的是上頭刻有微小溝槽的矽晶片，溝槽裡裝滿了遺傳物質，接下來就能精確地組裝出DNA序列。相較於生命科學實驗室普遍使用的方法，拓唯思特那套系統的昂貴試劑使用量是原本的百萬分之一，能合成的基因數量則是原本的九千六百倍。[29]科學家可以將DNA設計稿送到拓唯思特那裡，短短數天後便能拿到合成的DNA分子了。但是你先別激動，要知道拓唯思特並不是為普羅大眾提供服務，只有經過驗證、授權的使用者才能委託他們合成DNA，這表示你必須是已登記學術實驗室或企業的相關人員才行。另外，他們也不是什麼序列都幫你合成，公司會用資料庫比對與篩選你設計的序列，篩掉任何病毒或有毒物質的基因。但並不是每一家DNA合成公司都會做篩選這一步——而且更不可思議的是，目前沒有法律規定公司要進行篩選。我們還會在之後的章節提到這個議題。

✦✦✦

DNA合成通常發生在類似未來式科幻電影的環境：燈光明亮的無菌室裡，巨大的白色機器手臂順著固定路線在地板上移動，拿起培養皿與微小凹槽裡注入了不同遺傳物質的晶片。這些機器人能合作吸取與分配液體，參考好幾位元組的電腦程式碼合成並拼組DNA分子，最後進行包裝、準備運送給客戶。

要建造與配備拓唯思特生物科技公司這麼一間現代生物實驗室，可能得花上數千萬美元，不過規模較小的公司還有另一條路可選。生物工廠（biofoundry）這種機構配有可處理液體的高通量機器人與電腦系統，並提供無菌環境讓人進行活系統的遺傳工程作業，由電腦記錄所有過程與數據。建造與維護這套設備的成本當然也很高，但這種生物工廠都是接案工作，就等同合成生物學界的「幽靈廚房」（ghost kitchen）——大城市裡僅限外送的餐廳常使用的共用商業廚房。由於資源可以共享，生物工廠能大規模進行實驗，包括南舊金山的翡翠雲實驗室（Emerald Cloud Labs）與門洛帕克（Menlo Park）的斯特拉斯公司（Strateos）在內，一些工廠甚至完全接受了實驗室虛擬化，幾乎世界各地的科學家都能遠端編寫程序與操縱實驗。

意外的是，這類生物工廠受惠於家喻戶曉的電腦公司——微軟。微軟一個於一九九七年成立的研究部門設在劍橋市（英國劍橋，不是麻州劍橋），負責分子生物學相關的研究。劍橋這個地點很適合它——華生與克里克當初就是在劍橋市發現了DNA的結構。微軟在二〇一九年推出了「Station B」平臺，希望能創造合成生物學的端對端相連應用程式與服務。[30]為此，微軟和一些新創公司合作開發生物學實驗用的開放原始碼程式語言，同時和其他專門將不同廠商製作的實驗室機器自動化的新創公司合作。舉例而言，Station B平臺可對實驗室機器人傳達精確的數位指令，取代「大力搖動試管」等等第一代合成生物學指令。

除此之外，微軟還和華盛頓大學及拓唯思特公司合作，探索DNA一種意料之外的新用途：儲存資訊。DNA本就是自然界的硬碟了，那如果能用它儲存其他類型的資訊呢？在今天，你可以找一張演員巨石強森（Dwayne "The Rock" Johnson）的照片，在電腦上寫入完整的記憶檔案，將巨石強森的照片儲存起來。到了未來，你可以改而將那張照片拆成數千個小碎片，寫入數千條DNA，之後再將那些DNA片段定序後，就能由電腦把資訊重組回原始的圖片檔了。[31]在二〇一九年，研究者造出第一部全自動化的DNA讀寫儲存系統，用僅僅五位元組數據寫入並讀取「Hello」一詞。[32]聽起來很厲害對不對？問題是，用DNA讀寫這一個詞竟然花了二十一小時，而用傳統電腦讀同一份檔案則只需數毫秒時間。DNA儲存系統不過是新型態電腦記憶體的早期例子，在這樣的系統中，分子被用以儲存數據，電子系統則用以操控與處理資料。有了這個可運作的原型機，微軟、拓唯思特、華盛頓大學、定序公司因美納（Illumina）與數位儲存公司威騰電子（Western Digital）合創了

DNA數據儲存聯盟（DNA Data Storage Alliance），旨在創造出DNA儲存生態系統的標準與基礎。不久過後，又有十多個組織加入他們的聯盟。

用DNA儲存資訊的優點顯而易見：全球每年產生巨量資訊，目前使用的光學、磁性與固態記憶體再過不久就存不下如此大量的資訊了。DNA和既存的記憶體不同，少量DNA就能存下大量資訊：光是一公克DNA，就能存入超過兩億張DVD的資訊。[33]有了密度如此高的儲存系統，全世界的數位資訊若存入DNA分子，那加總起來也不過是懸浮在約九公升溶液中的DNA而已——大約就只有二．五加侖的牛奶那麼多。而且在更遠的未來，我們還能視乎情況讀取DNA當中特定的數位檔案。

DNA合成技術的進步，排除了過去遺傳工程方面最大的障礙之一：將數位DNA密碼轉換成細胞能執行的指令。但我們看看現今的DNA合成技術，現在最常被合成的一段DNA也才數千對鹼基長，只夠做出單一蛋白質而已。若要製造出更加複雜的產物，例如編寫出一隻微生物完整的基因體，那就必須多次組裝DNA片段、多次進行精確定序，在完成這些枯燥乏味的工作之後才能啟動你設計的生物，進行測試與除錯。生物工廠雖能簡化或自動化這些重複性工作，但這就和最早期的大型電腦一樣，無論是配備或運作的成本都相當高，生產力也有限。對莫德納等使用創投資金的公司而言這不成問題，他們可是以價值數十億美元的市場為目標，然而對學界科學家而言，這類研究的執行門檻實在太高了。因此，全球一些研究機構創建了自己的非商用生物工廠——在二〇一九年，十六個組織組成了全球生物工廠聯盟（Global Biofoundry Alliance），在遇到上述問題時可以團結互助、合力面對共同的挑戰，例如比對DNA合成價格、徵才，以及尋找可以永續發展的經營模式。[34]

儘管如此，研究者仍面臨重大挑戰。舉例而言，在組裝階段控制DNA相當困難，過程中許多地方都可能出錯。DNA片段相當脆弱，可能會斷裂，也容易受實驗室裡看不見的汙染物影響。目前雖存在一些初步的標準，不同實驗室（甚至是同一間實驗室內部）還未建立標準化作業流程，每間實驗室或每個人校正儀器、控制實驗過程或使用元數據的方式都有所不同。

✦ ✦ ✦

生物科技是全世界最複雜的產業之一，這不僅是因為細胞內種種程序難以標準化，也不只是因為實驗室工作需要極高的精度且成本高昂。如果要對可能被食用、注射或野放到大自然的生物做任何實驗，實驗過程都受限於嚴格的管制架構，須經過繁複的測試才能進行。之所以嚴格管控生物學實驗，是為了確保成品確切能達到研究者設計的目的——而且不會造成危害。參與管制的組織全部列出來可以寫滿十多頁，但它們並沒有使用單一套標準，對於各項規定也沒有共識。

莫德納和所有藥廠一樣，在為大眾提供疫苗之前必須做臨床前研究等一系列測試。起初，他們用實驗室裡的細胞株做實驗，這些都是經管理機構認可的實驗用細胞，有人專門培養與維護它們。莫德納團隊必須確保他們的mRNA疫苗能在正確位置產生正確且無害的病毒蛋白質，刺激身體的免疫反應。

在張永振博士團隊公布病毒序列的短短兩天後，莫德納就完成了候選疫苗mRNA-1273的設計工作，並接著做了大膽的決策：莫德納還未取得任何監管機構的認可，就直接開始了臨床等級的生產步驟。他們並不是想規避相關管制，而是考慮到病毒傳播速度極高、有可能成為全球流行病，因此希望能盡量超前進度、開始臨床試驗。[35]

莫德納當時還不知道，德國一間小生技公司——拜恩泰科——也有使用mRNA的類似經驗，該公司同樣在設計候選疫苗，並且在和美國輝瑞公司（Pfizer）及中國藥商復星醫藥（Fosun）合作研發新疫苗。到了二〇二〇年二月初，莫德納與拜恩泰科都已製作出初步成品，準備開始傳統的多階段臨床試驗了。

二〇二〇年三月二十七日，莫德納的候選疫苗進入一期臨床試驗階段，在一小群人類志願者身上測試疫苗劑量與安全性。在這個階段，世界衛生組織列出了另外五十二種候選疫苗，其中大部分是使用完整的滅活病毒或弱化病毒，而非mRNA。短短一個月後，莫德納的候選疫苗開始了二期臨床試驗，測試它的效力及副作用。到了三期臨床試驗階段，有三萬人參與莫德納的疫苗測試，目標是評估疫苗整體效果並持續測試它的安全性。在我們撰寫本書之時，莫德納mRNA疫苗有效預防COVID-19有症狀個案的機率為百分之九十四。（四期臨床試驗是在藥物上市後持續觀察它的安全性與效果，篩出前期試驗沒能發現的極罕見或長期副作用。）[36]

在現實世界測試藥物時，並不是每一種藥物都能通過試驗，你可能需要做更多調整，實驗也可能完全失敗。然而，mRNA-1273 通過了考驗。二〇二〇年十二月，美國食藥局認可莫德納疫苗的數小時前，班塞爾在訪談中自豪地表示自家公司開發的疫苗「每一顆原子百分之百」都是當年一月在電腦上設計出來的，[37] 打從一開始就展現出完美的效力——這可是合成生物學的全壘打。但即使莫德納在防範新冠病毒方面成功了，還是得處理一些外部因子，例如監控疫苗生產，確保每一批疫苗都精確無誤。巴爾的摩一間製藥設施在製作嬌生公司（Johnson & Johnson）的疫苗時，員工不慎混淆了一些原料，導致一千五百萬劑嬌生疫苗作廢。[38] 拜恩泰科疫苗則是在包裝階段遇上了問題，一批送至香港與澳門的疫苗出現包裝瑕疵，迫使當地在二〇二一年三月暫停疫苗施打作業。[39]

莫德納與拜恩泰科在疫苗生產方面越來越有自信了，聲稱在必要情況下，他們能比二〇二〇年更快生產出更新版疫苗，預防新病毒株造成的疾病。而更重要的是，監管機構現在有了處理合成 mRNA 疫苗的實際經驗，未來在審核其他使用案例與臨床試驗時想必能順暢許多。莫德納開發中的流水線包括九種 mRNA 疫苗，其中一些已經進入一期臨床試驗了。與此同時，耶魯大學（Yale University）研究者和諾華公司（Novartis）合作開發 mRNA 瘧疾疫苗，在科技進步方面跨出了一大步：他們的 RNA 可在人體內自動複製，所以疫苗劑量可以大幅減少，讓公司輕鬆生產數百萬劑疫苗。[40] 更棒的是，諾華的疫苗和 COVID-19 的 mRNA 疫苗不同，不必保存在極低溫冷凍庫裡。

✦ ✦ ✦

一九六五年，一篇文章許下了簡單的承諾——「將更多要素塞到集成電路上」——就此改變了現代電腦學的進步方向。[41]該文章是英特爾（Intel）共同創辦人高登・摩爾（Gordon Moore）所寫，描述了他的一套理論：能以相同價格裝上集成電路板的電晶體數目每十八到二十四個月會翻一倍。這個新穎的理論後來被稱為摩爾定律，它可說是認可了早期創新者大膽的想像與願景，很快便成為新生卻逐漸繁盛的電腦產業前進的動力。摩爾定律的預測賦予了投資者信心，讓人更願意將資源投入電腦開發，而企業家見電腦學的價值網絡日益壯大，也在鼓舞之下制定了大膽的新計畫，打算推出新產品與服務。企業當然無法預先排好研發突破的時程，但它們現在有了可參考的指標，可大致預測適合大進步與推出新計畫的時機及條件。電腦產業開始頻頻提及摩爾定律了，不過當初摩爾發表文章之時，矽谷與他共同創辦的公司以外少有人聽過他的名諱，那還是個與今日大不相同的時代——摩爾的文章問世時，世上甚至不存在「矽谷」一詞呢。

今天，合成生物學界也出現了類似摩爾定律的理論，名稱源自華盛頓大學物理學者羅伯特・卡爾森的姓氏。卡爾森在二〇〇〇年代早期研究不同生物科技的進步速率，他受摩爾的文章啟發，在二〇一〇年出版的《生物學即科技》（*Biology Is Technology*）一書中提出：隨著科技進步，定序與合成的成本將會急劇降低。目前為止，他的計算——也就是現在所謂的「卡爾森曲線」（Carlson Curves）——仍然適用。根據美國國家人類基因體研究所（National Human Genome Research

Institute）的估算，定序高品質人類基因草稿的成本在二〇〇六年為一千四百萬美元，而完整定序的成本則落在二千萬與二千五百萬美元之間。然而到了二〇一五年中，完整定序的成本已經降至四千美元了。[42]今天，中國的華大集團（BGI）提供僅一百美元的基因體定序服務，價格甚至低於一雙Air Jordan球鞋，每年有數百萬人使用平價的完整基因體定序服務。[43]

隨著基因體定序成本降低，這項科技想必會在未來推動新型平價診斷檢測法的爆炸性發展，人們將能使用這類技術做早期癌症篩檢。除了篩檢與診斷癌症以外，此技術還能用在產房，每個嬰兒一出生就能做基因體定序，甚至是在宮內、在懷孕之初就能定序了——這可能會開啟嶄新的個人化產前檢驗服務，家長可在嬰兒誕生前預測孩子未來的智力表現等特質。這種技術可能在數十年內解鎖世上所有植物、動物、微生物與病毒的遺傳密碼，為新世代遺傳工程師提供原始數據，而他們能使用先進的軟體、更加便宜且強大的合成科技及雲端實驗室，手上只需要一臺筆記型電腦與足夠的經費就能造出他們設計的產品。但若無法做到公平檢驗的話，未來不同族群之間也許會出現遺傳學溝壑，也許只有買得起尖端生技產品及服務的人能得到基因升級。

生物經濟接下來會為世界帶來何種改變呢？克雷・凡特預見了合成生物學的種種新發展，同樣提出了可能的生物經濟未來——人類基因體計畫完成、他和塞雷拉基因體公司失和過後，凡特轉而開始編寫基因體，二〇〇五年在加州拉霍亞的海灘（他鍾愛的衝浪地點）附近成立了合成基因體公司（Synthetic Genomics, Inc.）。

二〇一七年，合成基因體公司推出了某種生物學印表機，凡特稱之為數位生物轉換器

（digital-to-biological converter，DBC），實際上就是一臺沙發大小的機械DNA／RNA合成與拼組系統。研究者將各式遺傳資訊程式傳送至數位生物轉換器，便能印出某個蛋白質的DNA、RNA疫苗或噬菌體（bacteriophage，專感染細菌細胞的病毒）。他們能接著在實驗室裡生產這些產品。簡而言之，數位生物轉換器讓他們將整間公司——包括合成生物學所有設計與生產階段——濃縮成一個大盒子，即使要擺在家中客廳也不成問題。[44]

該公司現在改名為法典DNA（Codex DNA），正在研發更小、更強的生物工廠——這會是海灘保冷箱大小的盒子。新機器不會包含合成機，而是會裝設公司專賣的墨水匣，運作方式和噴墨印表機差不多。如果要合成一段序列，科學家可以將他們的需求上傳至系統，訂購裝有特定遺傳密碼的墨水匣，幾天過後——生產墨水匣所需的時間應該會少於運送時間——他們便能將墨水匣裝入機器，按下幾個按鈕之後開始實驗。只要有發電機與衛星網路連線，即使在巴西雨林或戰場上，科學家理論上還是能建構他們所需的DNA片段。國際高等研究計畫署目前支援研究者開發體積更小的裝置，希望能在戰場生產藥物與療法，讓部隊免受新生物或生物型兵器威脅。我們試著想像那種情境：士兵面對敵方設計的病原體，或是自然產生的新型病毒，這時我們就能迅速定序病原體基因體，然後快速設計出新疫苗或藥物、下載後印製出來，用以治療受傷或罹病的軍人。也許那臺機器或者與之連線的另一臺機器能接著生產必要的藥物，確保軍隊隨時能夠應戰、士兵也都健康無虞。

若在未來，生物與藥物能「傳真」到地球任何一個角落，那何不將它們傳送至其他星球呢？凡特和NASA合作進行了研究，結果顯示若在火星土地中找到DNA主體的細菌細胞，那就可以當場定序細菌基因體，並將數據為傳給地球上的實驗室做重建與種種測試。這套系統也能反向操作：若在火星或月球建設生物工廠，那麼傳送關鍵物資、植物與動物，就會和寄送電子郵件同樣簡單了。我們若套用前人的用詞，可以將這樣的系統比擬為高度改良的「電話」，它利用包括「地球同步衛星」在內的「星際網路」即時傳送各種生物。

今天的世界還未達到那一步，不過合成生物學未來的價值網絡已在持續成長。你將在後續章節看到，我們現在已經在生產各式各樣的材料、藥物、紡織原料、植物與動物，供應給地球與我們未來可能會探索的其他星球了。

第6章 生物學時代

請想像一個與現在不同的世界，在那個世界，蝦子都是在實驗室生產出來的，不須由船隻拖著巨網在海底打撈（還有破壞海底環境）後帶到市場上販售，因此其他容易被巨網撈上來的魚與海洋生物不必受捕蝦船影響。請想像一個能在室內栽植水果的世界，販賣蔬果的超市就能在地下室種植作物，而且一年四季都可以生產新鮮水果。如此一來，我們就不必在莓果未成熟時進行採收，不必用控溫清洗的方式殺蟲，不必將它們裝入貨櫃之後運到地球另一個角落——如果能在室內栽種蔬果，那你直接從樹叢採下莓果就能吃了。

或者，請想像與現在不同的未來世界，在那個世界，健康生活的重點並不是種種限制，而是人體的升級與最佳化。那個世界裡沒有人會宿醉，因為在出門喝酒前你可以吃下特別的益生菌保健食品，預防喝酒所造成的不適。請想像一個人們不必忌食的世界，你可以憑計量生物學測試檢測身體的種種代謝數值、食物過敏及其他數據，你完全瞭解自己能吃喝哪些食品與飲料，也知道該在何時飲食。請想像一個能在產前預防遺傳疾病的世界，嬰兒不必因鐮狀紅血球貧血症（sickle cell anemia）與肌肉萎縮症（muscular dystrophy）而受苦或死亡。

現在，請回想你過去不小心撞裂的螢幕、撞斷的指甲，還有摔破的各種鏡片與鏡頭——請想像一個這些表面都加上了生物塗層的未來，東西不論以何種方式撞破了都能自動癒合。無論你倒車入庫時發生幾次失誤，汽車烤漆仍會像全新的一樣。你還可以塗上有機指甲油，不必使用有害的紫外線就能快速乾硬成形，也不必再把刺激性化學物質做的護甲油往身上塗。

這些「異世界」的基礎現在就已經存在了，甚至隨大眾目光逐漸聚焦在生物經濟的潛力上，一些創新技術開始從邊緣轉而變為主流了。

人類進步的許多關鍵階段，都與我們用以改變人造環境的材料息息相關。在石器、青銅器與鐵器時代，人類創造了日常生活、農業、建設與戰爭用的基礎科技，後來我們學會製作玻璃器具，造出玻璃飾品、瓶罐、窗戶、鏡片與醫療器材。我們用鋼鐵興建摩天大樓，用塑膠大規模製作拋棄式容器，造就了全球性食物、藥品與水等產品的供應鏈。而在此時此刻，我們正學習操縱分子、設計微生物及建造生物電腦系統，這就是文明演進的新紀元——我們來到了生物學時代的開端。人類在這個新時代建造的事物，將會解鎖新的商機、改善甚至是逆轉環境損傷，並在無數層面上改善人類的生命——包括地球上與外星球殖民地居民的生活都將得到改善。

合成生物學會改變我們人生中三個關鍵領域：醫藥、全球糧食供應，以及環境。

醫藥

接下來二十年內，人類將利用合成生物科技消滅致命疾病，並依照每個人特定的遺傳狀況開發個人化藥品。研究者將用遺傳工程改造病毒來治療癌症，還會在實驗室裡培養人類組織做器官移植之用，或者用以測試新療法。新式醫療科技可以時時刻刻監測我們的身體狀態，醫師不必再做傳統的身體檢查了。更重要的是，我們還能設計出更加健康的人，在嬰兒出生前先行預測與排除遺傳疾病，或許還能額外進行一些強化。

消滅疾病

在去印度短期度假之前，一位醫師先確保她太太和兩個孩子疫苗都打全了：小兒麻痺、麻疹、腮腺炎與風疹、白喉、水痘、流感、A肝與B肝，以及破傷風疫苗。[1]他們去的並不是霍亂或黃熱病肆虐的地區，而是打算在新德里市住幾天，可能會到附近觀光景點一日遊。他們在亞格拉市觀賞泰姬瑪哈陵的黃昏美景，看著日光逐漸黯淡，看著亮麗的大理石建築蒙上鮮明的橘粉色光暈，彷彿身處魔法世界。那是完美的一天，只可惜暮色降臨時蚊蟲越來越多了。

一家人回國後數週，其中一名母親——那位醫師——似乎得了流感，她開始畏寒、發燒、身體痠痛，於是她多喝水、吃了些Advil止痛退燒藥之後睡覺休息。然而，她的狀況急速惡化，等到去醫院看病時，她的血壓已經開始下降了。檢傷護理師問了一連串的問題：她有沒有服用新的藥物？

有沒有對什麼東西過敏？最後一題：她最近有沒有出國？醫師一提到在泰姬瑪哈陵欣賞夕陽那一晚，護理師就將傳染病專家喚了過來。結果顯示，這是正確的決定，這位醫師染上了蚊子傳播的致命傳染病——瘧疾。

蚊子會用尖銳的針狀口器刺入皮膚、吸食血液，同時還會在你身上注射一種抗凝血劑，以免你的血液在牠吸食期間凝固。只有雌蚊擁有這套特化的生物機制，雄蚊則是以植物花蜜為食。雌蚊除了叮咬人類以外還會吸食動物血液，因此成了許多疾病的關鍵載體，可能會傳播瘧疾、登革熱與許多種病毒，其中包括西尼羅河病毒（West Nile）、茲卡病毒（Zika）、屈公病毒（chikungunya）、東部馬腦炎病毒（Eastern equine encephalitis）等等。地球上生育力最高、最為致命的掠食動物是什麼呢？不是蛇、鯊魚或蠍子，也不是熊，甚至不是人類……而是蚊子。

瘧疾每年導致四十多萬人死亡，死者大多是幼童。[2]這種疾病的病原體不是病毒或細菌，而是一種名為「瘧原蟲」（plasmodium，譯註：一種單細胞的寄生性囊泡蟲藻類）的生物，它們是能夠變形的小生物，善於躲避免疫系統，所以能在體內傳播開來且難以治療。現存唯一的瘧疾疫苗需要分四次注射，而且效果相對差，只能提供暫時性的抵抗力而已。此外，一個人即使得過瘧疾，也可能多次重複感染。目前為止，我們對抗瘧疾的最佳解就只有及早診斷與治療。前面故事中的醫師都沒診斷出自己罹患瘧疾了，可見這種疾病的危險性——而這也導致蚊子成為合成生物學針對的早期目標之一。

我們無法輕易消滅攜帶疾病的蚊子——牠們繁衍速度快，也不容易捕捉——所以人類花費數十年開發防蚊乳液與噴霧。在第二次世界大戰後，美國陸軍用待乙妥（DEET）防蚊，但這種化學物質有毒（和特定化合物混合後，它甚至能溶解塑膠），而且用待乙妥防蚊的效果也逐漸下降，有些蚊子對它產生了遺傳抗藥性。

但現在，我們有了不必消滅數十億隻蚊蟲就能預防瘧疾擴散的方法。倫敦帝國學院（Imperial College of London）一些遺傳學者在二〇二一年嘗試用「基因驅動」（gene drive）——使大部分後代帶有特定特質的基因修改方法——對抗瘧疾，他們用CRISPR基因編輯科技——可以在特定位置剪開DNA的編輯技術——修改雌蚊的性發育與其他特徵。攜帶受編輯基因出生的雌蚊口器構造和一般蚊子不同，牠們無法叮咬人或動物，也無法產卵，因此無法散播瘧原蟲。若沒有基因驅動技術，這些變異就無法快速在蚊子族群中傳開，而在基因驅動技術幫助下，幾乎百分之百蚊子後代都繼承了新的口器構造。基因驅動科技效果卓著——而且能造成永久改變。[3]

除了倫敦帝國學院的研究以外，義大利特爾尼市（Terni）等地方也有人在戒備森嚴的實驗機構大規模開發與測試帶有不同變異基因的新種蚊子。[4]在二〇二一年，研究者預計在佛羅里達礁島群釋放另一種基改蚊子，一次就釋放數百萬隻，目的是減緩茲卡病毒的擴散。佛羅里達礁島群蚊蟲控制地方委員會（Florida Keys Mosquito Control District Board of Commissioners）批准了一項試驗性計畫：將經基因編輯的雄蚊釋放到環境中，讓牠們將造成後代繁衍困難的基因傳下去。[5]當地政府面臨登革熱與西尼羅河病毒病例與日俱增的問題，認為減少蚊子族群數量就能達到控制疫情的效果——而且如此一來，政府就不必頻頻在礁島群灑殺蟲劑或有毒化學藥劑了。

個人化醫藥

有了CRISPR技術，科學家便能利用細菌的酶編輯DNA特定位點。世上約有八千種疾病都只和單一基因相關，在人類發展出DNA定序技術前，這些單基因疾病（monogenic disorder）仍相當難診斷與治療，這類疾病包括鐮狀紅血球貧血症（這種遺傳疾病會導致紅血球變形為鐮刀狀），以及囊狀纖維化（cystic fibrosis，這種疾病會導致身體產生濃稠黏液，阻塞肺部與消化系統）。但在CRISPR的幫助下，我們可以矯正這些基因突變，再由細胞的DNA修復機制讓經過基因編輯的細胞恢復健康。

和單基因疾病患者相比，罹患多基因疾病的人更多，這類疾病是多段基因突變造成的，診治起來又更加困難了。多基因疾病包括冠狀動脈心臟病（coronary heart disease）與動脈粥狀硬化（atherosclerosis）等，而有些人罹患遺傳性高血壓，這也是一種多基因疾病。艾美的父親就患有高血壓，二十多歲時突然血壓飆升——有天他忽然開始流鼻血，一陣暈眩後不支倒地——那時他就被診斷出嚴重的高血壓。艾美父親平時身體健康、經常運動、從未抽菸，也因為宗教緣故盡量避免飲酒。但他在年輕時首次出現症狀，就立刻進入病危狀態。過去五十年來，他持續接受克里夫蘭醫學中心（Cleveland Clinic）與約翰霍普金斯高血壓中心（Johns Hopkins Hypertension Center）專家的醫治，他們定期調整他服用的多種處方藥物：他必須每天服用二十七顆藥丸才能夠活命。現在，他的醫師必須設法中和這所有藥物對身體的副作用，這份任務只能用其他藥物達成，然而無論是治療高血壓或中和副作用的藥物都不是專為艾美父親設計的。保守估計的話，包括處方藥、就醫與偶爾送急診的費用在內，他一年下來的醫藥費大約是五萬美元，一輩子大概得花約三百萬美元治病——而且，這還是未計入通貨膨脹的數字。雖然處境艱難，艾美父親其實已經非常幸運了，他有不錯的醫療保險、能到世界級研究醫院接受優秀醫師的診治，還有支持他、願意在各方面幫助他的家人。話雖如此，我們希望未來合成生物學技術能持續進步，針對基因體中造成高血壓的問題基因進行標靶編輯或改寫。

那麼，那些須用藥物治療但無法用CRISPR編輯基因的疾病，又該怎麼處理呢？到了未來，我們或許不會再以全球規模生產藥物，而是能視需求調整產量與客製化。如我們在上一章所述，現在已經能用攜帶式定序機偵測到病毒或細菌的存在了，而即時生產藥物的科技也已觸手可及。假如能迅速定序基因體，手邊又有合成治療藥物用的材料，那就能「列印」出抵抗各種病原體的防護了。請想像這樣的未來式醫藥箱：你的醫藥箱備有冷凍乾燥的分子，可以送入細胞，進入細胞後分子會暫時處於休眠狀態，在必要時啟動功能、派上用場。這些分子就和你買來熬湯用的乾燥豆子與乾燥菇類一樣，如果有啟動藥效的必要，你也許可以加入足量的水，原本處於乾燥狀態的生物學系統便能開始作用。系統啟動後，你可以接著加入設計出的DNA指令，生產疫苗或抗體。登山客、運動員、軍人與校醫都可以隨身攜帶iPhone大小的醫藥箱，視當下的需求調配各式藥劑。

打敗癌症

艾美的母親五十多歲時，罹患了一種罕見的神經內分泌癌症。她的癌症並沒有明顯根源，她平時不抽菸喝酒，除了過重以外——她愛吃甜食與薯條——她也都健康又有活力。她罹癌的症狀相當不尋常：皮膚似乎一夕間變黃，同時體重銳減。家庭醫師建議艾美母親向芝加哥大學（University of Chicago）的專家團隊求助，他們則轉介她到德州大學安德森癌症中心（MD Anderson Cancer Center）接受治療。她確實長了癌腫瘤，不過主要問題並不是腫瘤本身——醫師在離腫瘤較遠的部位也偵測到了有問題的細胞，這些細胞有著同時近似神經與激素細胞的特徵。問題細胞出現在了她的胰臟與肺臟，在這些位置迅速增生，情況十分不妙。當神經內分泌細胞的DNA突變時，似乎會導致其他位置自發地長出腫瘤，就表示艾美母親除了這一個明顯的腫瘤以外，體內可能還有其他的腫瘤。

她奮力與癌症相抗，堅持要繼續照常生活。她用長袖遮住手臂上的化療人工血管注射座，找了頂和平時造型相似的短假髮，繼續到學校教書，繼續帶她的四年級班級。由於找不到到細胞變異的主要位置，醫師不得不合併使用為其他癌症種類設計的化療療程。艾美母親每週六都得吊點滴，縮在溫暖的被子下，這時她只能取下假髮，平常在其他人面前擺出的英勇表象消失無蹤。前四個鐘頭，她吊著治療胰臟癌用的化療點滴，接下來四個小時則改用治療肺癌的點滴。結束六到八週的療程後，她會休息幾週、恢復體力，然後接著開始下一輪治療。在為她續命的同時，化療也大幅縮減了她的壽命。一年過後，艾美母親在家人的支持下，決定改住入安寧病房，數日過後便離開了人世。

開發通用於所有癌症的單一疫苗非常困難，因為每一種癌症都不相同，而且它其實不是單一疾病，而是百餘種已知基因突變的通稱。這也是我們不用特定突變，而是用發病部位為癌症命名的原因之一——我們稱它們為肺癌、骨癌、神經內分泌癌等等。儘管如此，我們還是有機會開發出個別化疫苗，用基因改造過的病毒針對並殺死癌細胞，擊敗殺害了艾美母親的神祕癌症。除此之外，還有另一個選項：我們可以用mRNA驅使身體加強免疫防備，由免疫系統找出並殺死癌症，而且這還有預防癌症的效果。那麼，具體而言該怎麼做到這件事呢？其中一個方法是用「CAR-T細胞療法」，全稱嵌合抗原受體T細胞療法（chimeric antigen receptor cell transfer）。使用這種療法時，我們會從病人血液分離出T細胞（一種特化的白血球），在實驗室對T細胞做一些修改，然後重新注入病人體內抵抗癌症。

早在莫德納與拜恩泰科製作COVID-19疫苗之前，這兩家公司就開始研究癌症的免疫療法了。在分析癌腫瘤的組織樣本後，公司會進行基因分析，開發客製化mRNA疫苗，這些疫苗中的mRNA編碼能轉譯為與病人腫瘤細胞相同的變異蛋白質。注射mRNA疫苗後，免疫系統會照著疫苗指示尋找並摧毀全身上下類似的細胞，這和莫德納與拜恩泰科COVID-19疫苗的作用原理十分相似。拜恩泰科目前在做臨床試驗，測試卵巢癌、乳癌、黑色素瘤等多種癌症的個人化疫苗，而莫德納也在開發類似的癌症疫苗。這兩家公司都明白，全世界最強的藥物生產廠可能已經存在人體內了，我們只須找出加以利用的方法。

實驗室培養的客製化人體組織

即使在開發出mRNA癌症疫苗或客製化病毒後，還是得做嚴謹的測試，而試驗速度當然是越快越好。這類臨床試驗成本相當高，也須經過漫長的管制審查，因此在沒有COVID-19等緊急事件的情況下，新藥或疫苗通過所有審查之前可能得等上十年甚至更久。此外，科學家要研究人類活體組織對病毒與藥物的反應，這不僅困難，還十分危險。舉例而言，我們不能取用活人的大腦或心臟組織，所以得設法開發輕鬆測試新療法、降低時間成本的方法。

在這些方面，我們可以從合成生物學著手。舉例而言，我們能用合成生物學方法設計並培養「類器官」（organoid）——用人類幹細胞培育出的小團組織。此時此刻，已經有人用實驗室培養的肺臟與大腦組織，研究SARS-CoV-2造成的長期影響了。[6]另外也有人培養迷你消化系統與肝臟，在高度安全的實驗室用這種病毒感染組織，進行病毒的研究。威克森林再生醫學研究所（Wake Forest Institute for Regenerative Medicine）主導了聯邦政府的二千四百萬美元研究計畫，這獨特的計畫旨在開發「人體晶片」（body on a chip），做出組合多種類器官的晶片。[7]你可以把它想像成電腦晶片，不過這是一片透明的電路板，連接到能為它注入血液的泵系統。有了人體晶片，研究者就能用新型病毒、致命化學物質或其他毒物損害模擬版呼吸系統，觀察人體可能的反應，然後用活生生的人體組織測試潛在療法，過程中完全不對人類或其他動物造成傷害。

我們可以用神經系統的微小部分，製作出一團團迷你腦組織。在二〇〇八年，研究者創造出了最早期的大腦類器官，有助於瞭解特定的大腦功能。自此之後，研究者利用大腦類器官進行了自閉症與茲卡等疾病的研究。[8]如果將實驗室培養的肌肉與大腦類器官相連，還能建立神經路徑，用以處理資訊。史丹佛大學的研究者在進行自組裝組織（self-assembling tissue）的研究，這種稱為「類組裝體」（assembloid）的組織能夠在被刺激時產生反應。[9]研究者先是讓人類幹細胞在培養皿裡自行組裝起來，做成能夠代表大腦皮質、脊髓與骨骼肌的神經細胞迴路，以此為進一步研究的原型。在皮質細胞遭受刺激時，訊息一路傳送到了肌肉部分，培養皿中的肌肉抽搐了一下。另一篇研究中，研究者製作出人類前腦類器官——前腦是大腦當中負責思考、感知與評估周遭環境的區域。而在別處也有人進行類似的大腦研究，試圖將小塊的人腦類器官移植到大鼠體內，不過這會引發複雜的倫理爭議，也有人擔心他們做出資訊處理能力媲美人類的超級老鼠。我們在下一章會接著討論這些倫理道德問題。

無醫師診察

deCODEme公司的基因檢驗套組在二〇〇七年上市時，號稱能評估分析消費者的基因體，判斷他們罹患特定疾病的風險，以及疾病可能的根源。這家冰島公司的收費標準是一次篩檢九百八十五美元。[10]同年，Google出資贊助的23與我（23andMe）開始提供要價一千美元的基因檢測服務，能在數週內交付檢驗報告，同時能讓客戶使用線上的「基因體探索」（Genome Explorer）平臺。[11]兩家公司的產品都引發了爭議，專門輔導欲生育孩子的家長、遺傳疾病患者等人的遺傳諮詢師（genetic counselor）認為，deCODEme及23與我的客戶即使得知自己的遺傳風險，對於基因體的瞭解也不夠深，不足以詮釋測驗結果。起初，美國只有少數幾個州允許商家販售23與我的商品，至於馬里蘭與紐約等州份的法律則禁止居民購買提供健康資訊的直面消費者（direct-to-consumer，DTC）商品。到了二〇一七年，美國食藥局終於允許23與我銷售十種疾病的檢驗組，其中包括能檢驗帕金森氏症與阿茲海默症指標的套組。[12]

但消費者檢驗套組並不只是遺傳方面的算命，人類除了基因以外，還會遺傳到孕母的微生物體（microbiome），這些生活在我們體表與體內的微生物擁有豐富多變的遺傳訊息，可說是自己形成了迷你基因體。組成我們微生物體的細菌、真菌、原生動物與病毒擁有的基因數量，是人類基因體當中基因數量的兩百倍。微生物體總重量將近五英磅，主要生活在你的腸道和皮膚。每個人的微生物體都大不相同，即使是居住在相同城市的兄弟姊妹，微生物體也不盡相同。這些微生物能影響你消化乳糖的能力、你罹患皮膚癌的風險、你的睡眠品質、你罹患焦慮症或變得肥胖的機率——上述特徵都與微生物體相關，受你的飲食、抽菸習慣、身體接觸的化學物質、使用的藥物等因素影響。在過去，我們去幾次過敏專科診所才能收集到充分資料，做這類判斷，不過到了今天，我們完全能在家進行檢驗，判斷個人微生物體的基因體組成。一些公司能調配特殊的益生菌化合物，用以緩解疾病症狀，或將你身體和這些微生物的共生關係調整到最佳。

這就表示，醫藥領域的下一個新境界將是無醫師診察。在未來，你不必擔心約不到看診，不必特地到實驗室做檢驗，不必排隊等著做檢查，更不用等結果等到天荒地老。這是因為我們能用新科技分析你的數據，你在家做檢驗即可。這類科技會以你家浴室找得到的生活用品為出發點，你可以用這些物品收集生物學樣本，進行日常監測與檢驗。我們就直說吧，其實馬桶天天接觸兩個關鍵的數據來源——我們的皮膚，以及我們的排遺、排泄物——所以非常適合用以即時監測我們的健康狀況。史丹佛大學一批研究者以此為靈感提出了診察馬桶的概念，只不過這個馬桶會裝設你平時不希望出現在浴室裡的設備：相機、麥克風、感壓器、微小的機械手臂、動作感測器、紅外線偵測器，以及配備電腦視覺與機器學習功能的電腦系統。[13]研究者認為，人們可以定期提供樣本做診察，用以建立腸道疾病、肝臟與腎臟疾病及癌症等病症的早期警示系統。他們的設想受到了證實，如果你有關注史丹佛大學的種種研究與實驗，那東陶機器（Toto）的「健康馬桶」（Wellness Toilet）在二〇二一年消費電子展（Consumer Electronics Show，CES）亮相時，你想必絲毫不感到驚訝。雖然聽上去很荒謬，健康馬桶可是真實存在的日用裝置，這種高科技馬桶會利用類似上述各種感測器的設備，分析使用者的「關鍵輸出」，並提供關於使用者體內水分狀態和飲食的資訊。除此之外，還有人推出攜帶式套組：主打居家檢驗技術的新創公司Healthy.io開發了尿道感染檢驗組，還能透過手機應用程式幫陽性結果的病人聯絡線上醫師，必要時醫師能將處方傳送至病人附近的藥局。此外，Healthy.io也和美國國家腎臟基金會（National Kidney Foundation）合作推出了年度腎功能檢驗組，用以偵測腎臟疾病的早期徵兆。

在不久後的將來，診斷疾病將會變得更加輕鬆，我們能用穿戴式或食用式裝置收集數據，做遠端健康監測（remote health monitoring，RHM）。早在這之前，手機與穿戴裝置就已經在收集與詮釋這類數據了，舉例而言，Apple Watch能告訴使用者他們的心率異常高或低，或者提出心律不整的警示，使用者知道這些可能是心房顫動（atrial fibrillation）的徵兆。現在的智慧型手機與手錶能配合食藥局認可的應用程式，測量血壓並繪製心電圖。遠端健康監測會用到數位科技網路、網際網路與雲端，收集病人的醫學數據後傳送到別處，由他們的醫師做遠端評估。我們能汲取大量數據——心率、心電圖、血壓、血氧濃度、腎功能等等——遠端監控病情。有了遠端健康監測技術，我們可以縮短老人家住院的時間，減少親自到診所及醫院就診的次數。食用型裝置——藥丸大小，裝有感測器、相機與傳送器的小型電腦——能收集你體內的數據，傳送到人工智慧系統進行分析。麻省理工學院研究者開發了一種可食用的細菌電子系統，用以監測腸道健康。[14]其他食用型裝置則能偵測到出血或組織異常，甚至檢查病人是否有按時服用處方藥物。

醫藥領域的終末（與重生）

藥廠會每年兩度更新藥品價格，藥價一直處於逐年上漲的狀態。舉例而言，在二〇一九年一月更新藥價時，美國有四百六十八種藥物漲價，平均漲幅為百分之五．二，而在二〇二一年一月藥價更新時，八百三十二種藥物平均漲價百分之四．五。[15]廠商聲稱病人到藥局取處方藥時不會感覺到漲價，因為上漲的部分會由健保公司負擔，然而藥品標價上漲對美國整體醫療保健都造成了顯著的影響，隨著上游藥價上漲，下游的成本自然也持續攀升。過去三十年來，美國醫療保險費用漲幅驚人，調漲了百分之七百四十。美國逾半數人仰賴僱主代保健康保險，由就職公司補助保費，而僱主為一般員工家庭保的健保也成了企業每年須負擔的成本，一個家庭一年約二萬零五百七十六美元。儘管如此，家庭還是得自行負擔許多費用，包括減免費用與保險不給付的藥物費用。[16]

藥價過高是可以處理的問題，一個簡單的矯正方法就是為人們提供居家診察器材，讓他們瞭解自己基本的關鍵數值。在日本，當病人就醫時，醫師會詢問他平時的體溫，而不是直接認定正常溫度為攝氏三十七度（華氏九十八．六度）。很多人的正常體溫都不是剛剛好攝氏三十七度，而是和這平均數值差零點幾度。根據美國疾病管制與預防中心（Centers for Disease Control and Prevention，CDC）的資料，體溫達華氏一百．四度就算是發燒，然而對平時體溫華氏九十七．九與九十九．〇度的病人而言，華氏一百．四度發燒可是全然不同的兩回事，這兩種人的身體反應也會不同。除了體溫以外，我們全身上下還有數千項其他的數值與指標，每個人相對的「異常」都不同。感測器、穿戴式裝置與食用式裝置能夠將你的數據輸入機器學習系統，判斷你是否偏離了個人的標準狀態，並為你提供資訊、幫助你採取下一步動作。

在狀況異常時，我們可採取的干預行動非常多，簡單的做法可能是喝水，而在情況較嚴重時，我們或許能利用客製化微生物與生物編碼，控制自己體內的藥物工廠——這時我們就不必天天吞二十七顆藥丸，也不必使用不適合自己的化療療程、為化療的種種副作用所苦了。如此一來，你不必再購買設計給大眾使用的昂貴藥物，而是能客製最適合自身生物學狀態的藥物。此外，這還能挑戰醫藥與健保產業現行的作業機制。當大眾足夠信任與接受新式療法與藥物，也許就能終結我們所知的醫藥體系，從此擺脫昂貴、分配不均且許多人無從利用的系統。我們可以轉型使用個人化醫藥系統，讓所有人得到更平等的醫療保健福利，以及更好的診療效果。

說了這麼多，其實要預防遺傳疾病、一般病症與遺傳相關的癌症，最好的辦法還是在我們出生前預測、偵測與避免這些疾病。即使還沒懷孕，也有一些人提前做基因篩檢，檢查父母是否帶有致病基因。舉例而言，有阿什肯納茲猶太人血統的人較常罹患家族黑矇性痴呆症（Tay-Sachs），這種罕見且致命的遺傳疾病會摧毀大腦與脊髓的神經細胞。從東歐或中歐移民至美國且有猶太人血統的父母，可以在生育前先做「阿什肯納茲檢驗」（Ashkenazi Panel），檢驗他們是否帶有家族黑矇性痴呆症的基因。現在我們還能檢測其他的指標，在做體外人工受精時，一般會做出多個胚胎，有些人也會先檢查這些胚胎是否罹患唐氏症或囊狀纖維化，確保胚胎健康無虞後再植入子宮。

除此之外，研究者還在開發新技術，未來也許能讓人在孩子出生前進行升級。研究者用演算法瞭解DNA一些微小的變化——單核苷酸多態性（single nucleotide polymorphisms，SNPs）——希望能以此為基準，精準預測個人未來的健康狀況。[17]倘若在植入子宮前先於體外解讀胚胎的單核苷酸多態性，就有機會判斷胚胎的基因體合是否有較高機率造成心臟病或糖尿病。再加上用CRISPR編輯胚胎基因這個選項，我們就能以目前的遺傳物質為基礎，將胚胎的種種特質調整至最佳。理論上，家長能影響後代許多特徵，包括髮質、對HIV等病毒的抵抗力，以及對阿茲海默症的抗性。這種干預類似對蚊子的基因驅動編輯，會對孩子造成永久的改變，且這些影響還能遺傳給孩子的後代。如此一來，我們可以消滅特定的遺傳疾病，達到改良整體基因庫的效果。

當然，每個人的立場不同，上述技術在某些人聽來「非常吸引人」，對另外一群人而言卻「令人膽戰心驚」。我們會在下一章討論相關的存在性風險。至少目前為止，謹慎態度與倫理顧慮仍占上風，[18]十多個國家禁止了人類生殖細胞工程（germline engineering），不過美國與中國並不在此列。歐盟的《人權與生物倫理公約》（Convention on Human Rights and Biomedicine）列明，竄改基因庫是有損人類尊嚴與人權的犯罪行為。[19]然而，這些宣言發生在我們實際開發出精準設計生殖細胞的技術之前，而現在有了CRISPR，我們終於掌握這份能力了。

除此之外，過去顯得天馬行空的許多想法，如今已近在眼前。近年研究者致力開發名為「體外配子形成」（in vitro gametogenesis，IVG）的科技，再過不久同性伴侶便能利用此技術，用自己的遺傳物質生育小孩了，過程中完全不需要由他人捐贈卵子或精子。[20]日本科學家山中伸彌（Shinya Yamanaka）在二〇一二年獲得諾貝爾獎，就是因為他發現了將人體任何一顆細胞變成誘導性多能幹細胞的方法，而iPSC能進一步再程序化，表現出任何一種細胞的功能。京都大學（Kyoto University）的研究者在二〇一六年利用上述科技，將小鼠尾巴的細胞轉變為iPSC，接著再變為卵子，最後生出小鼠寶寶。有了這種科技，我們對於遺傳「父母」的定義想必會在接下來數十年內發生劇變，現在的一父一母雙親觀念將會演變成多種變化，未來LGBTQ伴侶也能較容易用自己的遺傳物質生下後代，不再需要他人捐贈的精卵了。一個女人如果決定生小孩，她不會再需要男性捐贈的精子，而能夠純粹用自己的遺傳物質懷上孩子。[21]

那麼，如果未來有男人或性別認同為女性的人想要生子，他們該怎麼辦呢？他們能用體外配子形成方式製作出胚胎，不過還是需要由孕母懷胎到足月。過去的孕母必然是女性，然而費城兒童醫院（Children's Hospital of Philadelphia）製作出了名為「生物袋」（biobag）的人造子宮，目前已能用來培育早產的小羊，讓牠們在裡頭正常發育二十八天。[22]而在二〇二一年三月，一支以色列科學家團隊用完全人造的子宮培育小鼠胚胎，胚胎存活了十一天。[23]我們距離合成與培養出正常大小的有機子宮還有好幾年，不過生物袋象徵了新式代孕干預，可以幫助每年出生的數千個早產兒——而且若順著這條路走下去，未來的人類或許完全不須親自懷胎。一個世代過後，我們想像中的「核心家庭」也許會完全不同，定義變得比現今廣泛許多。

全球糧食供應

胡佛水壩一度阻截了水量豐沛的科羅拉多河，而如今，由於都市與農地長期用水過量，再加上嚴重的旱災與氣溫高升，科羅拉多河發生了水源短缺的問題。此時此刻，科羅拉多河最大水庫——米德湖（Lake Mead）——的水量只有全盛時期的百分之三十七，數百萬英畝的農田遇上了缺水困境。[24]我們用以栽培糧食作物的現代化農業系統，也是造成地球氣候與生態系統不穩固的元凶之一。面對這樣的處境，我們可以用合成生物學的方法取代需大量資源的農耕與畜牧模式，並汰換我們用以將易腐壞食品運輸到全球各地所需的冷鏈（cold chain）。

穩定農業與水產養殖體系

前幾年，艾美的未來今日機構（Future Today Institute）團隊引導一間生產熱銷冷凍食品的公司做情境計畫練習。該公司主要產品的關鍵原料大多來自東歐一間農場，而當地的極端天氣事件越來越頻繁，再加上內亂與國族主義問題加劇，農場發生了多次罷工，因為員工知道農場產品大多會賣到更富裕的市場，而不是內銷到社經狀況較差的本國。除此之外，公司還面對其他複雜的問題：他們的冷凍食品容易腐壞，且必須從農場送至遠在西歐的工廠做清洗、準備與處理，這才能做成冷凍食品、配送到全球各地。公司平時都能達到銷售目標，然而近期因極端天氣造成了大旱，生產商品用的糧食作物顆粒無收，結果公司無法提供市場所需的商品量，且他們的行銷計畫太成功，現存商品都已銷售一空。不過反觀該公司脆弱的供應鏈，他們直到現在才發生斷貨問題已經堪稱奇蹟了。

實際上，我們現在的農業與水產養殖業系統能夠運作下去，也可說是一大奇蹟。全球各地的天氣問題越來越頻繁、越來越嚴重，大火、旱災與極端炎熱或寒冷等事件頻傳，我們卻仍無法準確預測此類事件。此外，農業的政治問題也相當複雜，美國政府在二〇二二年到二〇二一年間多次改變了農業勞工的**H-2A**聯邦簽證規定，先是減緩對於農場非法移工的稽查，接著又加緊打擊非法移工，現在似乎又放寬了規定。出於上述原因，美國的農業勞動力一直不甚穩定。除此之外，我們持續測試供應鏈系統的物理限制時，也不時發生一些奇怪的問題——例如仰賴巨型貨櫃船穿行蘇伊士運河，但這些船隻只有在特定情況下才能順利在運河航行，只要情況稍有問題就容易卡住。

全球每年生產大量糧食供人類食用，卻有約三分之一——十三億噸——遭浪費或白流失，[25]在美國，垃圾掩埋場裡最大量的廢棄物就是遭浪費的食物。[26]為什麼呢？原因很多。連鎖餐廳為了確保食品新鮮度，會在預設的幾個小時過後棄置食物，即使是仍可食用的食物也會丟棄。有時因貨運延誤，生鮮蔬果可能會腐壞。新鮮農產品、乳製品與肉品不僅僅是食物，更是商品，所以賣相十分重要——我們想看到色澤均勻的蘋果、形狀又長又直的胡蘿蔔，工廠化農場的雞蛋則需有亮白蛋殼與明黃色蛋黃——在消費者的期待下，形狀較醜的產品往往賣不出去，只會在架上腐壞。由於餐廳菜單上品項太多、餐點份量太大，經常有沒人點的菜與吃不完的食物。一些連鎖餐廳在打烊後會丟棄已經料理好的剩餘食品，因為他們不准員工將這些食物帶回家。生鮮雜貨店與連鎖超商也不情願將剩餘食品捐給慈善機構，免得遇上法律問題。在工業化世界，有超過百分之四十的食物浪費情形發生在零售業與消費者這一層。[27]在開發中國家，食品流失則多發生在採收、貯存與處理階段：機器故障、不熟練的勞工出錯都可能造成流失，且業者也只能獲得薄利，因此少有人能未雨綢繆、預防真實的問題。這種時候就可能爆發李斯特菌症等疫病，廠商也只能大規模召回並銷毀商品。

早在數十年前，農業業者就開始做關於食物的各種改良了。第一株基因工程細菌在一九七三年問世，接著是一九七四年的基因改造小鼠，而一九八三年也有人做出帶另一種生物基因的菸草。[28]在這些發展的基礎之上，美國食藥局於一九九三年允許企業販售基改種子，而在一年後，業者獲准在美國境內銷售能較長時間保持成熟狀態的「佳味」（Flavr Savr）番茄。[29]第一波基因工程造就了所謂的「基因改造生物」（genetically modified organism，GMO），包括一些企業為搭配特定除草劑與殺蟲劑栽植的專利作物。今天，全球約百分之十四的棉花是基改棉花，而將近一半的黃豆也都經過基因改良。[30]美國的基改作物比例更高，基改棉花與黃豆的比例都高於百分之九十。[31]

然而，基因改良技術的未來，想必會和我們今天所見的這些技術大不相同。我們以哈佛大學開發的人造葉子為例，這是在實驗室造出的裝置，用來轉化與利用太陽能。只要將人造葉子和某一株細菌相連，就能將大氣中的二氧化碳與氮氣轉化為對生物有益的有機型態。簡單而言，那株從陽光獲取能量的細菌會「吃太飽」，以致多餘的能量構成它們總重量約百分之三十，換言之，這百分之三十的重量都是存在細菌細胞內的二氧化碳與氮。接著，我們可以將細菌混入泥土，讓它們在植物根部附近釋放儲存的氮，轉化為有機化合物的氮就能成為有機肥料、滋養植物。而與此同時，細菌會釋放它們存為有機化合物的二氧化碳，這些化合物會就這麼困在地底下，而不是釋放到大氣中。使用這種細菌的結果就是，農人不必施用會毒害環境的化學肥料，也能生產大量作物。[32]

把細菌變為肥料、用CRISPR改良種子、改良植物蛋白質、在實驗室合成肉品等技術，將會改變我們所知的農牧業，未來我們將能在室內生產更多食品。我們可以在大規模植物工廠裡栽培基改作物，這些改良過的植物資源需求量少、對當地環境的傷害較低，產量也較高。此外，研究者還會改良作物與肉品，讓食物變得更美味、更營養。如此一來，面對未來種種不確定性、面對威脅全球糧食生產的氣候變遷難題，我們將得到多一層保障。

我們栽種與生產食物的方式會發生劇變，但這也是無可避免的情形。在今天，全球有四分之一人口受糧食供應不穩定的問題影響，[33]而根據預測，全球人口將在現在與二〇五〇年間增加二十億。[34]我們只有兩個選項，一是減緩人口增長，這可是非常複雜且難辦的任務；二是提升全球糧食供應量，並將食物分配給所有人。光是栽植更多稻米或養殖更多牛隻並沒有幫助，人類為生產肉、蛋與奶而養殖的牲畜，可是貢獻了所有溫室氣體當中的百分之十四．五。[35]如果提升我們目前的食物供應量、滿足未來的需求，將會對地球氣候造成更大的影響與挑戰。

編輯牲畜（與農業）

在二〇一八年，非洲豬瘟疫情導致全球豬隻數量銳減。造成非洲豬瘟的病毒傳染力高且十分致命，但我們目前還未研究出有效的治療方法或疫苗。此外，防止豬瘟病毒擴散也非常困難，因為它像SARS-CoV-2一樣潛伏期較長，染病的動物也不見得會產生症狀。中國的豬瘟疫情尤其嚴重，但說來矛盾，這有一部分是因為中國政府採用了控制疫病的管制，而這些乍看正面的措施間接導致了疾病擴散。在實施管制後，工業豬農沒能快速升級設施，導致部分牧場倒閉，進而改變了中國的豬肉供應鏈，結果病豬被運送到了全國各地，豬瘟擴散得更嚴重了。政府起初否認疫情的存在，接著否認了疫情的嚴重性。（聽起來是不是很耳熟啊？）根據肉品業分析師的估算，豬瘟導致全球四分之一豬隻無法販售，也迫使中國撲殺約半數豬隻。該病毒更是對養豬業造成了慘重的傷害，一些仰賴豬群健康的地方經濟遭受重創。到了今天，中國科學家致力開發「超級豬」，目的是製造出對豬瘟病毒有抵抗力，且較一般豬隻強健、發育較快的豬。[36]研究者另外聲稱，他們強化了豬身上調節體溫的基因，即使在中國北部的寒冬牠們也能待在戶外。[37]

在十九世紀的比利時，農人發現了一群非比尋常的牛，牠們體型比一般牛隻大，且背部、肩膀、腰部與臀部都長了足以媲美阿諾・史瓦辛格（Arnold Schwarzenegger）的結實大肌肉。人們稱這種牛為「比利時藍牛」（Belgian Blue），後來科學家發現了牠們體魄異常的原因：這些牛天生多了一段基因，這段基因會抑制肌抑素（myostatin）的表現量。一般動物在發育成熟後，肌抑素這種蛋白質會抑制肌肉生長，而比利時藍牛在肌抑素遭到抑制後就能長得更加健壯。有些牛天生擁有兩段抑制肌抑素的基因，身上的肌肉更是結實無比。[38]畜牧業者選擇性繁殖比利時藍牛，生產更多牛肉，而現在研究者能直接編輯肌抑素基因，改良其他哺乳動物的基因型，要造出肌肉壯實的豬、馬、山羊、兔子或狗都不成問題。在中國，有人編輯肌抑素基因，造出了擁有雙倍肌肉的狗，希望能作警犬使用。[39]

而在食物鏈更下層，也有研究者用合成生物學方法生產較好的動物飼料。新創公司KnipBio用葉子上找到的微生物設計了魚飼料，先是編輯微生物的基因體，增加類胡蘿蔔素產量，接著用發酵方法刺激微生物生長。最後，微生物會經巴氏殺菌處理，乾燥後磨成粉，製作成含有較多類胡蘿蔔素、對魚類健康更有助益的飼料。

類似的農業研究包括能生產大量植物油的合成生物，以及能在室內生長且水分需求少於一般品種的堅果樹——它們不僅用水量少，生產的堅果量還是一般堅果樹的兩倍。研究者利用CRISPR增加了植物的omega-3脂肪酸含量，並生產出不會變褐色的蘋果、耐旱的稻米，以及不怕運送途中碰撞的蘑菇。（考慮到一些消費者的感受，大部分國家還是會貼上標籤，將這些產品標記為基因改造作物。）

許多國家都缺乏土地、基礎建設或合宜的氣候，無法栽植高品質作物。在一八四〇年代，一場自然發生的枯萎病（外加英國政府糟糕的政策）造成了重創愛爾蘭的馬鈴薯饑荒，而即使到了今天，世界各地的作物仍可能受枯萎病威脅。現在，科學家與農人能將傳統農業遷至室內與地下，用高科技機械設備、灌溉與照明系統來栽培糧食。只要使用這些新方法，就能量化每一種作物的生長進程——利用感測器、演算法與最佳化分析，甚至可監控某一條藤蔓上的某一顆櫻桃番茄。在過去，機器人、人工照明與其他設備的成本過高，業者很難做到大規模室內栽培，然而隨著這方面的生態系統逐漸成熟、隨著科技進步，一切都將改變。

現在全球各地都有人嘗試垂直農業計畫，這類計畫主要在柏林、芝加哥等都市中心進行，不過走在室內農業最尖端的其實是日本。日本政府補助了許多室內農業計畫，不過該產業能在日本繁盛發展，主要還是因為消費者的需求，人們想購買新鮮、當地栽培且無農藥的食物。[40] 京都附近的關西文化學術研究都市微農場（Kansai Science City Microfarm）用人工智慧與協作式機器人（collaborative robot）種植植苗、換盆、澆水、調整照明，並且收穫新鮮作物。研究者用複雜的演算法與連接到植物的感測器，追蹤了二氧化碳量、溫度、水分與植物組織健康等大量數據，時時刻刻分析最適合植物生長的條件及環境，以便種出最營養、最美味的食物。同樣在京都附近的，還有位於龜岡市的Spread公司，該公司用機器與機器人栽植作物，每天生產二到三萬顆萵苣。Spread在室內栽培的萵苣成長速度是室外栽培萵苣的兩倍，能在四十天內成熟，隨後送至附近的超市販售。

微軟在它的Azure市集（Azure Marketplace）進行的「FarmBeats」方案，就是類似農場物聯網的存在。該公司在美國的兩間農場測試它的科技，希望能在這項多年計畫中收集數據，分析數據後做一些農業現代化改革。這套系統用的是未登記的長程電視頻率，連結到使用太陽能的感測器之後收集感測到的數據，而與此同時，公司也用空拍機從上空拍攝作物的影像。機器學習演算法負責發掘與精煉數據，然後將分析結果回傳給農人，並提出調整特定變數的建議。

綜上所述，到了二〇三〇年，你走在生鮮雜貨店裡，買的也許是新鮮、營養且經過CRISPR編輯的食品。你在超市買到的，會是附近栽植、培養的農產品，其中一些也許是在超市地下室種的，也有一些是在垂直農場栽培採收的，甚至是在鄰近的肉品實驗室培養出來的。

肉品的末日

也許到了二〇四〇年，食用傳統方法生產的肉品與乳製品將會成為社會眼裡的不道德行為。早在多年前就有一些大人物懷抱這樣的信念了——在一九三一年出版的文章〈五十年後〉（Fifty Years Hence）中，溫斯頓・邱吉爾提出：「我們將逃避僅為食用雞胸或雞翅而養一整隻雞的荒謬，改而用適當媒介分別培養這些部位。」[41]

研究者在二〇一三年測試了邱吉爾的理論，那年，第一份實驗室培養的漢堡問世了。荷蘭幹細胞研究者馬克・波斯特（Mark Post）在Google共同創辦人謝爾蓋・布林（Sergey Brin）的贊助下，於馬城大學（Maastricht University）一間實驗室培養牛的幹細胞，最後做成漢堡。幸好有億萬富翁願意資助這項計畫，因為光是製作一塊漢堡肉的成本就高達三十七萬五千美元。[42]然而到了二〇一五年，在實驗室生產一份漢堡的成本降到了僅僅十一美元。[43]二〇二〇年末，新加坡批准了屠宰場的競爭對手在當地營業，而這個競爭對手竟是美國公司吃正（Eat Just）的生物反應器（bioreactor）——用以培養生物的高科技大缸——專門培養雞塊。在吃正公司的生物反應器中，取自活雞的細胞會和取自植物的液體混合，然後培養成可食用的產品。[44]新加坡現在已經有人販售以這種方式生產的雞塊了，該國雖然管制嚴格，卻也是全世界最重要的創新開發熱點之一。隨著產品人氣上升，公司還有機會在其他國家開拓新市場。

以色列公司超級肉品（Supermeat）開發了所謂「酥脆培養雞肉」，而加州的無鰭食品公司（Finless Foods）則致力開發可在實驗室培養的藍鰭鮪魚肉——由於市場對藍鰭鮪魚肉的需求量高，該魚種長期被過度捕撈，現在已成瀕危物種。還有其他公司——包括荷蘭的莫莎肉品公司（Mosa Meat）、加州的優食品公司（Upside Foods，原名曼非斯肉品公司〔Memphis Meats〕）及以色列的阿列夫農場（Aleph Farms）——都在工廠規模的培養實驗室裡，開發牛排等具紋理的肉品。目前超越肉類公司（Beyond Meat）與不可能食品（Impossible Foods）販售的植物蛋白質替代肉品並不是真肉，而用動物細胞培養的肉品就不同了，這些動物細胞能培養成分子層級與牛肉、豬肉無異的肌肉組織。

加州還有兩間公司推出創新產品：克拉拉食品公司（Clara Foods）在實驗室培養口感綿滑的雞蛋、從沒在水裡游動過的魚，以及用酵母菌生產的牛奶。完美日子公司（Perfect Day）則專門生產實驗室培養的「乳製品」——優格、起司與冰淇淋。同樣在加州發跡的，還有二〇一四年iGEM競賽中崛起的非營利草根計畫「真純素起司」（Real Vegan Cheese）。該計畫致力開發開放來源的DIY起司，不過他們的起司並不是從動物生產的乳品製成，而是用酪蛋白（casein，奶類中的蛋白質）製成。他們將酪蛋白基因轉型入酵母菌與其他微生物群，利用微生物生產蛋白質，接著將蛋白質純化後用取自植物的脂質與糖類做進一步加工。投資培養肉品與乳製品的名人包括比爾・蓋茲（Bill Gates）與理查・布蘭森（Richard Branson），以及全球最大傳統肉品生產商嘉吉公司（Cargrill）與泰森食品（Tyson）。

到了今天，實驗室培養的肉品仍然所費不貲，但隨著科技成熟，價格想必會持續下降。不過在那之前，也有些公司想出了折衷方案，生產混合動植物蛋白質的食品。英國幾間新創公司忙於開發混合豬肉產品，其中包括百分之七十培養豬肉細胞混合植物蛋白質製成的培根。甚至連肯德基（Kentucky Fried Chicken）也在探索販售混合雞塊——百分之二十培養雞細胞與百分之八十植物蛋白質——的可能性。

隨著食品業重心轉移，逐漸遠離傳統農牧方法，環境也會受到巨大的正面影響。根據牛津大學（University of Oxford）與阿姆斯特丹大學（University of Amsterdam）的估算，和用傳統方法養殖肉用畜牲相比，生產培養肉品所需的能量少了百分之三十五到六十，占用的土地面積少了百分之九十八，而產生的溫室氣體則少了百分之八十到九十五。[45]此外，若將農業重心轉移至合成生物學技術，我們還能縮短供應鏈中必要步驟之間的距離。到了未來，大城市附近將設有大型生物反應器，生產學校、政府機關與醫院等機構所需的培養肉品，甚至為當地餐廳與生鮮雜貨店供應肉品。我們不再需要將海上捕獲的鮪魚大老遠運送至美國中西部，可以省下複雜冷鏈所需的大量能源——我們能改為在實驗室培養魚肉，即使是內陸州份也能自行生產魚肉。請想像一下這樣的未來：全世界最細膩、最美味的藍鰭鮪魚壽司並非源自日本附近的海域，而是在內布拉斯加州黑斯廷斯（Hastings）的生物反應器生產出來的。

除此之外，合成生物學還會改善全球食品供應的安全性。根據世界衛生組織的數據，每年約有六億人因食品汙染而患病，每年因此喪命的人數則高達四十萬人。[46]在二〇二〇年一月，受大腸桿菌汙染的蘿蔓萵苣導致美國二十七州一百六十七人被感染，其中八十五人入院治療。[47]而在二〇一八年，一些食品遭環孢子蟲（Cyclospora）——一種會造成嚴重腹瀉的腸道寄生蟲——汙染，麥當勞（McDonald's）、喬氏超市（Trader Joe's）、克羅格（Kroger）與沃爾格林（Walgreens）都被迫下架部分商品。垂直農業能大規模減緩這些問題。合成生物學的助益不僅於此——很多時候，我們很難追蹤汙染食品的來源，光是追蹤這項任務就可能花上數週，但哈佛大學一位研究者提出了「基因條碼」（genetic barcode）這種新方法，可以在食品進入供應鏈之前先行標記，日後若出問題就能輕鬆追蹤食品來源了。

那位研究者的團隊設計了一些細菌與酵母菌株，這些微生物的孢子被埋入獨特的生物條碼，孢子本身缺乏活性、可長久存活且對人類無害，可以噴灑在各種表面上，肉類與農產品也能噴上這些孢子。即使過了數月，就算商品經歷風吹雨淋、水煮、油炸與微波加熱，我們還是能偵測到這些孢子。（包括有機農場業者在內，許多農人已有對作物噴灑蘇雲金芽孢桿菌〔*Bacillus thuringiensis*〕孢子殺害蟲的習慣，所以你很可能已經吃下不少細菌孢子了。）基因條碼不僅有助於追蹤食品來源，還可用來減少標記錯誤與不肖業者販售假貨的情形。[48]在二〇一〇年代中期，市場上出現不少假的特級初榨橄欖油，有了基因條碼技術以後，消費者就不怕買到假貨了。瑞士一所公立研究型大學——蘇黎世聯邦理工學院（ETH Zurich）——的功能性物質實驗室（Functional Materials Laboratory）開發了一種類似哈佛基因條碼的溶液，此溶液含有DNA條碼，記錄了橄欖油生產商等關鍵資訊。

健康的地球

現代社會所需的原料——燃料、纖維與化學物質——都消耗大量資源，同時產生不少環境廢料並排出二氧化碳。在過去，我們別無選擇，汽車與卡車需要石油燃料；時尚業需要傳統方式栽植的棉花、用牛皮製成的皮革，以及生產服裝所需的大量水資源；而減少溫室氣體排放量就只有管控各產業一途。然而到了新時代，生物經濟帶給我們利用生物工程方式取得原物料的替代選項，以及解決二氧化碳問題的新方法。

生質燃料

在亞美斯生技公司失敗後（詳情請見第三章），一些人開始懷疑生質燃料這條路的可行性。從一九七〇年代石油危機開始，就有人致力研究海洋藻類，希望能取代地緣政治上風險較高的石油，但石油產業整體而言並不支持這項行動。在二〇〇九到二〇一六年間，雪佛龍（Chevron）、殼牌（Shell）與BP各投入了少許資源做藻類生質燃料的研究，不過這些計畫現在大多中止了。埃克森美孚（ExxonMobil）一小群研究者仍在研究藻類與基因編輯，然而在二〇一三年，當時的執行長雷克斯・提勒森（Rex Tillerson）坦承還需三十年研究才有可能將生質燃料商業化。[49]但是，生質燃料面對的困境並不只有科技，還有市場上的阻力。傳統石油業者不願意改變核心商業模式，而在缺乏企業助力、無法有效建設市場生態系統的情況下，未來的生質燃料商品也沒什麼機會在市場上大賣。話雖如此，一些政府機關仍在進行相關研究：美國能源部出資一千零七十萬美元，資助J・克雷・凡特研究院（J. Craig Venter Institute）進行為時五年的計畫，開發生質燃料；而能源部內部的生物能源技術辦公室（Bioenergy Technologies Office）則在執行一項研發計畫，探討以藻類為能源的可能性。[50][51]即使汽車業逐漸轉而生產電動車，我們也能從這些生質燃料計畫中學到不少，並將相關知識應用於航空等其他產業。

綠時尚

紡織與服裝產業所造成的環境汙染已是惡名昭彰，不過時尚產業也在努力改變生產模式，希望能用可永續發展的方式製造商品。話雖如此，即使到了今天，業者將棉花處理成纖維與製作服裝所需的紡織品，還是得仰賴煤炭這種能源，此過程貢獻了全球百分之十的碳排放量。此外，生產衣物需要大量水資源，而在清洗聚酯纖維衣料時也會排出大量超細纖維（microfiber），每年排入海洋的超細纖維多達五十萬噸，等同五百億個塑膠瓶。每年約百分之八十五的紡織品會落得埋在垃圾掩埋場的下場，其中一些是店內無人購買的衣服，業者會丟棄上一季的滯銷貨品，再進新一季的時裝；也有一些單純是人們不想再穿的衣物。光是**一年**丟棄的衣物，就足以填滿雪梨港——全世界最大、最深的天然港口。[52]

那麼，如果我們能改在生物工廠培養超細纖維呢？閃電絲公司（Bolt Threads）用蜘蛛DNA開發了一種合成「微絲」（microsilk）布料，史黛拉．麥卡尼（Stella McCartney）將這種布料用於服裝設計，她的微絲服裝於二〇一七年的時尚秀亮相。日本新創公司Spiber合成了足量纖維，製作成一件限定款派克大衣。我們可以用合成生物學手段處理菌絲——幫助真菌生長的絨毛及纖維狀構造——將它轉變為類似皮革的皺紋材質。若用傳統方法生產皮革，你得先花好幾年將一頭牛養大，宰殺後取牠的皮，而且這段期間你還得餵食、照料牠並提供生活的空間。至於菌絲皮革，你只需花數週將孢子培養成菌絲即可。以高級皮革包聞名的愛馬仕（Hermès）在二〇二一年開始與新創的真菌工程公司（MycoWorks）合作，開發菌絲製成的永續紡織材料。[53]假若利用合成生物學設計與培養衣料纖維，而不是從動植物身上採收與處理纖維，那我們又能開拓種種新的可能性了：舉例而言，我們可以編輯生物基因，生產布料染色用的生物性染料，做出顯色效果最佳、用水量少（甚至完全不須用水），且完全可生物分解的染料。

可以想見，合成生物學必然能為尼龍產業做出不少貢獻。尼龍生產成本低且耐用，所以日常生活中隨處可看到這種材料的蹤影：跑步鞋、橡膠輪胎、廚具、帳篷、行李箱、防彈背心、背包、網球拍等等，都會用到尼龍。每年生產尼龍的過程中，都會排放超過六千萬噸溫室氣體。然而現在，我們得以用基因改造微生物生產尼龍，Aquafil與Genomatica這兩家新創公司正致力於此。[54]

不易碎的一切

許多公司都在開發超堅韌的生物膜與生物塗層，希望能就此終結指甲裂開、油漆刮壞與螢幕破裂等問題。Zymergen公司開發出一種透明生物膜，這層膜又薄又有彈性且十分強韌，即使覆蓋在智慧型手機、電視螢幕與皮膚上也不影響觸覺與觸控。這種生物膜還有其他應用方式，包括列印為幾乎隱形且能視情況拉伸、移動的電子裝置。請想像一顆覆上這層生物膜的美式足球，它能即時顯示球的轉速與速度，並精準記錄及顯示四分衛握球的手部動作。

不過，用在螢幕與穿戴式裝置上時，生物膜的功能不僅是取代目前這些表面，它還能大大改變我們設計物品表面的方式：舉例而言，我們設計手機時不再受限於扁平或折疊形狀，甚至能製造可捲曲的螢幕。請想像一臺自動鉛筆大小與形狀的裝置，當你按下上面的按鈕，彈出來的不是筆芯，而是可伸縮的螢幕。螢幕會自動展開，讓你讀書、看新聞或觀賞電影，而在你使用完畢後，可以再次按下按鈕，螢幕便會自動收回，你能輕鬆將裝置收入口袋或小包包，繼續過你的日常生活。

合成生物學還導向了包裝與貨運材料較為環保永續的未來。現在的汽水罐內部都會塗上一層塑膠膜，而在未來，我們能用可完全生物分解的薄膜取代塑膠膜。現在在運輸易腐壞貨品時，必須用到運籌方面相當複雜、消耗不少能源且對環境造成傷害的冷鏈，而未來我們可以設計耐熱又耐冷的新式生物包裝，革新冷鏈與運輸技術。到了遙遠的未來，即使是電池也可能與今天大不相同。既然找到了讓細菌曬太陽後生產多餘產物的方法，那何不開發人造的生物機械植物，設置在大片大片「田地」上，讓生物機械植葉上的微生物吃下糖類之後，生產能源這個副產物呢？如果用生物電池生產充足的再生能源，我們就不必再購買、並在使用後丟棄傳統電池，電池腐蝕後也不會將汞、鉛、鎘等有害金屬釋放到環境中。

生物碳封存（Biosequestration）

二氧化碳無疑是造成氣候變遷的罪魁禍首，那麼，如果我們能直接抽出空氣中的二氧化碳呢？這是樹木本就會做的事，但森林經多年砍伐過後，地球上的樹已經不足以平衡我們持續排放到大氣層的二氧化碳量了。哥倫比亞大學（Columbia University）的科學家正致力開發塑膠樹木，希望它們能被動吸取空氣中的二氧化碳，存入碳酸鈉——蘇打——製成的蜂巢狀「葉片」。目前為止，這些假樹吸收二氧化碳的效率可達真樹的千倍。一棵樹慢慢長大可能得花上數十年，不過玉簪、芋、美人蕉等多年生植物能快速成熟並輕易繁殖。如果我們對這些樹叢與住宅區常用的覆地植物（ground coverings）進行基因工程，也許能有效減低大氣層的碳濃度。

下一個挑戰則是純化二氧化碳，以便將之用於其他程序，或者安全地掩埋到海底地下。其中一個方法是將大氣中的二氧化碳處理製成碳奈米纖維（carbon nanofibers），用於風力發電機葉片或飛機等工商業產品。另一個選項則是喬治華盛頓大學（George Washington University）一群化學家提出的，他們的實驗是製作所謂「來自天空的鑽石」：他們用攝氏七百五十度（華氏一千三百八十度）的熔態碳酸鹽洗浴二氧化碳，接著導入大氣層中的空氣，並用鎳與鋼電極導入電流。在上述情況下，二氧化碳會溶解，在鋼電極上形成碳奈米纖維——以及鑽石。此外，二氧化碳還能轉變為其他可用的材料。新創公司藍星球（Blue Planet）開發出將二氧化碳轉變為合成石灰岩的方法，可以用作工業塗層，也可以混入水泥使用。舊金山國際機場在重建過程中，就用上了該公司的碳酸氫鹽岩石。

這些材料方面的進步來得正是時候，因為此時此刻，太平洋海面漂著一大堆待處理的垃圾。這其實是兩堆不同的垃圾，統稱為「太平洋大垃圾渦流」（Pacific Trash Vortex）。二〇一八年，研究者發現垃圾堆比最初估計的面積大十六倍，至少是法國的三倍大，也就是六十一萬七千七百六十三平方英里。[55]漂在海中的塑膠估計有五兆塊，多到環保人士呼籲聯合國宣布那堆垃圾為獨立國家「垃圾島國」（The Trash Isles）。[56]英國政府在一份報告中發出了警示：如果不解決問題，海洋塑膠量將在二〇五〇年達到今天的三倍多。人們對垃圾渦流的關注推動了相關研究，一些人提出清除垃圾的創新方法，一個研究團隊致力分離並合成水母分泌的膠狀黏液，希望能用黏液阻截微塑膠。黏液另外還能用作汙水處理廠的濾篩，或用於工業廢水過濾。到了未來，我們能用分解塑膠的酶來分解較大的塑膠塊，提升資源回收的效果。

此外，我們還能用特化的微生物消化未使用紡織品、舊牛仔褲等布料的聚合纖維，將它們轉變為新的纖維、紡織成新的布料，然後製成新的衣物。我們還能設計其他的微生物，將工業廢水、農業逕流，甚至是汙水淨化為乾淨的水資源。

✦✦✦

合成生物學的益處有些近在咫尺，有些仍在遙遠的未來，但它們都讓我們窺見了人類生活可能的變化。在未來，我們可以擁有個人化醫療照護、解決地球的糧食危機、用更安全的方法做工業生產與務農、用新方式處理十萬火急的氣候問題，甚至是找到一條離開地球生活的可行路線。然而，這些未來同時也引起了十分嚴肅的問題，無論是公平性、倫理挑戰、地緣政治風險，或是未來對國防的威脅，都值得我們深入討論。人類操控生命與生物之時，必然會對下游造成深深的影響。合成生物學會以幾乎難以想像的方式影響我們的社會、經濟、國防與地緣政治聯盟，這是我們將在下一章詳加探討的主題。

第7章　九種風險

如果你料理過蘑菇，尤其是經常用來做歐姆蛋、披薩與義大利麵醬的雙胞蘑菇（俗稱洋菇），就知道它們從被切開那一刻便會逐漸變成褐色。之所以變色，是因為蘑菇暴露在空氣中就會氧化，更具體而言是因為蘑菇有一段基因，這段基因會生產出名為「多酚氧化酶」（polyphenol oxidase）的酵素。然而在二〇一五年，賓夕法尼亞州立大學（Pennsylvania State University）科學家楊亦農（Yinong Yang）用CRISPR編輯了六段蘑菇基因，將多酚氧化酶的活性減至原本的百分之三十。結果呢，包裝起來的蘑菇能較長時間維持白色，切片後也不會那麼快變色，而且還能夠用自動化機器人收穫，不怕採收過程中使蘑菇受傷。[1]

在這次發現過後，楊遵照既存的流程寄信至美國農業部（US Department of Agriculture）說明自己使用的方法。由於他僅僅編輯了蘑菇現有的基因體，而不是將其他植物的外來DNA片段加入蘑菇基因體，楊認為他的抗褐化蘑菇不應受管制。[2]較早開發的基改生物——例如孟山都的「抗年年春」（Roundup Ready）黃豆——是將外來基因加入植物基因體，使基改作物不怕致命的除草劑。楊的方法則與孟山都不同，他不過是關閉了蘑菇原有的酵素功能而已，這樣的基因編輯不會對人類造成危險，即使蘑菇不小心外流、開始在野外生存，也不太可能影響其他野生動植物。以生物學新發現而言，楊做了十分優秀的發現，簡單卻又無聊。

儘管如此，消息仍快速洩露了出去，大眾慌亂地爭論起「科學怪菇」可能的危險性，以及基改食物的未來。「不受管制的基改生物要來囉。」《麻省理工科技評論》（*MIT Technology Review*）一篇文章的開頭如此寫道，「基改食品是否該貼上標籤，成了近來的熱議話題。然而，新一代基改食品除了不貼標籤之外，可能還完全不受政府管制。」[3]《科學人》也刊登一篇落落長的文章，並下了個駭人聽聞的標題：「基因編輯CRISPR蘑菇逃過美國管制。」[4]除了科學刊物之外，數十家非科學媒體——其中包括英國的《獨立報》（*The Independent*）、中國的新浪（*Sina*），甚至還有美國天氣頻道（*The Weather Channel*）——都發表了聳動的報導，提出基因編輯蘑菇不受管控的危險性，這些報導更是令大眾人心惶惶。[5][6][7]原本贊助楊做蘑菇研究的賓州企業——喬治蘑菇公司（Giorgio Mushroom Company）——擔心被消費者抵制，連忙改口表示它從頭到尾都沒有將CRISPR蘑菇引入市場的意圖。

合成生物學研究者將上述議題稱為「蘑菇難題」，該問題之所以發生，是因為消費者、媒體與管制體系都完全沒做好面對此科技發展的準備。在美國，生物科技管制從一九九〇年代——孟山都最初推出基改作物時——就亂成一團。在當年，既存的管制架構仍是為傳統農業建構，並沒有考慮到基因改造植物。孟山都花費數百萬美元做陳情與公關工作，迫使管理機構加速制定新政策，結果政策制定者沒有發展出跟得上生物學演進的現代化架構，而是將既存規定拼湊成了零零碎碎的管制系統。那之後，相關規定便少有變更。在二〇一八年四月，美國農業部宣布不再管制基因編輯作物，[8]這份聲明所引起的媒體關注比CRISPR蘑菇少得多，卻造就了改造得多一些纖維的小麥、含有更多有益脂肪酸的黃豆，以及水分與陽光需求量少、產量較高的番茄。

相較於數月後一份公告所引起的軒然大波，蘑菇引發的風暴其實不算什麼。二〇一八年十一月，中國科學家賀建奎（He Jiankui）提著褐色公事包，走上香港大學（University of Hong Kong）人類基因體編輯研討會的講臺，對擠在觀眾席的科學家們表示他用CRISPR編輯了人類胚胎，據稱能使胎兒一輩子對人類免疫缺陷病毒（HIV）免疫。他表示自己做實驗模擬一種稱為「CCR5△32」的基因突變，這是一些北歐人身上自然發生的突變，突變者表現CCR5蛋白質的基因當中有三十二對鹼基被刪除。賀表示，他對胚胎做的編輯，能防止造成愛滋病的HIV入侵人類免疫系統當中一類十分重要的細胞。[9]

賀已經花數年時間做這項實驗，先是以小鼠為受試者，接著進展到猴子，後來他找了八對人類伴侶，收集他們的精子與卵子製成胚胎，接著對胚胎進行基因編輯。他表示自己諮詢過中國、美國與歐洲的科學家，還將自己的研究成果投稿到有同儕審查制度的期刊，準備發表論文。賀另外堅稱自己取得了那八對父母的同意，完整說明了自己的實驗，他們也都簽署了相關文件並同意植入經編輯的胚胎——奇怪的是，他們在懷孕期間都謝絕用羊膜穿刺術檢查胎兒是否有基因異常。賀說到此處，觀眾席上的同儕明顯驚駭不已，但賀繼續說了下去，他說自己在實驗期間努力將非計畫中的影響——例如不慎改變其他基因——控制在最小範圍。「我感到驕傲。」賀說道。他接著公布最具衝擊力的消息：兩個基因編輯胚胎在孕後順利產了下來，是一對雙胞胎。他的基因編輯嬰兒代名為露露（Lulu）與娜娜（Nana），兩個孩子在那場研討會前數週誕生，在監督照護下生活於中國。[10]

賀的公告從學術研討會傳至全球新聞媒體後，各地研究者開始詳讀他的實驗成果，分析他發表的實驗方法與結果。一份早期發現指出，賀做的CCR5蛋白質編輯不一定能使孩子對HIV免疫。這是因為大部分人受HIV感染初期，病毒會依附在另一種蛋白質——CD4——之上，在那之後病毒必須轉附到第二個蛋白質上，這第二個蛋白質有時是CCR5，但也可以是其他蛋白質。一些HIV病毒株需要靠CCR5結合細胞，才有辦法將病毒基因注入細胞，不過有許多HIV病毒株不需要透過CCR5感染細胞。[11]

綜上所述，研究者認為露露與娜娜可能無法一輩子對HIV免疫，不過賀的實驗可能造成了她們腦部的基因變化。在二〇一六年，健康科學西部大學（Western University of Health Sciences）與加洲大學洛杉磯分校的科學家團隊發現，編輯CCR5基因顯著改善了小鼠的認知能力與記憶力。[12]他們在同儕審查期刊發表研究成果，有許多人受到啟發，開始了進一步研究。那麼，賀會不會也受到他們啟發，以預防HIV的名義做強化認知能力的遺傳學實驗呢？也許露露與娜娜會和先前研究中的小鼠一樣，得到更強的學習能力，形成記憶的能力也可能得到強化。換言之，賀的實驗也許使她們變聰明了。

研討會講堂裡的觀眾、科學領域的同儕，以及全球各地的生物倫理學者和政治人物，都立即譴責了賀的實驗。他違反全球對於人類生殖細胞基因編輯的共識，做了永久的基因修改，這些變化甚至可能遺傳給露露與娜娜的後代。賀雖表示受試者都簽了同意書，但這些體外受精胚胎的父母可能不瞭解實驗全貌與相關風險，也可能是在對事情嚴重性一知半解的情況下簽署同意書。沒有其他科學家站出來表示他們在賀做研究的任何一個階段和他有過任何聯絡，也沒有人聲稱他們審查過賀的初步結果。賀原本預定在香港那場研討會的另一個時段演講，但組織者取消了這場演講。那第二場演說的主題是什麼呢？「發展人類生殖細胞基因編輯之安全性功效標準及道德準則的路線圖」。[13]

但重點是：沒有任何一條法規明言禁止研究者刻意改變人類胚胎。中國共產黨（Chinese Communist Party，CCP）在二〇〇三年正式允許研究者做胚胎的基因編輯實驗，不過前提是胚胎只存活十四天。假設賀所言屬實，他的實驗導致嬰兒安全出生，那就表示他違反了規定。儘管如此，中國共產黨仍陷入了全球爭議的風暴，注重形象的共產黨開始在中國社群媒體審查任何與賀或基因編輯雙胞胎相關的言論。賀丟了中國政府的顏面，揭露了管制系統的無能，也清楚顯示了科學家之間道德約定缺乏強制執行機制的真相。此外，賀公布消息時，有人大膽猜測他洩露了中國共產黨贊助的優生學計畫——目的是創造智力超群的中國人，與美國相抗衡。二〇二〇年，賀因「非法行醫」被中國法庭判處三年有期徒刑，兩名協助他做研究的同僚則判了較輕的刑罰。[14]

蘑菇難題與CRISPR編輯雙胞胎揭示了合成生物學相關的多種風險。雙胞胎象徵令人擔憂的新現實：只要是擁有高超技術的專家，就能單方面做出影響全人類未來的決定。抗褐化蘑菇若栽種在自然環境，並不會對環境造成傷害，不過它們也揭露了當今管制架構的缺陷，以及一般大眾對於基本生物學的無知。然而，真正令人憂慮的，是人們未公開討論的未來風險。楊刪除了蘑菇的一段基因，讓蘑菇保持潔白，但人們也能增加這段基因的表現量、重新加入蘑菇基因體，創造會快速氧化變色、快速腐壞的蘑菇。激進反全球化分子可以對作物進行基因工程，使作物快速腐壞，無法運送至遠方，重創高度仰賴國際貿易的全球糧食供應鏈。另外，我們該如何界定「改良」與「加強」之間的區別呢？如果我們為改善健康而編輯基因體，那這些改善可以包括對肥胖的抗性、較強的肌肉功能等等。那麼，未來社會有沒有可能區分為基因強化人與不得不接受遺傳命運的兩個群體呢？這些問題的重要性遠遠超出了較明顯的倫理與哲學顧慮——一旦做了生物學上的強化，這些個體便會大規模繁殖，生物學上的變化可能會持續傳承給後代。合成生物學往往會造就永久性變化，所以如我們接下來要討論的九種風險所示，如果不謹慎踏入合成生物學的新時代，我們也許得面對失控的未來。

風險一：不可避免的兩用情形

一七七〇年，德國化學家卡爾．威廉．席勒（Carl Wilhelm Scheele）在實驗過程中發現自己製作出了有毒氣體，將之命名為「缺乏燃素的鹽酸」（dephlogisticated muriatic acid），它就是我們所知的氯氣。[15]兩個世紀以後，德國化學家佛列茲．哈伯（Fritz Haber）發明了合成並大規模生產氨的流程，造就了現代的肥料產業，進而促成了農業革新，後來哈伯在一九一八年獲得諾貝爾化學獎。然而，哈伯的研究再加上席勒早先的發現，同時也造就了德國應用於第一次世界大戰的化學武器計畫。[16]

這就是所謂「兩用困境」（dual use dilemma）的其中一例——研究者在進行科學與科技研究時本是懷著好意，然而這些科學與科技上的突破也能被刻意或無意間用來傷害他人。化學界與物理界早在許久以前就為兩用困境所苦，這也導致部分國家簽署國際協定，限制爭議研究當中一些最有風險的應用方式。在一百三十國簽署的《關於禁止發展、生產、儲存和使用化學武器及銷毀此種武器的公約》（Convention on the Prohibition of the Development, Production, Stockpiling and Use of Chemical Weapons and on Their Destruction，又稱《禁止化學武器公約》〔Chemical Weapons Convention，CWC〕）限制下，許多有時用於科學或醫學研究的危險化學物質須受特別監管，經過審查方能使用。其中一種列入《禁止化學武器公約》管制名單的化學物質是蓖麻毒蛋白（ricin），這是一種蓖麻籽當中自然存在的化學物質，即使是微量也能致人於死地，你只要短暫暴露在蓖麻毒蛋白霧氣中或攝入幾粒粉末就可能死亡。用以治療耳部感染或耳屎堆積的三乙醇胺（triethanolamine），另外還能添加在面霜之中增加濃稠度，以及平衡刮鬍泡的pH值，不過三乙醇胺同樣為列管物質，因為它還能用來生產HN3，也就是俗稱的芥子毒氣（mustard gas）。

除了《禁止化學武器公約》之外，還有類似的國際公約、執行協議與機構專門監督化學、物理學與人工智慧領域的兩用議題。然而，合成生物學領域太過新穎，儘管科學界早在數十年前便開始討論預防合成生物學造成危害的方法，目前仍不存在相關的公約。

紐約州立大學石溪分校（SUNY Stony Brook）的研究團隊在二〇〇〇到二〇〇二年做了一場實

驗，目的是判斷是否能僅用公開的遺傳資訊、現成的化學物質與郵購的DNA，從零合成出具活性的病毒。（該計畫獲得了國防高等研究計畫署三十萬美元的經費，是開發生物戰爭對策之計畫的子項目。）研究者購入一些短DNA片段，費盡心思將這些片段拼湊在一起，並添加十九個指標以區別合成病毒與他們試圖仿製的自然病毒株。

他們成功了。二〇〇二年七月十二日——就在美國遭遇九一一恐怖攻擊過後第一次國慶日結束後不久，數百萬美國人好不容易為七月四日沒發生恐怖事件而放下心來——石溪大學的科學家團隊便宣布，他們用包括蓋達組織（Al Qaeda）在內任何人都能弄到手的基因編碼、材料與器材，在實驗室重建了小兒麻痺症病毒。之所以製造病毒，是為了對大眾發出警告：恐怖分子完全有能力自製生物武器，即使沒有具活性的病毒也能將天花或伊波拉病毒等危險病原體當武器使用。[17]

小兒麻痺症病毒可說是史上研究得最透徹的病毒，在石溪大學實驗那段時期，全球各地一些實驗室都保存了病毒樣本。研究團隊的目標並不是讓小兒麻痺症再次肆虐世界，而是學習合成病毒的方法。那是人類第一次從零製造出這類病毒，美國國防部（Department of Defense）也表揚了該團隊的技術成就。習得合成病毒DNA的方法後，美國得以進一步瞭解病毒的突變、病毒如何抵抗疫苗的效果，以及病毒被開發為武器的可能性。你也許會認為，為了研究病毒製成生物武器的可能性而創造病毒，這聽起來在法律上站不住腳，但其實這項計畫並沒有違反任何既存的兩用公約。一九七二年一份公約明言禁止細菌武器（譯註：即《禁止生物武器公約》〔Biological Weapons Convention，BWC〕），禁止人們生產造成疾病、傷害人類或動植物的媒介——其中包括細菌、病毒、生物毒素等等——而石溪大學的實驗也沒有違反這份公約。儘管如此，科學界仍為此吵得沸沸揚揚，克雷．凡特在當時表示刻意製作「合成之人類病原體」是「不負責任的行為」。然而，相關的研究可不只這一項。[18]

世界衛生組織在一九七九年宣布天花已被根除，這可謂人類歷史上一大成就，因為天花是極度恐怖的疾病，不僅傳染力極強，還沒有任何解藥。患者會發高燒、嘔吐、嚴重腹痛、起紅疹，全身還會冒出滿是膿水的黃色腫塊，這些令人疼痛難耐的腫塊會先從喉嚨內部長起，接著擴散至口部、臉頰、眼睛與額頭。隨著病毒對人體的控制力增強，紅疹也會擴散到足底、手掌、股溝，以及臀部附近。患者稍微移動便會壓迫腫塊，直到腫塊連著神經與皮膚一起爆開，流出層狀壞死組織與病毒所形成的濃稠膿液。目前已知的自然天花病毒樣本只有兩份，一份存放在美國疾病管制與預防中心，另一份則在俄羅斯國家病毒學與生物技術研究中心（State Research Center of Virology and Biotechnology）。為了是否該摧毀這些樣本之事，國防專家與科學家已爭論多年，畢竟沒有人希望天花再次傳遍全球。後來他們的爭論成了空談，因為在二〇一八年，加拿大亞伯達大學（University of Alberta）的研究團隊在短短六個月內用網購的DNA合成了正痘病毒（horsepox），一種和天花有著親緣關係、已然滅絕的病毒。製作正痘病毒的方法同樣適用於天花病毒。[19]

研究團隊在同儕審查、開放檢閱的科學期刊《公共科學圖書館：綜合》（*PLOS One*）詳述了他們合成正痘病毒的方法，任何人都能上網查閱這份論文。論文包括他們用以復甦正痘病毒的方法，並提供最佳實踐法讓他人參考，以便在其他實驗室重複這項實驗。不過研究團隊也相當負責任，在發表論文前實驗主導者和發明抗褐化蘑菇的楊一樣，先行告知了加拿大政府。團隊另外揭露了可能的利益衝突：其中一位研究者同時是湯尼斯製藥公司（Tonix Pharmaceuticals）的執行長與董事長，該生技公司專門探討治療神經疾病的創新方法。湯尼斯製藥公司與亞伯達大學一年前曾送出一份美國專利申請案，希望能得到「合成嵌合痘病毒」的專利保護。包括加拿大政府與期刊編輯在內，沒有任何人要求團隊撤回論文。

小兒痲痺症病毒與正痘病毒實驗的研究者，都是使用為幫助人類而設計的科技來合成病毒，而科學家與國防專家不僅害怕恐怖分子合成致命病原體，更怕他們刻意製作變種病原體，使之變得更強、更具韌性、傳染速度更高。科學家一般都在高安全規格阻隔實驗室進行這類實驗，以創造與研究危險病原體的方式，試圖預期最壞的狀況。

鹿特丹伊拉斯姆斯醫學中心（Erasmus Medical Center in Rotterdam）病毒學家羅恩・福希爾（Ron Fouchier）在二〇一一年宣布，他成功加強了H5N1禽流感病毒，賦予病毒鳥傳人與人傳人的能力，創造了具致命危險性的新病毒株。在COVID-19問世前，H5N1病毒可是繼一九一八年西班牙流感後最恐怖的全球流行病，雖然在福希爾進行實驗之時已知的人類H5N1病例只有五百六十五例，H5N1的致命性卻極高，當時受感染的人當中百分之五十九的病人都死了。H5N1本就是人類史上最危險的自然病毒之一，福希爾卻更進一步進行改造，使它變得更加致命。他對科學家同儕表示自己讓H5N1病毒「變異到爆」，使它得到可經由空氣傳染的能力，顯著加強了病毒傳染力。H5N1病毒並沒有疫苗，既存的病毒也已經對官方核准的抗病毒藥物產生了抗性。福希爾那項研究究部分經費來自美國政府，在研究結果出爐後，科學家與國防專家大感驚駭，以致隸屬國家衛生院的國家生物安全科學顧問委員會（National Science Advisory Board for Biosecurity）要求《科學》與《自然》期刊在發表福希爾的論文前刪減部分內容。他們擔心其中一些細節與突變數據發表出去後，失控的科學家、敵國政府或恐怖組織可能會自行創造感染力超群的H5N1病毒。[20]

我們才剛熬過一場全球流行病，沒有任何人樂見事件重演。雖然現在有COVID-19疫苗了，我們還是得和病毒共存，而美國目前還有多個病毒株肆虐，包括來自英國（B.1.1.7）、南非（B.1.351）、巴西（P.1）與印度（B.617.2，又稱為Delta病毒株）的變種。過去的天花病毒在人類一番努力後終於消滅了，而在SARS-CoV-2同樣被消滅前，我們還會看到更多突變、更多新的病毒株，其中一些可能對人體造成前所未見、甚至是難以想像的影響。然而在病毒如何突變、何時突變這方面，我們的瞭解還過於淺薄。

我們當然希望病毒研究都能在全然遵守安全規章且受嚴格管制的實驗室進行。在世界衛生組織宣布天花已被根絕前不久，在英國伯明罕一間醫學院工作的攝影師珍妮特・帕克（Janet Parker）開始發燒、身體疼痛，數天後還起了紅疹。她當時以為自己患了水痘（那時還未開發出水痘疫苗），因此預期身上會冒出類似青春痘的小點，沒想到小痘長成了大腫塊，腫塊裡滿是混濁的黃色液體。在她病情惡化時，醫師判斷她得了天花，且幾乎可確定病毒來自她上班的那棟建築一間管理鬆散的高安全級別研究實驗室。帕克確診天花後，實驗室的首席研究員自殺了。現在，帕克成了歷史上最後一個死於天花的已知個案，令人不勝唏噓。[21]

如果能精確預測病毒的突變，那當然很好，但這份益處真比功能增益研究（gain of function research）——刻意使病毒突變，讓它們變得更強、更具傳染力、更危險的研究——的公共風險來得重要嗎？這個問題的答案因人而異……或者說，因機關而異。美國國家衛生院在二〇一三年發布了一系列生物安全指導方針，供H5N1與其他流感病毒的研究者參考，然而國家衛生院的指導方針範圍太狹隘，且未論及其他種類病毒的研究方法。白宮科學和技術政策辦公室（White House Office of Science and Technology Policy）在二〇一四年發表了一套新的程序，用以評估功能增益實驗的利益與風險，其中包括關於流感、MERS與SARS病毒實驗的研究方法。然而，這項新政策同時令既存的流感疫苗研究停擺了。於是政府在二〇一七年退了一步，國家生物安全科學顧問委員會判定流感疫苗研究不對公共安全造成危害。二〇一九年，美國政府宣布恢復一類研究的經費——你猜是什麼類型的研究呢？政府決定重啟的是新一輪功能增益實驗，研究目的是加強H5N1禽流感的傳染力。政府在研究管制與政策上的猶豫不決，完全無法阻止惡意人士參考開放閱讀的研究論文、郵購遺傳物質，然後自行製作病毒。

論及合成生物學，最令國防專家憂慮的問題之一便是未來的兩用議題。面對使用適應性基因產品或設計分子生物武器的敵人，傳統部隊防護（force protection）——確保大眾安全的國防策略——也無能為力。西點軍校（West Point）生物化學家與副研究長肯・威克瑟（Ken Wickiser）博士二〇二〇年八月於學術期刊《反恐中心警戒》（*CTC Sentinel*）發表論文，主題為當代恐怖分子威脅，他在文中寫道：「隨著合成生物學者的分子工程技術益發茁壯、廣泛散布，遭遇一次以上此類威脅的機率漸趨絕對……只有當初原子彈的開發，堪比這些技術對於大局威脅所造成的改變。」[22]

風險二：生物學的難以預測

人類基因體計畫結束後，克雷·凡特團隊開始轉型，從解讀基因體轉而研究編寫基因體的技術。他們的目的只有一個：找到最小基因體的極限，創造出基因體極小卻能夠獨立存活與繁殖的生物。凡特想回答的問題是：如果能編輯微生物的基因體，刪減到只剩最必要的部分，是否能發現生命本源的編碼呢？那麼，假若得到了這份知識，我們是否能建構全新的生命型態呢？凡特與合作者漢彌爾頓·史密斯提出了假說，他們認為最簡可存活基因體可作為基本底架，在找到最基礎的框架後，我們可以再加上具其他功能的新基因。他們以基因體極小的生物——生殖道黴漿菌（*Mycoplasma genitalium*）——為研究對象，試圖合成基因編碼稍微不同的新版黴漿菌。凡特等人在二〇一〇年五月有了驚人的發現：他們可以破壞生殖道黴漿菌細胞內原始的DNA，以他們自己編寫的DNA取而代之，即使在遺傳物質遭到取代後黴漿菌細胞仍能自我複製。團隊將他們改造的黴漿菌命名為JCVI-syn1.0，簡稱「辛西婭」（Synthia）。我們在本書第一章描述的合成細菌——添加了J·羅伯特·奧本海默名言、詹姆斯·喬伊斯詩句與研究者姓名「浮水印」的細菌——就是辛西婭。

據凡特所述，它是地球上第一種可自我複製且由電腦產生的物種。更確切而言，辛西婭的父母是一支二十位科學家組成的團隊與許多臺電腦，它本身則是人類與機器合作進行了數千次篩選的產物。凡特表示，辛西婭「現在是活著的物種了，它是我們星球生命的一員」。之所以設計這項實驗，是為了幫助凡特的團隊理解生命的基本準則：最簡細胞可以類比為地球上所有生物最後的共同祖先。[23]

在發表團隊的新發現前，凡特先聯絡了當時以歐巴馬為統帥的白宮，希望能向官員說明這份新發現可能對政策、國防與倫理議題造成的廣泛影響。白宮行政官員起初有些不知所措，他們先是考慮將這份研究列為機密，但當時合成生物學界已經有不少人耳聞凡特的最簡可存活基因體計畫，此時列入機密也來不及了。官員建議凡特發表研究成果，不過他們同時知會了總統生物倫理問題研究委員會（Presidential Commission for the Study of Bioethical Issues），請委員會研究此一生物學里程碑可能招致的後果，並要求委員會在六個月內提交報告、提供政府下一步行動的建議。

受《渥太華公民報》（*Ottawa Citizen*）採訪時，本書作者安德魯表示：「凡特創造了『演化樹上的新分支——一個由人類塑造與控制新物種的分支』，這是足以獲得諾貝爾獎的開創性研究。」[24] 並不是所有人都和安德魯同樣樂觀，想當然耳，凡特發布消息後媒體大肆報導相關新聞，也有不少人提出天馬行空的猜想。「這是朝更具爭議性的議題邁進了一步——他們創造了新的活物，而這些生物具備不可能自然演化而來的能力與天性。」牛津大學倫理學教授朱利安．薩烏萊斯（Julian Savulescu）對《衛報》表示，「雖然那是在遙遠的未來，我們卻無法否定這真實且顯著的潛力：這在未來有機會改善環境汙染、成為新的能源，並提供新的通訊形式。然而，我們也須面對同樣巨大的風險，未來也許會有人利用這些，製作威力超乎想像的生物武器。」[25]對生物科技抱持批判態度的激進組織ETC團體（ETC Group），將凡特的發明比擬為原子分裂：「我們都得面對這項驚人實驗的餘波。」一些宗教團體認為凡特這是在扮演上帝的角色，怒而呼籲政府逮捕他。[26]

總統生物倫理問題研究委員會接獲指令，著手構思一套評估創造最簡可存活基因體之利害的準則。倘若在未來某一天，類似辛西婭的人造生命體逃出了實驗室，那會造成什麼後果？凡特團隊在實驗過程中十分謹慎小心，也嚴格遵守了安全規範，但問題的重點並不是凡特。專家擔心其他人會受凡特的研究啟發，畢竟科學界一向競爭激烈，人人爭先恐後做出新發現、新發明，人人搶先在同儕審查的期刊發表論文，人人爭著透過專利局保護自己的發明。從合成胰島素與繪製人類基因體圖譜的競逐可知，科學研究與發現可不存在亞軍，只要不是第一名就等同失敗。

凡特與合作伙伴史密斯做出辛西婭之後已經開始思考下一步了，他們提出新的假說，認為即使移除生殖道黴漿菌約一百段基因也不會影響它的生存功能。話雖如此，他們不確定可移除的是哪一百段基因，於是他們合成了數百個縮減版基因體，測試各種不同的組合，目標是在最終將移除部分基因後仍可能存活的幾個基因體分別置入細胞。凡特團隊在二〇一六年創造出JCVI-syn3.0，這種單細胞生物的基因數量甚至比辛西婭還少，只有四百七十三段基因——它成了人類已知最簡單的生命體。[27]這種生物的表現不同於科學家的預期，它在自我複製時產生了奇形怪狀的細胞，科學家認為他們移除了太多基因，其中包括正常細胞分裂所需的基因，導致了細胞形狀異乎尋常的問題。團隊再次調整黴漿菌基因體，在二〇二一年三月發表了新菌株JCVI-syn3A，它的基因數量仍少於五百，但表現得更近似正常細胞了。[28]

我們必須再次強調，表現怪異的JCVI-syn3.0逃出實驗室、造成任何損害的機率極低，幾乎可忽略不計，不過生物學是門不同因素關聯性高且容易互相影響的學科，生物體往往能找到獨力存活的方法，即使是我們不希望存活的生命也是如此。當我們創造最簡可存活基因體或其他新生物，就可能造成連鎖反應，且我們不可能控制生物在野外的生存與對環境或其他物種的影響。總統委員會其中一份報告描述了所謂「異型雜交」（outcrossing，又稱異交）的危險性——異交是指人造基因和野生族群與原生物種混合的情形，可能因而誕生的新生物包括造成其他植物死亡的雜草，或是傳染疾病給昆蟲、鳥類與其他動物的致病微生物，諸如此類。一旦實驗室發生意外或隔離出了問題，現在看來人畜無害的實驗室細菌，有機會在未來引發生態浩劫。

風險三：個人DNA的安全風險

二〇一九年十二月，一個名為「誠摯計畫」（Earnest Project）的神祕匿名組織宣稱它在瑞士達佛斯鎮的世界經濟論壇（World Economic Forum）年會上，從人們用過的早餐叉子、酒杯與紙咖啡杯等餐具偷偷採集了DNA。誠摯計畫架設網站，貼出了拍賣目錄冊，並宣布要拍賣許多世界領袖與名人的遺傳數據，其中包括時任美國總統唐納·川普、時任德國總理安格拉·梅克爾（Angela Merkel）、音樂家艾爾頓·強（Elton John）等人的資料。人們無法確認該組織販售的DNA樣本是否為真品，但更要緊的問題是，美國並沒有法令禁止該團體販賣川普的遺傳數據。阿拉斯加、紐約與佛羅里達州都立法禁止了偷竊他人DNA的行為，舉例而言，你不得在未經許可的情況下拔下別人的頭髮。然而，聯邦法規沒有任何一條禁止人取用別人棄置的DNA。

川普在任時，和歷任總統同樣配有特勤局特工，特工職務包括掃查總統探訪的所有地點、蒐集所有垃圾並安全地棄置垃圾。假若有心人士從川普用過的餐巾或塑膠叉子採了DNA樣本，那就有機會查出他個人的基因型態，例如他是否有與早發性帕金森氏症或阿茲海默症相關的基因突變。此外，《紐約》（*New York*）雜誌專欄作家E．珍．卡羅爾（E. Jean Carroll）曾指控川普在一九九〇年代性侵她，她據稱在事發過後留下了自己當時穿著的洋裝，並表示衣服沾有川普的DNA——若有人取得川普的DNA樣本，那便有機會證實這份指控的真偽。甚至如果卡羅爾自行從達佛斯取得了川普碰過的麥當勞包裝紙或用過的餐巾，她還能自行定序川普的DNA。而有了合成生物學，這份序列還能用以製造個人化生物武器——要知道，生物武器不必造成大規模死亡或全球流行病，也能達到使用者期望的效果。

DNA分子相當強韌，在適當條件下甚至能保存數千年。大多數重要人士出行時不會有極端謹慎的隨扈陪同，沒有人幫他們處理遺留在周遭的物品。舉例而言，喬．拜登當選總統前，艾美經常和他一同搭乘行駛在美國東北走廊的國家鐵路列車，拜登平時搭乘的頭等車廂會供應裝在餐盤上的早、午、晚餐，並提供金屬餐具。還有一次搭國家鐵路列車時，艾美對面坐的是最高法院大法官克拉倫斯．湯瑪斯（Clarence Thomas），湯瑪斯在旅途中對著面紙打了幾次噴嚏，他在紐約下車時將面紙留在了車上。如果列車上有人蒐集他或拜登的DNA樣本，那會造成什麼後果呢？我們再想想美國總統選舉的初期階段，那段時期不會有保安人員清走每一場地方造勢活動的包裝紙與餐巾紙，那要是二〇二三年下一場總統大選的競選活動開始了，有惡意人士蒐集眾多候選人的DNA樣本，進行定序，那又會發生什麼事？隨著競選者逐漸被淘汰，最後留下兩位主要候選人，這時心懷不軌的人就有機會散播假消息，例如捏造一段婚外情、宣稱自己握有肢體衝突的證據、質疑候選人的種族淵源或出生地，或者宣稱候選人隱瞞了遺傳疾病、質疑候選人的領導能力。歹徒甚至有可能特製針對特定候選人造成傷害的細菌、病毒等微生物。

考量到上述幾點，杜克大學二〇一九年一項研究變得更耐人尋味了。杜克大學科學家團隊開發了可由程式控制的群集機器人（swarmbot），這裡指的是科學家特別設計的細菌，這些細菌能在接獲指令時破裂、釋放存於細胞內的蛋白質。這是相當聰明的設計：科學家編寫細菌基因編碼時，故意讓它們一離開群集就死亡。這種合成生物學技術可用作安全機制，防止其他基改生物逃離特定的環境。杜克大學科學家團隊進行了概念驗證實驗，設計出一株不具致病力的大腸桿菌，讓它生產相當於抗生素解藥的化學物質。只要這些大腸桿菌留在群集之中，即使研究者施予抗生素，它們也能安全存活。而假設單一細菌離群體太遠，它將失去對抗生素的防護功能，並且立即死亡。這時候就要考慮到一個問題：也許有人會設計出具致病力的微生物群集機器人，微生物依指令破裂後便能釋放有害的化學物質。[29]

除此之外，也可能有人特製針對個人的病毒，專門將遺傳物質送入那一個人體內。二〇二一年五月一份標誌性研究就與此相關，研究者希望能讓罹患一種罕見遺傳疾病而失明的病人恢復視力，於是用CRISPR編輯病人體內的DNA編碼。罹患這種疾病的人CEP290基因有缺陷，視網膜的感光細胞會慢慢遭破壞，直到視網膜幾乎不剩任何健康的感光組織，導致病人視力減退。最終，病人的視網膜會變得像針孔（你可以想像它變得和鉛筆芯的尖端一樣小），他們幾乎看不見外界事物了。由於視網膜構造極為複雜又脆弱，醫師無法為病人移植他人的視網膜，而抽取細胞、在實驗室進行處理也過於困難。因此，研究者想辦法建構了一種有益的病毒，病毒帶有新的遺傳指令，可以命令視網膜細胞自行進行CRISPR基因編輯工作。（就如我們先前的說明，病毒其實就是裝載生物編碼的容器，可以對人造成傷害，但也可以為人帶來裨益。）研究者在罹患此疾病而失明的少數人視網膜下施打數十億份病毒複製體，目前為止實驗似乎已有成效，CRISPR扮演微型外科醫師的角色，編輯突變的CEP290基因，讓病人視網膜細胞產生一種蛋白質，該蛋白質能恢復感光細胞的生長、最終使病人重見光明。這份研究開拓了新的疆土，然而在令人心潮澎湃的同時也引起了關於科技兩用的疑慮——也許會有人設計效果相反的病毒，利用病毒造成基因突變，而不是矯正突變。[30]

我們在上一章提過多功能幹細胞，這類細胞能自我複製，並成為人體內任何種類的細胞。我們現在已經能輕易從人們遺落的遺傳物質取得多功能幹細胞，而在未來某一天，這些細胞將幫助人們較輕鬆地生育孩子。問題是，假若在更遠的未來，有意圖不軌之人用這些細胞，設計出針對腎臟等器官的慢發病毒呢？一個人受慢發病毒感染時，初期症狀也許類似糖尿病，但即使用藥也不會好轉，最後不得不洗腎，接著就面臨腎衰竭與死亡。

我們能輕易想像類似的情境：心懷怨念的前員工以公司董事會成員的DNA要挾他們。惡意人士也許能取得公司執行長的微生物體樣本並進行定序，接著以特別設計的益生菌改變執行長腸道菌相，造成持續不斷的腸胃不適。美國證券交易委員會（Securities and Exchange Commission）規定，當上市公司的執行長罹患足以對企業營運造成負面影響的疾病時，就必須揭露病情。然而目前為止，還沒有任何生物駭客（biohack）相關的檢驗或揭露規範。

此外，生物監視（biosurveillance）的問題又該如何處理呢？川普政府執政時曾批准一項計畫，任何有意入境美國的人都須提供DNA樣本，以及虹膜掃描、掌印等生物測定數據——幸好這項計畫並沒有真正實施。儘管如此，政府還是著手蒐集了被拘留移民的DNA樣本，數據存於政府資料庫當中。到了未來，私營健保業者會不會推出優惠方案，用折扣換取你的DNA？壽險公司、抵押貸方或銀行在驗證你的身分時，會不會要求你提供DNA？要是科技大廠——Google、蘋果、亞馬遜——除了蒐集你的一般數據以外，還將你的遺傳數據存入系統呢？這些企業可都投注了不少資源研究保健與生命科學。我們今天就常聽人談論監視資本主義（surveillance capitalism）了，假如這些監視包括對你個人遺傳密碼的監控，那還得了？

未來最令人擔憂的數據安全問題也許和DNA相關，換言之，在我們已經一腳跨入的這個時代，生物學可能會構成嚴重的資安問題。

風險四：管制嚴重落後

乍看約西亞・蔡納（Josiah Zayner）的飛機頭、漂色後抓得刺刺的瀏海、多處穿環與短鬍鬚，你或許會以為他是貝斯手，在吵得要命的龐克樂團玩音樂。實際上，蔡納並不是樂團成員，而是擁有芝加哥大學博士學位的分子生物物理學者。身上刺了鼓勵人們「創造美麗之物」刺青的蔡納曾在美國國家航空暨太空總署供職，擔任合成生物學研究員，他當時參與的計畫多與細菌工程相關，除了設計可降解並回收塑膠的細菌之外，還有使火星土壤硬化的研究。然而在NASA工作那段期間，他逐漸對太空探索失望了，反而對探索人體產生濃烈的興趣。

二〇一五年，蔡納在Indiegogo網站成功推出了集資計畫，目標是為生物學業餘愛好者提供CRISPR實驗的DIY套組。在說明套組使用方法的影片中，我們可以看到蔡納將培養皿和食物一起存放在冰箱裡，這很明顯違反了生物安全規範。他的集資計畫募得六萬九千多美元，金額約是原先目標的七倍，而在看見人們對CRISPR套組的興趣後，蔡納決定提早辭去NASA研究員的工作——因為如他本人所說，他已經「受夠了這個體系」，也受夠了科學家「整天坐著不幹事」的緩慢步調。[31]他用透過Indiegogo募得的資金創辦了新公司「開放發現研究院」（Open Discovery Institute），簡稱ODIN（奧丁），這是北歐神話中善於變身，執掌占卜、魔法、智慧與死亡的神祇之名。蔡納心想：憑什麼只讓擁有博士學位的NASA科學家做實驗？我們不是該允許——甚至是鼓勵——所有人進行生物學研究嗎？大自然已是民主系統，使用與操控自然事物的工具也該開放給全人類啊。

在Indiegogo募資後，蔡納的第一項計畫是生產能讓任何人做細菌基因工程的套組。他架設了網站，開始以每組一百六十美元的價格販售實驗套組，消費者買了之後可以用水母的一段基因製作螢光啤酒。蔡納不同於楊與福希爾之處在於，他並沒有遵循任何規範，沒有將自己的研究成果投稿到同儕審查的期刊，也沒有將自己的研究方法揭露給聯邦管制單位。他甚至沒遵守DIY生物學社群建立的指導方針，例如將生物材料放在專用的冰箱裡——但反過來說，目前也仍不存在生物安全方面的全球性實驗室標準。

蔡納集資計畫的成功與令人怦然心動的理想——創造任何人都能用CRISPR編輯生物世界——引起了美國食藥局的注意，食藥局對於他無視規定的行為相當不滿。根據食藥局規章，螢光可被視為食用色素，因此蔡納的螢光啤酒套組應先通過嚴格的審核許可程序才能上市。不過相關管制有點模糊，畢竟蔡納賣的並不是啤酒等管制食品，而是一套遺傳指令與廉價實驗器材，他在販售這些商品時沒有違法。蔡納無視了食藥局，繼續銷售他的CRISPR套組，而食藥局也拿他沒辦法。

在美國，這些規範可說是東拼西湊而成，一般而言都只包含對產品的管制，沒有管控程序的部分。為什麼呢？理由很簡單：政府只有在出問題時才會插手，以免壓抑創新與發明。因此，在一九七〇年代早期，科學家剛發現重組DNA這件遺傳工程工具時，沒有法令防止研究者利用大腸桿菌將基因從一種生物轉殖入另一個物種，微生物學者也將之譽為生物學研究的里程碑。這的確是一大成就，但政府當時對此發現以及未來可能衍生出的東西不感興趣。

到了一九八〇年代，已經有企業利用重組DNA將微生物與植物商業化，不過這時政府仍未設立管制架構。於是在一九八六年，白宮內部負責輔佐總統、協調不同機構處理相關議題的科技和技術政策辦公室接獲指令，著手制定應對計畫。然而科技和技術政策辦公室沒有寫新法規管控基改產品，也沒有跑立法的繁複程序，而是在「生物科技協調框架」（Coordinated Framework for the Regulation of Biotechnology）計畫下翻新舊法規，交由食藥局、環保局（Environment Protection Agency，EPA）與農業部監管生物學發展。他們的原則是：生物科技雖然無害，特定產品還是有可能造成損害。即使在一九九二年更新規定後，該框架依然頻頻發生規範模稜兩可的問題，三家機構的角色與責任範圍有時不夠清楚，且框架也沒有制定長期策略，幫助機構做好面對生物科技新發展的準備。

我們以下述情境為例：在協調框架規定下，農業部負責植物相關的管制，假如有人製作對植物有致病性的微生物，那農業部就能介入。但如果那個微生物不太可能損害作物，農業部就沒有監督權限了（這就是蘑菇議題的本源）；環保局的主要工作是保護人民健康，並防止外來威脅影響到環境，雖然無法管制學術研究用的微生物，環保局有權管控含植物害蟲DNA或以植物害蟲為載體製作而成的基改生物。換句話說，環保局能管控可能產生有毒化學物質的生質燃料、合成肥料及農藥。假如沒有產生有毒化學物質的風險，環保局就不得管制相關產品；至於食藥局的工作則是確保飲食、藥物及醫藥裝置等東西的安全性，負責管制用以生產藥物、食品、食品添加劑、營養補充品或化妝品的基因改造生物。換句話說，食藥局負責監管所有基改動物，確保它們符合人類使用的安全標準。

問題是，這些管制很難實際執行，科學家在做研究時一般不會有農業部官員站在一旁監督，官員甚至不會檢查實驗場所或定期稽查。在協調框架規定下，意圖販售商品的公司可主動提交檢查報告，證明他們的商品不會對任何人構成生命威脅。楊的蘑菇沒有產生殺蟲劑或有毒化合物，因此不在環保局管轄範圍內；製造蘑菇的團隊並不是以微生物為載體傳送DNA，所以農業部不得插手；當時的食藥局工作繁重且經費短缺，它雖有權干預卻缺乏資源，沒力氣去管不太可能造成危害的新種蘑菇。

美國這種縫縫補補的管制模式並不稀奇，歐盟及英國、中國、新加坡等國家都以類似的方式管理合成生物學研發，用的都是既存的生物科技管制框架。我們不得不面對現實——編寫相關規定的人，並沒有考慮到JCVI-syn3.0這類研究成果。聯合國組織了調查委員會，專門討論基改生物的安全問題，最後建立了新的框架：《生物多樣性公約》的《卡塔黑納生物安全議定書》（Cartagena Protocol on Biosafety to the Convention on Biological Diversity）。在此議定書規範下，國家在判斷出任何生物科技的潛在危險性之後，可對之頒布限制或禁令，即使沒有證據顯示該研究對生物多樣性或安全性構成危害也一樣。歐盟與中國都簽署了議定書，不過包括美國、日本、俄羅斯在內許多國家都沒有簽署，而且該協議也沒有明確的執行機制，只給予國家禁止進口活體基改生物的權利。國家可以選擇不行使此權利，或者請出口國提供該基改生物的風險評估報告，但評估者也不是獨立的第三方，而是由出口國自行進行評估。

那麼，如果有人發現某國刻意製造武器呢？《禁止生物武器公約》是一份多國裁軍條約，它禁止生物武器的開發、生產及儲備，美國、俄國、日本、英國、中國及歐洲都認可此條約。目前為止，禁止生物武器公約適用於任何形式的生物武器，不過如何評估危害就是一大難題。假如有人故意修改雜草的基因，讓它阻礙主要出口作物的生產，那便會對農民造成巨大的經濟危害，可能還有損國家的GDP。問題是，雜草的危害程度當真堪比芥子毒氣嗎？公約要求各國指名單一機構，負責確保該國遵從規定。美國指名的機構並非生物學家組成的未來式研發實驗室，而是聯邦調查局（Federal Bureau of Investigation，FBI）。假若在生物工廠工作的科學家收到可疑訂單，就應該聯繫聯邦調查局的大規模殺傷武器處（Weapons of Mass Destruction Directorate），然而該處主要任務當然是預防人們製造大規模殺傷武器，且聯邦調查局和許多聯邦機構一樣，投注在合成生物學這新興領域的資源並不多，而是仰賴研究者自我監督。

蔡納之所以能成功創立公司、推出新產品，就是上述的管制亂象所致。這些機構、框架、議定書與處室沒辦法阻止他販售DIY CRISPR套組。蔡納的螢光啤酒套組引起了國際關注，而在不久過後，比起他的遺傳工程套組，蔡納種種惹議行徑反而成了他最廣為人知的事蹟。彭博（*Bloomberg*）與《大西洋》（*The Atlantic*）都報導了他的爭議行為，其中包括他對自己施予的糞便移植（fecal transplant）——用以治療嚴重腸胃問題的高風險療法——他邀請《The Verge》記者前去見證移植過程，然後直接在飯店房間將朋友的糞便移植到自己體內。後來他自創了DIY COVID-19疫苗，命名為「邁克菲計畫」（Project McAfee），名稱取自McAfee防毒軟體。蔡納甚至成立了線上課程，標題為「DIY：從科學論文到COVID-19 DNA疫苗」，讓觀眾參考他自製疫苗的過程。[32]

可想而知，蔡納這半表演藝術家、半科學家的人物設定惹來了不少批評，然而在二〇一七年一場合成生物學研討會上，他的表演藝術竟又更上一層樓。他在研討會上對觀眾宣布，他做了一種CRISPR調劑，據稱能「修改我的肌肉基因，讓我長出更大的肌肉！」。說罷，他將針頭刺入自己前臂，同時對與會者表示只要花一百八十九美元就能購買他的DIY人類CRISPR指南及DIY CRISPR套組，套組包括經過修改的DNA，可用以刺激肌肉生長。（但他的CRISPR調劑其實無效。）[33]

即使明顯越過了倫理界線，上述多個情境中蔡納卻一次也沒有犯法。在他推出自製COVID-19疫苗時，食藥局正在取締未經證實、未經測試的疫苗或療方，但那段期間蔡納沒有引起食藥局的關注。有人向加州醫療委員會（California Medical Board）控訴蔡納無照行醫，不過委員會後來中止了調查。生物科技協調框架對可能傷害植物的生物科技進行管制，卻不管制意圖傷害自己的人。在美國，生物學自我實驗似乎絲毫不犯法，人們甚至可以公然拿自己來做實驗。德國官方試圖根據禁止人們在有照實驗室以外場所進行遺傳工程實驗的法律，取締外銷DIY遺傳工程套組的蔡納，對蔡納發布了嚴正的警告，指出他可能得繳五萬五千美元罰金並服至多三年有期徒刑。話雖如此，德國政府無法將蔡納從美國引渡到德國，因此也無法對他判處任何懲罰。目前為止，蔡納在公司官網上明言表示他仍會將產品銷售到德國，只有細菌或質體等「易腐壞」商品除外。德國的生物駭客法規不能代表全歐洲，假如你住在法國的聖特拉斯堡地區，你可以輕易取得細菌、培養細胞，然後再渡過萊茵河入境德國，在當地食用（或釋放）你造出的生物——如此一來，你完全不會觸犯當地任何一條法規。[34]

除了對已知生物武器的威脅以外，這些國際公約執行起來都相當鬆散。DIY生物學群體的北美大會（North American Congress）——由公民發起的科學協會——雖訂立了倫理規章，這些規範卻沒有任何法律效力，科學界再怎麼抗議也無法阻止蔡納，更無法阻止賀建奎。綜上所述，管制者必須承認合成生物學新時代的到來，而我們面對生物學的新發展與新研究方法，也應當設立新的管制標準。

風險五：現行法令扼殺了創新

珍妮佛．道納與伊紐曼．夏彭蒂耶在二〇一一年發表一篇論文，詳述用CRISPR編輯DNA的方法。道納在二〇一三年接著發表了另一篇論文，示範用CRISPR編輯動物細胞的方法。但在那之前數週，有人鑽發表學術文章的漏洞，以加價插隊的方式搶先完成編修，早一步發表了奠基於道納與夏彭蒂耶二〇一一年那篇論文的研究成果。多虧了那個漏洞，博德研究所（麻省理工學院與哈佛大學的合作團隊）研究員張鋒技術上成了最先在同儕審查期刊中證明CRISPR可用於編輯人類細胞的人。當時最知名的CRISPR分子是Cas9蛋白質，那也是專利與智慧財產權鬥爭的起點。

加州大學柏克萊分校與維也納大學（University of Vienna）——道納與夏彭蒂耶分別供職的公

費研究中心——在二〇一二年送出CRISPR-Cas9的專利申請案，不過身為私營研究中心的博德研究所也提出了相同發明的專利申請，且花錢加速了審查流程。美國專利及商標局直到後來的二〇一三年三月十六日才改採先申請制，所以在加速了博德研究所申請案的審查之後，張鋒的愛迪塔斯醫藥公司（Editas Medicine）贏得了最重要的專利權，得以控制未來將CRISPR用以治療人類的所有用途。對此，加州大學柏克萊分校選擇上訴。

艾美在二〇一六到二〇一八年間參與了政府舉辦的一系列會議，討論基因編輯相關的政策與監督。她也在二〇一七年受邀參加國務院（State Department）、國家科學院、國家工程院（National Academy of Engineering）與國家醫學院（National Academy of Medicine）協辦的非公開會議，出席者另外包括十多位研究科學家與政府官員，而會議目標是討論CRISPR管制、生物安全及未來競爭的種種可能性。會議期間艾美的座位與張鋒相鄰，張一天下來都沉默寡言，雖然回答了科學相關的問題，卻不願意討論專利議題。會議結束時，艾美得到了令人憂心的結論：面對遠在天邊、近在眼前的智慧財產爭奪戰，美國政府沒有制定任何應對計畫。而在目前，也就是那場會議的四年過後，博德研究所仍握有CRISPR專利，表示任何想使用CRISPR的人都得付一筆授權金給該研究所。以上述CRISPR-Cas9系列專利為基礎而成立的新創公司共有十間。[35]

科學是一門反覆驗證的學問，新發現也往往奠基於眾多前人的研究成果。早在道納、夏彭蒂耶與張等人發表論文之前，西北大學（Northwestern University）一名來自義大利的博士後研究生——盧西亞諾·馬拉菲尼（Luciano Marraffini）——便在二〇〇九年發表論文，首次證明CRISPR可以針對特定的DNA。一些科學家認為，CRISPR相關的發現是大量政府經費堆砌而成，因此不該讓單一法人擁有CRISPR智慧財產權。如此一來，科學界才能保持開放的風氣，允許其他人以前人研究為基礎繼續創新，不必擔心吃官司或支付昂貴的專利權稅。與此同時，時時注意法律大環境的投資者們，希望能投資不觸及現存CRISPR專利的新生物科技。事情變得越來越複雜了：當更多研究者、學術機構與新創公司各自推出稍作變化的CRISPR分子並申請專利，智慧財產權又會更加分散，不只限於幾個關鍵人物或團體了。Cas9並非可編輯DNA的唯一一種分子，在CRISPR系統中，除了Cas9外，還包括了Cas12、Cas14及CasX等不同的剪切酵素，都能做到類似的效果。可想而知，那些分子也都被各個組織用專利保護了起來。

智財法造就了兩種實質風險，第一種相當明顯：申請新專利就等同對未來下賭注。道納、夏彭蒂耶與張最初發現CRISPR-Cas9的用途時，他們的研究還沒有用例（use case），但以後很可能會出現相關用例，讓他們透過商業化產品在未來獲利。更令人不安的是第二種風險：獲得專利的人得以決定未來的研究方向。握有專利權的人或機構可以低價或免費讓學術單位使用CRISPR-Cas分子，卻也能全面拒絕將這項科技授權給他人。等到塵埃落定、判決結果下來時，因CRISPR研究獲得諾貝爾獎、開創了新科學領域的道納與夏彭蒂耶，很可能因法律上的窒礙而不得用自己的發現推進科學發展。

我們現在越來越難判斷某個Cas分子是否受專利保護，以及智慧財產權的所有人是誰了。許多早期階段研究與基礎研究都是以探索為目的，所以研究者或企業家甚至還沒開始做任何有意義的研究，就得先支付高昂的授權費用——而且他們還沒把握最後能不能得出賺錢的研究成果。面對這樣的困境，研究者與企業家只能仰賴第三方的資助，例如公費機構、政府補助（換言之：你的納稅錢）或創業投資者，而投資者也許會對研究者施壓，時機還未成熟便要求他們快速開發產品。上述情況分明可以避免，卻可能造成研發步驟嚴重的瓶頸。

或許在不久後的未來，絕大多數CRISPR專利都會受少數個人及團體掌控。在美國、歐盟與中國，Google、亞馬遜、蘋果、阿里巴巴（Alibaba）等科技大廠都陷入反壟斷調查與訴訟的泥淖——我們真想在十年後經歷相同的困境嗎？難道我們只能眼睜睜看著掌握救命療法與解決全球糧食危機的企業，逐漸壟斷市場嗎？

到二〇二一年四月為止，光是在美國廣義CRISPR相關的專利已有五千多份，而CRISPR-Cas9專利則有一千多份。蒐集了各國與各區專利局資料的世界智慧財產權組織（World Intellectual Property Organization）資料庫，則羅列出約三萬一千份CRISPR專利及專利申請案。每個月新增的CRISPR專利多達數百份。那麼，問題來了：CRISPR絕對是合成生物學最廣為人知的科技，卻絕非唯一，它只代表合成生物學生態系統一小部分的研發活動而已。

美國（主要）是自由市場經濟，私營企業與政府都在其中扮演各自的角色，不過驅動種種決策的動力仍是利潤。無論是研究者或投資者都不想壓抑創新，但是以智慧財產權而言，你持有的不是最終產品，而是中間過程。當這個過程是生物學過程，最終產品則是生物時，新的基因體就可能形成新的經濟。

我們已經見證過上述情形了：二〇二一年五月，拜登政府呼籲莫德納、輝瑞與拜恩泰科放棄它們疫苗科技的專利權，以便在短期內將疫苗供應至全世界。「政府深信保護智慧財產權的重要性，但為了終結當前的全球疫情，政府支持放棄COVID-19疫苗相關保護的行為。」拜登政府的公告寫道，「我們積極參與和世界貿易組織的文書談判，以便促成此事。考慮到該組織的共識決策制度，以及議題的複雜性，談判需要一些時間。」[36]

真正的問題不在於專利及智財法的存在——重點是，我們現行的法規十分老舊，是一七〇〇年代末期美國建國時寫下的規定，舊法規未經修改，因此不太適用於現今的生物科技。你可以把每一段基因——每一段序列——想像成可擴增的新生產平臺。我們上一章介紹了哈佛研究者的發明，他們對細菌進行遺傳工程，讓細菌貯存多餘的二氧化碳與氮，當作安全有機肥料對作物施予。假設這是一套機械系統，例如裝設太陽能板的金屬裝置，那它的智慧財產權當然沒有爭議。問題是，這是一套生物學程序，而相關的智財法就沒那麼清楚了。在這個生物資訊時代，遺傳數據本身就具有價值，接下來十年內出現的新程序與新生物，都將挑戰專利及商標局既存的制度，而沒能未雨綢繆的機構只會被殺得措手不及。

技術上而言，美國與世界各地專利及商標局的職權範圍不包括預測CRISPR等生物科技的長期影響。他們並不是未來主義者——專利局大多數職員其實都是律師。

風險六：下一道數位隔閡將會是遺傳溝壑

我們為人父母，自然希望能給孩子最好的一切。舉例而言，有些家長為了讓小孩錄取更優秀、更有名望的大學，甚至無所不用其極；某間大型金融服務公司的前執行長花了數十萬美元賄賂頂尖大學的職員，只求自己的孩子錄取這些學校，結果被判九個月有期徒刑；[37]紐約某大型法律事務所的前共同董事長被控花七萬五千美元請別人代替女兒考ACT（美國大學測驗），他認罪後被判一個月有期徒刑。[38]這些家長每位都聰明又有成就，卻願意為了將自己心目中最好的機會給孩子而違反規定，選擇在體制中抄捷徑。

假如家長願意花大把金錢或考試作弊，讓孩子錄取名校，那他們是否願意付出更高的代價，幫助孩子避開慢性疾病或低智力？他們不會對這些情況置之不理吧？如果家長能提升生下健康嬰兒的機會——甚至除了身體健康以外，還能確保孩子智力或體能表現勝過同儕——那有哪個家長會放棄加強孩子各項能力的機會呢？

我們現在已經能用體外受精技術，在受精卵植入子宮前先做完整的基因分析，而保險通常不給付這種一次要價六千到一萬二千美元的服務。私營企業會為冷凍保存的胚胎製作基因成績單，並鼓勵家長挑選他們最偏好的胚胎。基因體預測公司（Genomic Prediction）就是其中之一，它為家長提供多基因評分，評量DNA的數十萬個位點，預測這個胚胎未來智力較低或身高排名在倒數百分之二的可能性。基因體預測公司還會分析國家美式足球聯盟（National Football League，NFL）各個四分衛的遺傳數據，判斷胚胎和球星基因體的相似程度，以及孩子未來可能的體能狀況。既然能透過基因成績單降低孩子在遺傳方面的不確定因子，家長當然會偏好做體外受精而非自然地隨機受孕——但前提是他們買得起這些服務。隨著合成生物科技逐漸成熟、體外受精價格降低，市場會對保險業者施壓，要求他們給付體外受精的費用，畢竟相較於生下帶有基因突變的孩子、支付一輩子的醫藥費用，還是一開始篩選出健康的胚胎、預防遺傳疾病來得划算。家長保了良好的保險方案，或者有能力且願意自費做體外受精，就能製作數十個——甚至是數百個——胚胎，然後挑出最可能有合適遺傳優勢組合的胚胎。這些嬰兒出生後，家長會請人為他們做基因體定序，並抽取、儲存他們的臍帶血（臍帶血富含幹細胞）。隨著孩子年歲增長，他們將能使用這豐沛的「遺傳信託基金」，可以從中持續獲得健康資訊與遺傳物質等「利息」。

基因體定序與基因治療是一回事，基因強化又是另一回事了，那麼兩者之間的界線究竟該如何定義呢？從現在的預測看來，CRISPR等基因工具將在十年內迅速發展，將來我們可以將它們用來控制病毒、修復組織、對抗基因突變，並且延長壽命。中國的華大集團——全球最大基因定序公司之一——表示他們已經能透過基因篩選方式，將孩子的智商提升多達二十分。一般孩子也許得花一番工夫學代數學，多了這二十分智商的孩子卻能在考高考時輕鬆完成高等微積分題目。當然，我們知道智力是多基因控制的特徵，而我們對人腦運作方式知之甚少，至於生物特質與現實世界中的經歷如何轉換成認知能力，我們的理解更是淺薄。華大集團其實是在謹慎地下賭注：他們定序的個人基因體越多，數據就越能揭露聰明人基因體當中常見的規律，那之後只須辨識出特定的基因指標、篩選出帶有這些指標的胚胎再植入母體即可——他們甚至能按照家長對各個特徵的要求，對胚胎進行升級。[39]

然而，並不是所有人都有機會用到這些科技。未保險或保險不足者無法做體外受精，只能以傳統方式在自家房間受孕，這些人就沒機會挑選他們最喜歡的胚胎，也沒有升級的選項了。統計上而言，相較於經過篩選、編輯與強化的同儕，這些人的孩子處在弱勢。隨著孩子長大，這道遺傳溝壑會越來越明顯，經科技強化的孩子會占優勢，勝過「自然」受精的同學。而「自然」孩子們沒有遺傳信託基金可用，成長過程中每一次罹患疾病都得解開新的謎團，他們的醫師在診斷疾病時也面臨較大的挑戰。當然，我們現代人就是這麼過活的，但這是因為目前遺傳知識仍未普及。

除了上述問題之外，科技輔助受孕也會使世界上最富裕與最貧窮國家之間的競爭惡化。這樣的國際競爭已經非常緊張了，再加入另一項關鍵因素後，問題只會變得更加複雜：在愛沙尼亞、瑞典、挪威與丹麥等經濟富裕，且制度性宗教對社會影響較小的國家，公民對基因篩選與孩子出生時的基因體定序較不排斥，也較能接受科技輔助受孕。而在馬拉威、印尼與孟加拉等較貧窮的國家，人們仍須以性交的方式生育後代。至於在科技進步、經濟富裕，但宗教在社會上扮演關鍵角色的國家——例如英國、美國、澳洲、阿拉伯聯合大公國、卡達與沙烏地阿拉伯——政客與公民都須在教義及基因篩選、基因強化的益處之間找到平衡點。國家若不採取行動，就可能對勞動力、整體成長與經濟競爭力造成阻礙。

風險七：合成生物學會導向新的地緣政治衝突

過去十年來，中國低調地推動了大規模的全國DNA計畫，旨在蒐集、定序與儲存公民的遺傳數據。DNA資料庫其實是大型監控計畫的一環，背後驅動力是中國共產黨利用人工智慧的野心，目的則是讓政府持續監控選民。在中國西北的新疆，政府以「全民健檢」（Physicals for All）的名義推行計畫，中國官方媒體新華社（Xinhua）的報導顯示，參與者將近三千六百萬人。政府許多早期DNA計畫都是以維吾爾族人為中心，政府聲稱蒐集維吾爾人的遺傳數據，是為了區分中國眾多的民族。[40]研究者在二〇一四年發表的一份論文中提出，居住於中國極西鄰哈薩克、吉爾吉斯、阿富汗、巴基斯坦與印度地區的維吾爾人與印度人，基因體當中帶有不同的遺傳標記。中國政府研究員將二千一百四十三名維吾爾人的遺傳數據貢獻給了等位基因頻率資料庫（Allele Frequency Database，ALFRED）——在二〇一八年前部分經費源自美國司法部的線上搜尋平臺，存有全球各地逾七百個族群的DNA數據。中國政府分享DNA數據也許違反了科學界知情同意的原則，畢竟我們無法肯定那些維吾爾人是否自願將DNA樣本提供給中國官方，他們甚至很可能不曉得政府採了他們的DNA樣本，也不明白此事的意義。人權倡議者表示，綜合DNA資料庫可用以追捕任何不服從中國政府的維吾爾人。中國官員聲稱做遺傳學研究的主要益處，是幫助政府追緝違法者與犯人——而我們從另一個角度看這件事，可以將之視為建立巨型基因資料庫的便捷方法。[41]

中國至今仍在廣泛蒐集維吾爾族等少數民族的遺傳數據，並且蒐集占中國人口百分之九十一的漢族人數據。[42]不久後，中國將掌握數據充足的綜合性遺傳學資料庫，對本國人民的遺傳數據掌控程度遠超其他國家。美國、加拿大、歐盟與英國都在議論遺傳隱私的益處，而中國公民似乎不介意受政府監視，中國政府也已蒐集大量資訊，因此做任何遺傳學研究與實驗所面對的抗力都較其他國家小得多。

那麼，中國會不會決定編輯或強化人民的基因體呢？其實它已經以粗糙的手段做到這一點了。中國共產黨從一九七九年開始實行一胎化政策，防止當時迅速增長的人口超越經濟成長。根據估算，這項暫時性措施防止了約四億人出生，同時也導致許多女嬰遭殺害；中國的「失蹤女性」（missing girls）估計多達三千萬至六千萬人。[43]一胎化政策在二〇一五年正式結束，所有相關限制都在二〇二一年七月終結。中國也許解決了潛在的經濟危機，卻造成了現今的孤獨問題：由於女性人口不足，數千萬名異性戀男性無法成婚。

繼上一次的人口篩選，這回遺傳學工具除了讓家長選擇孩子性別以外，還能挑選許多其他的特徵。這很可能造就全國性的篩選與定序計畫，想生孩子的人在受孕前便會先做基因檢查。（所有企業與機構之中，華大擁有的定序機數量屬全球之冠。）[44]最初施行計畫也許是為了辨識與減少冠狀動脈心臟病等遺傳問題，不過隨著大眾對公費基因篩檢的接受度與需求增加，中國會不會接著推出計畫的下一步——遺傳工程？別忘了，中國整體而言可是無宗教國家，其他國家或許會有人因信仰因素發起抗議行動，但中國就不會有人為了信仰反對科技輔助受孕了。

大眾對基因強化的接受度將越來越高，未來華大也許會提供智力等理想特徵的基因篩選服務。

結合了篩選與體外受精技術，中國的新世代人民有機會變得比世界其他國家的公民更健康、更聰明，擁有更強的耐力、更敏銳的感官，對疾病的抵抗力也較強。假如中國以這種方式獲得難以超越的競爭優勢，且若這份資訊公諸於世，美國能坐視不理嗎？

我們可以考慮此事潛在的後果。美國的大學也許會擔心本國學生被比下去，於是採用不利於中國學生的政策。或者，大學可能會刻意招募中國學生，讓菁英學員增進大學的競爭力。美國軍方在評估備戰狀態時，會認為中國在駭客、心理戰與新型武器研究方面都有顯著增益，因此美國必須盡快奪回優勢。如何奪回優勢呢？軍方可能會要求或強迫美國軍人加入基因強化計畫，而這些行動無疑會引起強烈的反彈與社會動盪。面對已知的未知——我們知道有人得到了強化，但這些人究竟是誰？他們強化了多少？——政府高官將被迫在不情願的狀況下做出艱難的決策。到時候，美國是否會嘗試以基因強化的手段，促進國民的進步呢？透過體外受精生育孩子、憑著基因成績單挑選最優秀的胚胎，會不會成為人民終極的愛國之舉呢？

若事態如此發展下去，將會激發新的網路生物軍備競賽。這不同於可直接觀測的核武擴散——我們可以觀察到各國建造核反應爐，也能追蹤核武原物料的全球運輸——假若生物學方面的擴增成為新常態，我們也許到多年後才會發現有國家刻意強化它們的人口，甚至完全不會發覺異狀。

除了各國政府以外，非政府人士與團體也可能構成威脅。要是有一群不受控的人，找到賀建奎那種願意拿人類胚胎做實驗的醫師與科學家，後果又將如何？要是有人於漂在公海的海上城市進行此類實驗，不必受任何一國政府管制呢？會不會有極富有、極有權勢的人為孩子的將來不擇手段，部分時間住在新成立的海上島國，以規避法律規範並冒著巨大風險，對自己的孩子做基因強化呢？[45]

風險八：超級老鼠與人猴雜種

二〇一七年，東京大學的日本研究者將小鼠誘導性多功能幹細胞，注入經基因編輯、不會長出胰臟的大鼠胚胎。隨著大鼠成長，牠長出了全然由小鼠細胞構成的胰臟。團隊接著將那個胰臟移植到小鼠體內，那是隻經歷過基因工程而罹患糖尿病的小鼠。實驗結果相當了不起，大鼠代替小鼠長出了功能完整的胰臟，小鼠的糖尿病在移植胰臟後痊癒，牠後來健健康康地度過了一生。[46]生物學另一個較令人擔憂的里程碑則是在二〇二一年，加州拉霍亞索爾克生物研究所（Salk Institute for Biological Studies）的科學家培育了注射人類幹細胞的獼猴胚胎，胚胎在發育二十天後銷毀。這場實驗用的可不是大鼠與小鼠，而是親緣關係相近的兩種靈長類動物。[47]

這些雜交生命體稱為「嵌合體」（chimera），名稱取自希臘神話中獅子、山羊與蛇組成的噴火怪獸。執行相關研究的科學家希望未來能用索爾克研究院那種含人類細胞的嵌合體研究各種疾病，或者培養移植用的器官。但在那之前，人們得先設計並在實驗室建構嵌合體的基因體，而合成生物學將帶我們邁向這個目標。

一想到人類與猴子的雜交動物，我們不禁會細細思索其中複雜的倫理問題。其中一個問題是，到了某個階段，嵌合體勢必會繼承介於人類與動物之間的特徵，但雖然我們會為了研究而刻意培育特定的動物，科學家還是不得用人類做實驗。在人類與動物嵌合體存在的世界，仍不存在界定「人類」特徵的系統。我們該如何判斷嵌合動物是否**太**像人類呢？要是這些嵌合體逃出實驗室怎麼辦？要是牠們在野外雜交繁殖呢？要是牠們用靈長類的體力與人類的智力，對付將牠們養在實驗室裡的研究者呢？要是有惡意人士刻意創造超級掠食動物，例如極聰明、兇暴且擁有四倍肌肉的狗呢？[48]

這時候你會想，我們沒事為什麼要做嵌合動物呢？請回想我們在第一章認識的弗雷德里克・班廷與查爾斯・貝斯特，他們當時不就取出了狗的胰臟，試著對牠們施予合成胰島素嗎？現在我們可以直接製作基改動物，讓牠們生來缺少腎臟或其他器官，並接著用基因編輯方法將人類幹細胞植入動物體內，讓牠們長出人類腎臟。（說來諷刺，我們似乎繞一圈回到了原點，再次養殖動物，讓動物代為生產我們所需的器官，然後大量採收。）

嵌合動物的另一種重要應用，是用以研究生物發育，例如開發人猴嵌合體，以便研究大腦、加深對帕金森氏症與阿茲海默症的瞭解。問題是，假如人類與非人類的嵌合體發展出介於一般動物與人類之間的心智能力——假如一隻人豬嵌合體發育良好，有三十九分的智商，那我們能否將牠視為具嚴重心智障礙的人類？一個人即使智商低了點，我們也不會認同宰殺他的行為。既然如此，這裡說的人豬嵌合體應和一般人類獲得同樣的人權。某種程度上擁有人類智慧的嵌合體，真能用來做研究或採摘器官嗎？我們目前沒有相應標準，無法定義嵌合動物的道德地位，也不知這些生物應擁有哪些權利、盡哪些義務。

在未來某一天，嵌合體研究勢必會步入生命強化的領域，並取代生命維護相關的研究。舉例而言，蜂鳥能看見人類無法想像的顏色，其中包括不同的紫外線色彩；[49]未來的研究者可能憑藉我們對蜂鳥基因體的認知，用人工智慧系統設計基因構築質體（genetic construct），接著在實驗室合成嵌合基因體。他們只須稍微改動人類基因體，以精確且可規模化的方式進行修改，便能讓人類獲得蜂鳥的視力。而在更遠的未來，人們將會發現與創造更多嵌合體，將其他動物的能力賦予人類——人類或許能得到蝙蝠的生物聲納，或是非洲象超群的嗅覺。

具嵌合基因的人類很可能得重新分類，社會也會將他們歸為不同的人種。美國現在已經為民族、種族與性別平等議題頭疼不已，全球社會可還沒做好準備，無法面對嵌合研究種種心理、道德與倫理方面的挑戰——以及嵌合研究可能招致的後果。

風險九：社會將因錯誤資訊而崩解

科學是門多人合作的學問，然而當前的社會文化卻嚴重分化，國族主義日益膨脹，美國面臨種族不公的大清算，COVID-19也使人們不再信任政府、科學與媒體。科技兩用、DNA駭客、法規模稜兩可與生物升級問題再怎麼令人不安，也不及合成生物學未來最大的威脅：錯誤資訊。

錯誤資訊是指不正確或不精確的資訊，被用以刻意欺騙他人，而錯誤資訊的規模可以遍及一個群體，甚至是一整個國家。二〇二〇年底，Facebook宣布已移除十三億個假帳號，先前在二〇一八與二〇二一年間也移除了一百多個用以散播假消息的網絡。[50]該公司表示，它耗費三萬五千人力阻攔錯誤資訊的傳播，[51]意思是Facebook負責清除錯誤資訊的人力，甚至超過《財星》（*Fortune*）美國五百強當中房利美（Fannie Mae，七千五百人）、康尼格拉食品（Conagra Brands，一萬八千人）與藍多湖（Land O'Lakes，八千人）這三家企業的勞動力總和。[52]別忘了，**除了**Facebook之外，我們平時會接觸的資訊來源還有太多太多。

其實在COVID-19疫情爆發前，便存在許多科學方面的假消息。在二〇一九年，網路上一篇熱門文章錯誤地聲稱泡麵與癌症、中風之間存在關聯性，結果時至二〇二一年五月二十六日，在Facebook仍找得到這篇文章。[53]我們在同一天用Google搜尋「薑的抗癌效果比化療有效一萬倍」（這也完全是假消息），Google列出了六頁搜尋結果，其中一些新聞報導、網頁與社群媒體貼文揭穿了假消息，但也有一些人在散播不實新聞。有時我們會發現，錯誤資訊本身能用來賺錢，像泰與夏琳．博林傑（Ty and Charlene Bollinger）就創建了一整套多管道媒體事業，散播關於癌症、疫苗與COVID-19的假消息。[54]他們有一段時間向消費者兜售要價一百九十九到四百九十九美元的組合，包含數百小時的駭人影片以及小手冊與新聞報導，透過陰謀論危言聳聽的方法，令人產生恐懼與不信任的情緒。博林傑夫妻表示，他們販售錯誤資訊產品賺了數千萬美元。[55]

如今，推廣錯誤資訊的行為，造成了社會一些部分的崩解。在致命疾病肆虐全球後，美國終於研發出奇蹟般的疫苗——然而，十個美國人當中卻有四人拒絕接種疫苗。二〇二〇年十二月十四日，護士珊德拉．琳賽（Sandra Lindsay）成了全美第一個經手臂注射來接種疫苗的人。[56]後來到了二〇二一年五月底，美國境內各地免費提供COVID-19疫苗，十二歲以上的任何人都得以輕鬆施打，但完整接種疫苗的美國人卻只達全國人口三分之一，也就是約一億二千九百萬人。[57]而同樣在二〇二〇年十二月到二〇二一年五月這段期間，有超過二十五萬人死於COVID-19。[58]由此可見，我們明顯對醫學與公共衛生失去了信任。

再來看政治面向，散播假消息的行為同樣造成了嚴重損害。關於二〇二〇年美國總統大選的陰謀論頻傳，最終導致數千人在二〇二一年一月六日闖入美國國會山莊——這可是一八一二年戰爭過後，美國第一場針對立法單位的有組織攻擊行動。那次事件造成多人受傷，五人死亡。[59]人們對於美國民主程序及政權和平移交的信賴已全然崩毀，大眾對政府的信任程度也跌到了谷底：百分之七十五的美國人表示，他們不相信體制與機構會為他們謀求福利。[60]

大眾對科學、管制單位與體制的信賴，可謂社會契約的基礎。換言之，合成生物學構成的最大威脅，同時威脅到了社會與合成生物學領域本身。錯誤資訊會消磨人們的信任，導致大眾對病毒、基因體編寫、CRISPR編輯技術與其他生物科技——也許對人類長期存活至關重要的這些科技——產生誤解與疑慮。我們接下來會和你分享一則故事，你可以在故事中清楚看見本章列舉的風險，見證基因編輯計畫遠大的潛力，以及假數據、欺瞞與猜疑所致的失敗和危險。看完黃金米的故事，你想必能明白：少了人與人之間的信任，我們可能永遠無法實現合成生物學美好的未來。

第8章　黃金米的故事

在電動洗衣機普及前，紐奧良市（New Orleans）每逢週一就是家家戶戶的洗衣日。每週第一個工作日，婦女便會站在手轉絞衣機邊，將髒衣服與被單絞壓乾淨，特別髒的衣褲則丟入大水缸煮沸。女性得花數小時吃力地勞動，完工後還得趕回家準備晚餐，那怎麼可能準時開飯呢？但如果是慢火燉煮紅豆、豬腳與小塊辣腸，那放著燉一整天也沒問題，到時再加入米飯，一頓美味、充實又營養的晚餐就完成了——兩份澱粉加起來，差不多等同一份蛋白質。

於是每到星期一，也就是當時人的洗衣日，晚餐就會是紅豆配米飯。即使後來人們不再以水煮的方式清除衣服上的塵土，這份傳統料理仍舊傳承了下去。

時至今日，紐奧良人還是會吃鹹紅豆飯，當地大部分酒吧與餐廳都能吃到這道菜，其中屬微醺咖啡館（Lil' Dizzy's Café）的紅豆飯最為經典，這間餐館就位於歷史悠久的杜梅區（Tremé）。在二〇二一年初以前，微醺咖啡館是由二代克里奧爾餐館老闆老韋恩・巴奎（Wayne Baquet Sr.）經營。他的父親與姑姑從一九四〇年代開始經營餐館，多年來光臨餐館的客人包括巡迴演出途中的知名音樂家、美式足球明星，以及至少一位總統，不過最受本地人歡迎的，是他們午間的吃到飽自助餐。微醺咖啡館在新冠疫情期間短暫歇業，現在再次開張，由第三代老闆經營：老韋恩將餐館賣給了兒子小韋恩（Wayne Jr.）與媳婦。[1]

任誰都做得出紅豆飯，做法就是把兩種主食丟進鍋子裡煮——但**真正美味**的紅豆飯還得添加三種神聖的原料（切丁洋蔥、西洋芹與甜椒），並且加入完美比例的鼠尾草、香芹、碎丁香、辣熏腸與豬腳。即使上述材料都烹調得夠完美了，你還得考慮到這道料理的重點：重點並不是紅豆，而是米飯。

美國主要產米區在南方，路易斯安那州每年產出二十七億英磅的米，價值約三億六千萬美元。全球約半數人口都將米視作日常餐飲主食，不過最多人食用的白米並非全穀，而是去除了含纖維、礦物質、維他命與抗氧化劑的部分。因此，對世上許多人而言，米飯雖能飽食卻不是很營養。糙米其實較白米健康，我們卻偏好白米，這有一部分是因為孔子的教誨。步入中老年時，孔子開始認為全穀是粗俗、大眾的食物，曰「食不厭精，膾不厭細」，精製白米搭配翠綠色的蔬菜才恰當。[2]

稻米最初是在近一萬年前的中國長江地帶被馴化栽植，它在當時是相當健康的食物，提供鐵、油脂、纖維、鉀、鈣、維他命B群與錳——我們少有人注意錳的攝取，但這種礦物質其實有益身體健康，有助於調節血糖、神經功能與骨骼發育。在馴化稻米後數千年，人類不同族群移居世界各地，在遷徙至新地域的同時也將植物種子帶到新居住地，同時帶來一些基因改良品種。人們利用自然發生的突變，培育出具有新形狀、新質地的植物，在不同環境與氣候下栽種長得更好的作物。那些早期育種改良的結果，就是較輕、較白的稻米。短粒精糯米在日本大受歡迎，而巴基斯坦與約旦人則偏好長粒香米。[3]

微醺咖啡館料理用的長粒米——以及你從生鮮雜貨店買回家煮的米——是農人數千年小心培育的成果。有些精明的商人會在包裝上標榜「古米」，但其實現今所有穀類都經過同源基因改造（cisgenic breeding），意思是加入了同物種或類近物種的基因，得到產量增加、較耐旱耐熱，且較為營養等優點。簡單來說，同源基因改造是利用新技術，加速傳統育種方法的種種程序。在美國，我們食用的米大都經過兩道改良：第一道是精心育種，第二道則是添加鐵、葉酸（folic acid）、菸鹼酸（niacin）、硫胺（thiamin）等營養素，這些是稻米在精緻處理過程中流失的養分。然而，即使在添加養分過後，我們仍無法從這種米獲取充足的維他命與礦物質。這在紐奧良不成問題，因為當地飲食本就包括許多富含基本營養素（essential nutrients）的食品，例如微醺咖啡館自助餐供應的紅豆與寬葉羽衣甘藍菜。問題是，其他地區的居民不見得有如此健康的飲食習慣。

每當你走進餐廳，就彷彿和老闆、廚師與其他員工達成了不言而喻的共識：餐廳供應的食物新鮮、不帶有病原，也是以安全方式、在安全環境料理而成。這份信任對外食者而言再重要不過。你送入口中的餐點，是廚房、供應鏈、田園中無數決策的結果，打從稻米等原料的栽種步驟開始，生產者的每一個決定都可能影響你的食物。光顧微醺咖啡館的當地人與觀光客都聽過這間餐館的名頭，知道巴奎家從數十年前就從事餐飲業，這是長久建立而成的信任關係。儘管如此，觀光客還是經常問起紅豆飯的辛辣程度，以防萬一，同時也想聽聽餐館的歷史，甚至是巴奎家改良食譜的故事。大部分客人都不會問起稻米的栽植方式，而在走出店門後，他們也不太可能與匆匆地鑽研稻米數千年精心培育的過程、探討那烹調得軟硬適中的長粒米是如何改良而成。當然，也少有人會更進一步去查資料，深入瞭解這則聽上去像小說的故事：人類其實從許久以前便意圖使尋常稻米搖身變為全球英雄，讓稻米每年拯救數百萬營養不良的人。

但若真有人著手查資料，就會發現這其實是個極盡悲慘的故事。過去有兩位植物學者發明了新品種稻米，希望能餵飽世界上最貧困的人口，卻有人刻意在全球散布錯誤資訊，令大眾不再相信科學，也引人質疑植物學者的研究成果。兩位學者發現，數十年來經同儕審查的研究論文、嚴謹的實驗、對於實驗方法的堅持與避險措施——他們循規蹈矩所做的一切——都因不實資訊而付諸東流。光有偉大的科學成就還不夠，你同時得下更多工夫獲得大眾的信任。這則故事起始於微醺咖啡館西北方約八十英里處，一切從一場田野試驗開始，結果卻導致菲律賓一片稻田遭暴力激進團體破壞。

稻米的問題

稻米這東西很簡單，栽植過程卻不簡單。艾美曾在日本北部居住過一段時間，住所鄰接著一小片稻田，那是當地一戶人家當興趣在耕種的田地。每年春季，艾美會幫忙引水淹入田地，讓地面覆蓋約六英寸的積水。他們接著將一盤盤秧苗帶到田裡，整齊地一株一株插入泥地。在稻苗生長的夏季，田裡必須維持一定量的積水——水太多會把稻穀泡爛，水太少的話稻草葉與穀殼會乾掉。而到秋季，他們會放乾田裡的積水並輕輕拍打稻穀，讓稻穀乾得快一些。這片稻田規模太小，用不上收割機，所以他們會在十月初拿著鐮刀下田，手動收割稻米。（艾美做得腰痠背痛、大腿後側更是疼痛難耐，不過對那家人而言這稱不上太大的挑戰。）稻子收割回來以後，他們將稻稈一把一把緊緊捆住、排在地面，看上去像好幾支少了把柄的掃帚。那之後，一綑綑稻子會掛在臨時搭建的木籬上，在曬乾穀粒的同時讓最後的水分在重力作用下滴落。

艾美從這段過程中學到，以傳統方式種稻可是需要知識、技術、運氣以及不少辛勞，而即使在最理想的情況下，稻米產量也不高：一平方英尺的土地只能種十株稻子，每一株只產出七十到一百顆穀粒。在艾美幫助下種稻的那家人生活優渥，就算夏季太潮溼或太乾燥，以致那年收穫不佳，也不會對生活構成太大的問題，反正米不夠吃就去生鮮雜貨店買。問題是，世上有數以百萬計的稻農都是經營小規模農場，或是只能自食其力的貧困家庭，這些人就得靠天吃飯了。

從一九六〇年代開始，傑出研究者與植物學者英戈．波崔庫斯（Ingo Potrykus）就夢想解決稻米的兩個問題：他想為稻米增添營養價值，並且使種稻過程輕鬆一些、好預測一些。身為科學家的波崔庫斯明白，兒童發育過程中需要一些關鍵的營養素。另外，他從前也經歷過一段坎坷日子，夜夜餓著肚子入眠——他在第二次世界大戰中失去了父親，戰後波崔庫斯一家逃出東德，他和兄弟們只能靠行竊與乞討勉強餬口。[4]

波崔庫斯可以改良稻米，將產量提升到原本的兩倍，甚至是三倍，但這並不能解決營養問題。他知道許多群體都有充足的米食，然而這些人雖能吃飽，卻嚴重營養不良。於是，波崔庫斯開始研究稻子的結構，思索在其中添加一些遺傳密碼的可行性。一天夜裡，他想著種種可能性入眠，一覺醒來就拼湊出了新的假設：是不是能用纖維或鉀增進米的營養價值呢？那有沒有可能用菠菜基因和稻米雜交，達到此目的呢？

波崔庫斯需要一種能用來和稻米雜交的植物，理想上在基因剪接過後，製作出味道、口感、密度都不變，卻多了一些關鍵營養素的稻米——而且最重要的是，新品種稻米的種植方法必須和原本的稻米相同。他決定拿富含類胡蘿蔔素的植物做實驗——類胡蘿蔔素能幫助植物吸收光能、進行光合作用，含大量類胡蘿蔔素的植物通常顏色鮮豔，多為紅色、黃色與橘色。已知的類胡蘿蔔素種類多達六百種，不過你最熟悉的應該是β-胡蘿蔔素（β-carotene），無論是胡蘿蔔、南瓜、番薯、芒果、葡萄柚、甜椒或番茄都富含這種物質。除了促進光合作用以外，β-胡蘿蔔素也有抗氧化作用，有極強的抗癌效果，還能代謝成維他命A。

β-胡蘿蔔素最關鍵的功能，就是代謝轉化為維他命A。世上有數百萬人缺乏維他命A，身體因此出了各種狀況。我們常聽人說吃胡蘿蔔有益視力，這句話其實部分正確：多吃維他命A並不能矯正近視，但缺乏維他命A會造成嚴重的視覺、神經與免疫問題。假如維他命A太少，你的眼角膜——質地類似海綿的組織——就無法排除水分；我們角膜中有許多層細胞，這些細胞的功能是持續排除多餘水分，而少了維他命A它們便無法正常運作。在角膜排水困難的情況下，虹膜會被一層乳白色物質覆蓋，不及時接受治療的話，那層物質會變得不透明——你的眼睛會完全變白，視力也會變得模糊。缺乏維他命A的種種後果當中，眼睛變白、視力模糊已經算是最輕微的一種了。

舉例而言，如果你維他命A攝取不足，你的角膜會逐漸受損，而預先編寫了傷口癒合程序的健康細胞不足，你的角膜便無法恢復原樣。少了保護眼球前側表面的角膜，原本藏於角膜之下的神經會裸露出來，你即使沒被球砸到眼睛，也會因角膜損傷而感覺自己一而再、再而三被火鉗刺入眼睛。驗光師將那種感受描述為「足以改變信仰的痛苦」，因為如一位驗光師所說，那種痛楚會讓你不顧一切地「對任何神明祈禱，只求痛苦消失」。[5]你若為長期缺乏維他命A的人檢查眼睛，還很有可能發現不可逆的失明前兆。

波崔庫斯知道維他命A匱乏是相當普遍的健康問題，這表示世界上有數億人註定承受極端的眼部疼痛，甚至可能完全失明。另外，他也知道維他命A攝取不足會導致免疫系統出問題，這種情況下受最多苦的往往是孩童。對兒童而言，即使稍微缺乏維他命A也會大幅提升死亡率，因為這些孩子對麻疹等傳染病的抵抗力較低，也較容易罹患一些造成腹瀉的傳染病。在一些貧困群體中，維他命A匱乏所致的兒童死亡率甚至超過百分之五十。

波崔庫斯考慮了幾種解決方案。也許公共衛生部門可以開發濃縮維他命A血清液，調配成恰到好處的劑量，足以維持多年功效——這其實不容易，因為劑量過高對人體有毒性。調出合適的配方後，全球各地的公衛部門得接著說服數十億人排隊施打血清液。或者可以選科學上極具挑戰性的第二個選項：在稻米中加入β-胡蘿蔔素。

最常被人食用的稻米是水稻（*Oryza sativa*），其基因體只含十二條染色體，核苷酸共四億三千萬對鹼基長，十分適合做植物遺傳工程。多數人吃的是水稻穀粒內含澱粉的部分（稱為胚乳〔endosperm〕），而水稻本身並不會在胚乳內生成β-胡蘿蔔素。波崔庫斯提出了研究假設，希望能在水稻基因體之中加入可生產β-胡蘿蔔素的新代謝途徑。

波崔庫斯與幾位同僚以此為出發點，著手進行研究。當時對β-胡蘿蔔素與稻米動腦筋的科學家不只波崔庫斯一人，洛克菲勒基金會（Rockefeller Foundation）——位於紐約市，擁有逾四十億美元善款的私營基金會——同樣以終結全球饑荒為主要目標，而且也考慮到了相同的解決方法，希望能用維他命A提升稻米的營養價值。洛克菲勒基金會成了國際稻米研究所（International Rice Research Institute，IRRI）的早期投資者之一，資助這所總部設於菲律賓的非營利科學中心。到了一九八四年，洛克菲勒的糧食安全長蓋瑞·通尼森（Gary Toenniessen）等計畫執行人認為應制定規模龐大的全球性計畫，旨在開發新品種超級米，而這項計畫需要內部專業人士、機構與合作網絡，也需要招募其他科學家的資源與方法。洛克菲勒的科學家團隊很快便創造出第一份稻米DNA分子標記圖譜，後來甚至找到了稻米與玉米、黑麥、小麥等穀類作物的演化關聯——這份驚人的發現挑戰了人們長久以來對於其他關鍵糧食來源的認知。問題是，該如何為稻米增添養分，讓它變得更營養呢？洛克菲勒團隊仍未找到解決方案。[6]

通尼森決定舉辦一場會議，並邀請合作者網絡之中一位生物化學研究者——德國弗萊堡大學（University of Freiburg）的β-胡蘿蔔素專家彼得·貝葉（Peter Beyer）。通尼森與波崔庫斯認為能設計新的稻米品種，在提升營養價值的同時使稻子更容易種植，但如果要改良稻米，就需要加入外來的遺傳密碼。甜椒與番薯都富含β-胡蘿蔔素，不過貝葉提出，和稻米親緣關係較遠的植物較適合用以改良稻米。美麗的黃水仙就相當合適了——這是種常見而鮮少被人誤食的植物，明黃色花朵有著六片花瓣，花心則是橘黃色喇叭形狀。[7]

他們也知道這個想法很荒謬。如果要改造水稻基因，他們得先找出適合加入水稻基因體的黃水仙基因，接著將這幾段基因分離出來，編入植物胚胎的遺傳密碼。假設研究者挑到正確的基因了，那麼理論上，添加黃水仙基因的植物胚胎會在成長過程中將新基因加入自己的DNA，合成我們要的蛋白質，而新基因也會和植物原先的基因體協力運作。最終，這些細胞成熟以後，會產生帶有新編碼的種子。我們將這些種子種下、栽培新的植株，新植物又會接著將新基因遺傳給下一代稻米，這些後代都會擁有生產β-胡蘿蔔素的能力。

這還只是拼圖的其中一塊而已。在過去，育種者往往憑著大量實驗與耐心，辛苦培育理想的植物，而到了一九九〇年代，科學家終於能轉殖單一基因，做簡單的基因修改了。問題是，為稻米增添β-胡蘿蔔素須修改三段基因，因此波崔庫斯團隊開始實驗不同的轉型方法。首先，他們想為個別的水稻植株分別加入一段新基因，然後以傳統方法讓稻子繁殖後代。結果他們早期種出了看似有潛力的植株，但即使再三重複實驗，還是無法讓水稻一次產生所有必要的酵素。研究團隊接著嘗試了更加激進的方法：他們設計了一種細菌，這種細菌能將自己的DNA轉入目標水稻胚胎。該程序稱為「農桿菌媒介轉殖法」（*Agrobacterium*-mediated transformation），能夠一次將所有必要基因轉殖入水稻胚胎。如此修改過的水稻DNA，將包含源自黃水仙的八氫茄紅素聚合酶（phytoene synthase）與茄紅素β-環化酶（lycopene beta-cyclase）基因，以及源自細菌的八氫茄紅素去氫酶（phytoene desaturase）。等到基改水稻發育成熟，就能產生並貯存β-胡蘿蔔素了。

在日本水稻田種稻很辛苦，而在波崔庫斯位於瑞士阿爾卑斯山丘陵地帶的溫室裡種稻也同樣艱難。在多年的試驗、失敗與嘗試過後，波崔庫斯與貝葉的團隊才終於發表研究論文，在文中描述添加了維他命A生物生成途徑的生工稻米。發表論文還只是一切的開端而已，他們必須在世界各地的稻田裡研究並測試這種生工米，前頭還有多年辛苦的研究等著他們。團隊最終的目標並不是將新稻米商業化，而是在全球發放種子——這是一項人道主義計畫，他們希望有天能免費將生工米發給所有需要它的農人與家庭。有了新的基改營養稻米，未來就再也不會有孩子因為缺乏維他命A而死亡了。[8]

那段時期，大眾才剛開始接觸基改生物相關的資訊。許多研究者受佳味番茄啟發，致力研究用生物工程解決現存問題的方法，例如製作抗輪點病的木瓜、不容易撞傷的蘋果，而這些研究吸引了全球行動主義者的目光。其中一個團體——綠色和平（Greenpeace）——開始積極行動，質疑植物基因工程背後的科學原理。只要能促使政府下達對基改生物的禁令，尤其是引起新聞媒體的關注，這些激進分子即使被逮捕了也心甘情願。

到了此時，波崔庫斯與貝葉已經花多年時間聚焦於此計畫與解決世界糧食安全問題等想法，且在純科學的世界更是浸淫良久。然而他們和經營微醺咖啡館的巴奎家不同，不懂得獲取大眾信賴的技藝，而且他們雖想造福特定群體，自己和群體之間卻缺乏長久培養的連結，更沒有溫馨的家族故事可用以觸動人心。波崔庫斯等人與支持他們、資助他們的人們沒料到，不久之後將有數百萬人對他們與合成生物學背後的科學展開反對行動，用各種真實或完全虛構的理由抹黑他們。

藥業巨人與黃金米反對行動

新品種稻米的新聞最先刊登在二〇〇〇年一月的《科學》期刊，文章詳述了研究團隊最新的突破。[9]而早在十年前，大眾便開始了關於基改生物與基因工程的爭議，十年來人們的爭論持續升溫。考慮到此事，《科學》決定將該期期刊寄給全球各地一千七百名記者，並特別附上一段編者的話：「此項植物基因工程應用研究不計短期利潤，只求救民於水火之中，它將使此種科技恢復政治層面的接受度。」期刊已經特別下了工夫，希望能搶在錯誤訊息與危言聳聽的新聞頭條流傳出去前，先一步將研究目的告知大眾。

起初，這番努力的確有了效果：在看到這最新的基因工程研究、其背後的理想，以及此技術潛在的應用方式時，大眾的討論都相當正向。人們將這新品種稻米稱為「黃金米」（Golden Rice），一是因為米粒帶有芒果般的金黃色，二是因為它對人類社會的潛在價值有如黃金。

生物科技研究對人類進步十分重要，卻也所費不貲，研究者經常仰賴外部投資者或大企業的資金，而投資者與企業或許得等數十年才有機會獲益——前提是他們的研究真能賺錢。平衡生技研發之高風險的方法有幾種，其中之一是申請專利，然而如我們在上一章所述，並非所有人都乖乖遵守智慧財產法規，你還會經常遇到法律上的挑戰。舉例而言，你究竟得對基因序列做多少改變，這段序列才能視為「可獲得專利的發明」？或者學術研究者使用受專利保護的基因體材料時，究竟算不算是侵犯了他人的專利權？時至今日，司法單位仍未界定出這些問題的答案。

到二〇〇〇年四月，波崔庫斯與貝葉準備用田野試驗測試他們的生工米時，國際稻米研究所要求進行專利檢索。法律檢索過後的結論是，黃金米生產過程中用了七十到一百零五份專利、許可證及其他法律協議——而且這些並非由單一法人控管，而是掌握在三十多家公私營機構手裡。還有一個問題是，每個國家對於專利的認可程度不一，假使生產與行銷黃金米，團隊也許得面對多年的法律戰。黃金米雖是科學方面的成功，但從智慧財產方面而言卻是一場大災難。

可想而知，研究團隊得知消息後心碎了。他們花費近二十年光陰，好不容易製作出可用的生物科技，沒想到這份科技可能得永遠封印在實驗室中。波崔庫斯與貝葉面對四面楚歌的困境，所以當一些藥廠代表聯繫他們時，他們決定和藥廠代表見面商談。

製藥業巨擘阿斯特捷利康製藥公司（AstraZeneca）掌控了波崔庫斯團隊用以製作黃金米的部分專利，該公司對團隊提出了交易：公司願意解決團隊目前面對的智財挑戰，免費授權團隊使用專利與科技，並繼續資助團隊研究，然後將稻米種子免費分發給年收入不到一萬美元的農民。但阿斯特捷利康當然不會做白工，該公司的其中一個分支——捷利康農化（Zeneca Agrochemicals）——即將和製藥大廠諾華的農業部門合併，成立新的先正達（Syngenta）生技公司，先正達將會成為全球最大的種子與農業化學藥劑供應商，同時也會成為基因體研究界舉足輕重的角色。阿斯特捷利康協助波崔庫斯團隊進行研究的代價是，團隊必須將黃金米的行銷權交予先正達，讓先正達以營利為前提銷售黃金米種子。

波崔庫斯與貝葉明白，這項交易會影響到黃金米的形象。《科學》期刊先前讚美團隊不計短期利潤地開發稻米生物科技，為他們建立了良好形象，但團隊若和阿斯特捷利康談成協議，人們想必會懷疑他們的動機。研究團隊起初打著救濟世上營養不良之人的旗號，從公私營單位拿到了一億美元經費，而現在他們卻將研究成果、智慧財產與專業拱手送給了巨型企業，企業想必會設法從窮人身上獲利。左思右想過後，團隊仍決定接受阿斯特捷利康的條件，完成他們的計畫。

批評的聲浪來得很快，也絲毫不留情。設於加拿大溫尼伯（Winnipeg）的倡議團體國際鄉村發展基金會（Rural Advancement Foundation International）稱之為「欺詐大眾信任的行為」，並表示「亞洲農人拿到（未經檢驗）的基改米，『黃金』則給了阿斯特捷利康」。[10]

在阿斯特捷利康的建議下，波崔庫斯與貝葉同意舉辦一系列記者會並接受一些重要刊物的採訪。在那年五月於紐約市舉辦的一場記者會上，貝葉與阿斯特捷利康當時的總裁羅伯特・伍茲（Robert Woods）聯袂出席，宣布之後將在三年內於全球供應黃金米。當時黃金米甚至還未在現實世界條件下進行測試，很快便有批評者指出稻米的測試不完整，但伍茲否定了他們的疑慮。「只要我們用正確的方法證實它的安全性，」他表示，「就能排除圍繞生物科技的政治與情緒議題。」[11]

為使大眾恢復對團隊與黃金米的信任，他們設立了黃金米人道委員會（Golden Rice Humanitarian Board），專門監督相關科技的開發，以及管理對公立研究機構的非營利授權。委員會另外負責建立科學家與研究組織的網絡，以便大規模培育黃金米，為不同地區的生長條件進行黃金米的適應性調整。

新的公關策略見效了，過了不久，到處都看得到關於黃金米的文章與討論：BBC、洛杉磯一份另類週報、《Live Journal》等新聞媒體都發表了相關報導。[12,13]二〇〇〇年七月三十一日，《時代》雜誌在封面刊登波崔庫斯的照片，並以全大寫的粗體文字下了引人注目的標題：**這種米每年能拯救百萬兒童**。那份《時代》雜誌的封面公開後數日，美國農化與農業生技巨擘孟山都宣布它也在開發一種黃金米，而且還會免費授權並提供其他基因工程科技，供貧窮社群的農民使用。該聲明另外表示，孟山都會在全新的Rice-research.org網站上公布它所使用的基因體序列。「我們想盡量縮減獲取授權、將黃金米帶給開發中國家農民與亟需此維他命者的時間及金錢成本。」孟山都執行長亨德利克．維法利（Hendrik Verfaillie）表示。話雖如此，相關研究仍有很長一段路得走——而且孟山都突然加入戰局，只加劇了大眾的不信任感。[14]

任何開創性的新科技都會引致不合宜的樂觀與恐懼，黃金米也不例外。初期媒體報導都暗示黃金米科技已開發完成，然而實際上，新米種仍需要實驗室測試與額外的調整，以及在野外環境試驗與改良，而野外試驗可是得用上好幾個生長季節，才能夠將黃金米的培育最佳化。綜上所述，研究者仍須收集與分析大量數據。假使專利問題都解決了，他們仍得跨越令人頭疼的管制障礙，其中包括我們在上一章介紹的《卡塔黑納生物安全議定書》。議定書只給了各國禁止進口活體基改生物的權利——國家可選擇不行使此權利，或請出口國提供該生物的風險評估報告，可是風險評估並非由獨立的第三方執行，而是由出口國自行完成。

當時仍無人知道以全球規模生產可栽植黃金米種子的方法，最佳發售與追蹤方法也還未研究出來。還有一個大問題是，他們得考慮人們從古至今的飲食偏好：經過營養強化的米當然營養價值較高，卻不再是白米了。團隊必須向農民與大眾進行宣導，讓人們相信這新品種米的食用安全性，並說服他們這種米和他們吃了一輩子的米飯味道無異——這可是一大挑戰。坦白而言，這項計畫的科學部分雖然規畫得十分嚴謹，卻沒有人花心思制定將黃金米引入社會，以及獲取大眾接受與信任的策略。

新聞報導甚少提及這些細節，因此堅決反對所有基因改造行為的組織有了可乘之機。舉例而言，綠色和平組織特地建立了針對黃金米的反對計畫，用統計數據否定了黃金米團隊關於維他命A的說詞。綠色和平發表一篇聲明，在聲明中提出：一般而論，一個營養不良的孩童必須每日食用十五碗以上的黃金米，才能攝取足量維他命A，而成人更需每日食用二十**英磅**的米飯才夠。這些論述並無事實根據，綠色和平也沒提供任何科學解釋，說明這些數值的計算方式。問題在於，相較於科學根據，人們對於說故事的方法重視得多。你在學術文章中花大量篇幅描寫化合物、提供圖表，還是比不上一個任何人都能立刻想像出來的簡單數字。二十英磅就等同生鮮雜貨店裡四袋標準容量的麵粉，也約等同二十盒玉米片——換成米飯來看，份量更是大得莫名其妙。這份聲明是綠色和平刻意設計，人們對這些數字印象深刻，也不幸對黃金米計畫產生了疑慮。[15]

一些較為狂熱的人們提出了一套理論：假設這種生工米的維他命A含量很低，那就表示黃金米必然是類似特洛伊木馬的東西，用以誘騙與控制小規模經營的農場——這些農民不是已經被騙著種植基改種子與購買高價除草劑了嗎？你別看今天有人免費發放稻米，等到明天那些人就會藉由黃金米從你身上獲利了，大型農業與製藥企業——即使在平時，它們在標普500企業當中也稱不上受歡迎——會用黃金米解鎖新的途徑，剝削窮困無知的農民。綠色和平提出，關於黃金米的樂觀報導完全錯了，那根本就不是為救助窮人而開發的東西，而是研究團隊刻意設計的產品，團隊想要藉由黃金米銷售基改種子，以及基改作物生長所需的專賣款除草劑。消息迅速傳開，各地——尤其是歐洲與北美的行動主義群體——興起了反對聲浪，甚至連東南亞鄉村地區的小社群等最需要黃金米的群體，都發起了反對行動。

最有效的不實資訊，往往和真相有某種膚淺的連結，同時建築在人們心中既存的焦慮之上，孟山都便是受不實資訊影響的實例之一。孟山都是對農作物進行大規模基因工程的先驅企業，該公司辨識出了一段基因，這段基因能使特定作物對公司的年年春（Roundup）除草劑免疫。如果農民種植孟山都牌黃豆、玉米與棉花，就能安全地用年年春除草劑殺死雜草，作物則不會受損。這當然也表示無法與孟山都競爭的小規模種子供應商沒了市場，一段時間後孟山都得以占有市場當中一大部分，賺入大量金錢。

還有另一個問題是，孟山都開始將種子外銷到歐洲與英國，而這些地區當時仍深受牛海綿狀腦病（bovine spongiform encephalopathy，BSE）——又稱狂牛症（mad cow disease）——所苦。許多牛隻罹患了這種神經退化性疾病而逐漸衰弱，且疾病能在工業農場迅速傳播。英國政府起初對民眾表示，這種傳染力極高且極為危險的疾病對人類無害，人們可安心食用受感染的肉品。結果有數百人食用受感染牛隻的神經組織，罹患了人類型態的狂牛症。數百萬人就此對政府管制工業化農業的能力失去信心，英國消費者也誤以為狂牛症與基因工程有關，因而開始抗拒基改生物，特別是孟山都的產品。[16]

那時全球各地的人們都已在電視上看過狂牛症病牛的影像，目睹牛隻不由自主地全身顫抖、無力支撐自己的體重、只能勉強走幾步就得停下來等等恐怖畫面。人們看見了病牛緩慢死亡的駭人影片，現在則眼睜睜看著罹病人類令人心碎的影片，目睹原先健壯活躍的人突然臥床不起、全身發抖，目睹這些人大張著嘴、眼神迷茫地躺在病床上。過去數十年來，人們食用肉品時不太會思索產品來源，到了此時他們才赫然得知，很多畜牧業者餵食小牛的飼料，其實是牛肉與牛骨的混合物。狂牛症之所以在牛群中迅速傳播，是因為罹病老牛被屠宰之後製成飼料，餵給了活著的牛隻。

牛海綿狀腦病的病原是名為「普利昂」（prion）的蛋白質，這種蛋白質不知為何會從健康型態變為有害型態，科學家目前認為這和其他許多生物學現象一樣，是自發性現象。無論成因為何，吸引大眾注意力的並不是科學原理，而是與之相關的恐怖故事。一國政府散布了關於致命疾病的謊言，還有企業為提升利潤而刻意製作基改種子——激進人士提出，這樣的政府、這樣的企業意圖將基改稻米引入貧窮社群，那還得了？阿斯特捷利康與孟山都是不是想拿貧困孩童做人體實驗？要是黃金米中的基因工程蛋白質突變了，那怎麼辦？要是黃金米生長失控，使得人們生存所需的健康植物無法生長，那又怎麼辦？隨著疑問出現，一個個陰謀論也逐漸形成。人們懷疑一些實驗室暗中開發更多的基改生物，甚至懷疑科學家與政經高層祕密合作，掌控全球的糧食供應。

散播黃金米假消息的行動主義者受過高等教育、博覽群書，也閱歷甚廣，卻刻意無視了黃金米背後的科學原理，為了達成自己的目的而扭曲證據。一般大眾也許不明白，現代研發程序不幸和繁瑣的國際專利與商標系統有著剪不斷、理還亂的關聯，知情者也很難向大眾解釋這複雜的關係。在這種情況下，黃金米反對者有機可乘，他們不顧事實，選擇散播恐懼，並使大眾對科學家仍未完成的研究題目形成先入為主的偏見。

今日的黃金米

待到二〇一三年，終於有公部門在幾片稻田進行黃金米的試驗，由國際稻米研究所及數個合作單位監督試驗。八月一個陽光明媚的溼悶上午，研究者們聚集在菲律賓比科爾區（Bicol）——馬尼拉東南方約兩百英里的地區——一片試驗田地，滿心希望能在長草地上層看見一粒粒黃色的小稻穀。在經歷多年的法律與管制挑戰，並面對綠色和平挑起的劇烈反對聲浪之後，波崔庫斯與貝葉終於有機會見證在野外環境生長的黃金米了。他們多年來竭力宣揚黃金米的潛在價值，現在好不容易有了成果，利用生物工程對抗全球營養匱乏問題的新時代拉開了序幕。

然而，那片田地的另一邊聚集了一小群抗議者，他們自稱是當地農民（實則不然）。抗議者推倒田邊脆弱的竹籬，強行闖入稻田，開始踐踏與拔除稻子，直到整片田地被破壞殆盡為止。當地農業管理機構事後發布了報告，這場對試驗田地的突襲是由極端團體發起，該團體認定研究者創造黃金米是為了讓多個國家攻占菲律賓稻米市場。[17]

喬治·丘奇譴責了那天的事件，表示：「每年有一百萬條人命因維他命A匱乏而如風中殘燭，但其實早在二〇〇二年，黃金米就基本上可以實際使用了，每推遲一年就又會導致一百萬人死亡。那可是大規模謀殺。」[18]

一百多位諾貝爾獎得主簽署了一封信，要求綠色和平終結對基改生物的反對行動。信中寫道：「我們呼籲綠色和平及其支持者重新檢視全球農民與消費者使用生工改良作物及食物的體驗，認可權威科學單位與管制機構的研究與調查結果，並全面終止反對『基改生物』——尤其是黃金米——的行為。」[19]

儘管如此，黃金米的狀態仍然渾沌不明，直到二〇一九年十二月菲律賓政府才頒布生物安全許可，允許國際稻米研究所重啟黃金米試驗，算是清出了一條窄道，讓生工米作為食品或飼料被人使用。在為大眾供應黃金米之前，團隊還得先獲得商業生產的許可才行，而至今紐西蘭、加拿大與美國的管制許可還在審查中，至於最需要黃金米的地區，在取得許可的路上仍有好長一段路得走，目前仍不見太多進展。

一個不小心，未來人們可能將黃金米之亂視為官僚之間無足輕重的小紛爭。請回想前面關於合成生物學未來的討論，我們以後能在實驗室裡用成人任何一顆細胞製造精子與卵子細胞，然後在人工智慧輔助下挑選出最好的受精卵，植入子宮——而且甚至可能不是人類子宮，而是醫學中心裡的人造子宮。研究者可以混合長毛象與亞洲象基因體，讓已然滅絕的長毛象死而復生，還能用類似的實驗方法讓其他滅絕物種重新出現在地球上。我們能在生物反應器內用幹細胞液培養厚實、多汁的肉排，還可以在其中混入其他動植物組織，改善肉排的風味與質地。我們分明有機會改善生物演化與生活品質，但若不深度投資相關教育，若不努力抑制不實消息的傳播，科學家與科學研究也許永遠無法獲得大眾信任。

我們為什麼相信科學家，卻不相信科學本身

皮尤研究中心（Pew Research）在二〇二〇年向美國科學促進會（American Association for the Advancement of Science，AAAS）與不少民眾提出了一系列關於價值觀與信任的問題，包括人們對於兒童疫苗的認知、對於生物科技的感受、對於動物研究的意見，以及對於國際太空站（International Space Station，ISS）的看法。受訪民眾與科學家在許多面向的觀點一致，其中包括對國際太空站的看法：百分之六十八的科學家與百分之六十四的民眾都認為這是高價值投資。然而在基改食品方面，兩個群體的意見卻出現了驚人的分歧：百分之八十八的科學家認為培養與食用基改食品都安全無虞，而抱持同樣想法的一般民眾卻只有百分之三十七。[20]

同一份研究還包括另一個問題：大眾認為美國哪些職業最值得信任呢？排行第二的是科學家（第一名是軍人），排名較差的職業則包括宗教領袖、幼稚園教師等等。[21]

問題來了：我們為什麼相信科學家，卻不相信科學本身呢？

一個理由是，即使根深柢固的信念遭挑戰，人類也天生不易改變想法。當你聽到新消息時，往往會基於自己原先的想法處理資訊。相較於接受全新的信念，讓新資訊符合一個人原本信念所需的

腦力少得多，而且更重要的是，人們不想感受到承認自己想法有誤所致的羞恥與難堪。在這種情況下，人們會本能地用邏輯思維與批判性思考，產生無可反駁的反駁。研究顯示，一個人的教育程度越高，就越擅長說服自己「和我信念背道而馳的證據有誤」。這就表示，假如你在閱讀本章節前，對基改食物有某種根深柢固的意見——或者你已經聽過支持或反對黃金米其中一方的故事——那你在考慮合成生物學潛力，以及閱讀本書第三部時，就必須特別保持開放的心態了。我們將在第三部探討接下來五十年的全球發展，考慮未來各種情境，而你在思考這些問題時都可能受成見影響。

多數人找到問題的解答時會感到安心，面對模稜兩可的事情則感到不悅。我們在情緒上對確信之物成癮，因此會努力說服自己，讓自己相信每件事背後都存在合理解釋。這種思維模式自然是情有可原，卻會對我們的判斷能力造成負面影響。面對複雜的議題——例如基改生物——以及各種充滿不確定因子的後果，我們腦中的敘事容易受焦慮與懷疑的情緒左右，使潛在後果顯得比實際狀況悲慘且絕望。而當現有的後果本就十足悲慘之時——以黃金米為例，現有結果就是每年有數百萬人缺乏維他命A，因這種可輕易預防的病症而受苦或死亡——焦慮與懷疑等情緒更會影響我們對議題的看法。

倘若歷史走上了另一條路，黃金米或許會導向全然不同的未來。專利持有者可以選擇為全球人道行動貢獻自己的智慧財產，低價或免費授權予研究者。也許會有人發起行動，加強一般民眾的生物學知識，將研究結果寫得更淺顯易懂，並且提供不同格式與語言的研究報告供人參考。生物學教育行動還可包含立場明確的公眾服務宣導，請麥可・喬丹（Michael Jordan）、歐普拉・溫芙蕾

（Oprah Winfrey）、湯姆・漢克斯（Tom Hanks）等親民且受人信任的公眾人物宣揚黃金米的好處。在宣傳照片中，這些名人也許可以一手拿著一小碗米飯，另一隻手拿著湯匙，準備大快朵頤。彩通（Pantone）也許能將「金黃色」選為年度代表色。《六人行》（*Friends*）也許能推出「羅斯（Ross）吃黃金米」的單集，講述主角們多次嘗試料理晚餐卻又多次失敗的故事。順著這條歷史的未竟之路走下去，到了現在這個時間點，黃金米或許已是每家每戶常備的主食，不再有人將它視為特別或異常的食物——只剩一些人記得上一代因營養不良而苦。在那些孩子與家庭心中，黃金米依舊是再神奇不過的發明。

第三部分

未來

第9章　探索短期可行的未來

隨著生物科技工具逐漸普及，合成生物學的應用逐漸滲入各個主要產業，無論是人類生活或演化節奏都將改變。我們未曾想見的社會、經濟與安全問題會一一浮現，同時一些過去不可行的解決方法也將成形，可用以解決飢餓、疾病與氣候變遷等問題。我們無從得知影響這些議題的所有變數，畢竟在中國、美國、法國、德國、以色列、阿拉伯聯合大公國與日本都有無數研究者在各自的實驗室裡持續做研究；有無數創業投資者與其他投資者忙著分析各家新創公司，決定自己該將資源投注在哪些公司上；專精合成生物學各種應用方法的企業——例如設計客製化生物的銀杏生技（Ginkgo Bioworks）——開始或接近上市；管制單位重新檢視它們的架構；還有其他種種因素都是影響合成生物學未來的變數。我們當然無法計算下一次大突破的統計機率，不過Google其中一個人工智慧分支「DeepMind」便是以改進蛋白質摺疊演算法為目標，也有許多公司致力開發單劑流感疫苗，希望人們只打一針就能對流感終生免疫。

合成生物學具有巨大的潛力，但目前尚未完全成熟。這一學科仍在持續發展中，要想完全實現其潛力，還有很長的路要走。這與電話技術在初期的發展狀況相似。有些人可能認為我們現在規畫未來也毫無意義，反正訂定策略後還是得修正，而且我們還有網路攻擊與失業等較急切的問題得處理呢。但正因為不確定因素太多，也正因為人們每天都在做難以逆轉的決定，我們才須挑戰一些根深柢固的信念。如果今天鼓勵大家提出「如果……？」問句，就能避免未來「這下怎麼辦？」等問題了。這些「如果」問題涵括了形形色色的疑慮：

- 如果在這些領域進行研究的科學家無法發展出必要的架構，無法培養並維持大眾的信任感，那怎麼辦？
- 如果生命的未來掌控在一小群決策者手裡，那怎麼辦？一些人擁有特殊技能與知識，所以對於地球生命演化的控制力較強——甚至有機會左右人類在太陽系其他星球上的演化發展。問題是，誰有權重新編寫生命呢？
- 如果人類有意為之的生物學設計，改變了我們對於家庭與教養的態度，那怎麼辦？
- 如果在未來，一些人「擁有」了其他人的遺傳數據呢？包括美國在內，許多國家歷史上都存在將他人視為資產、合法蓄奴的汙點。那麼，你或你的企業有沒有可能以擁有他人遺傳編碼使用權的形式，「擁有」未來的人們呢？
- 如果你的身體可能被駭，那怎麼辦？如果有惡意人士設計了針對你的益生菌或病毒，造成你腸胃不適呢？如果有DNA登記資料庫未經你明言同意，直接將你的數據賣給第三方呢？我們該如何定義遺傳隱私？你有沒有權利將自己的遺傳數據保密，不讓第三方取得數據？

- 如果我們認為每個人都有權對自己的基本生物特質進行升級，那會如何？該由誰來決定人們有權做哪些方面的升級呢？如果升級的結果是造出新的人類與動物嵌合體，例如一個人擁有獼猴般又長又強壯的手指——那會發生什麼事？
- 如果富人花錢幫自家嬰兒升級，大多數人卻沒錢升級呢？如果一般人無法得到生物學方面的強化，未來社會的分化現象會如何加劇呢？社會是否會歧視未經生物工程升級的人？
- 如果政治與不實資訊阻撓了農業發展，那怎麼辦？屆時我們除了全球氣候危機以外，還必須面對氣候造成的糧食供應限制，那又該怎麼辦？
- 如果一些國家制定關於設計生命的決策，雖未違反既定的武器公約，對大眾卻無長期助益，那怎麼辦？
- 如果中國成為人工智慧與合成生物學兩大領域的霸權，訂立這些科技領域未來的全球標準呢？美國會不會就此被拒之門外，無法研發關鍵科技，因而落後中國這最關鍵的地緣政治競爭對手？

在這個關鍵階段，大部分國家政府仍未為科學與科技的長遠研發規畫出藍圖與投資目標，包括合成生物學與支持該領域的種種科技——例如人工智慧、家庭自動化（home automation）、收集計量生物學數據的科技等等——都缺乏長遠規畫。研究者時時發現新的事物、開發新的應用，科技的發展不停前行，而我們有意義地引導科技發展、加以控制的能力卻沒有跟上，反而望塵莫及。政府機關大多無視了此現狀，過時的管制架構也造成了混亂。在美國，科學與科技政策和政治脫不了關係，所以當不同的政府班子進出橢圓形辦公室、國會議員來來去去，整體政府就少有機會發展與提倡前後一致的觀點，更沒有機會推廣規範與標準了。若無法為迫在眉睫的科學與科技制定發展策略，意料之外的研發結果可能造成公私部門之間的對立。我們乾等著合成生物學成為主流，只會使美國及其他已開發國家落後於中國——別忘了，中國可是已將合成生物學視為國家策略與利益的核心焦點之一。

美國統治與管制系統鼓勵人們追求短期目標，不過反顧COVID-19疫情對全世界的影響，以及各國政府優柔寡斷的後果，我們可以清楚看見短視近利的危險性。在疫情期間，各國政府沒有制定安全規範，而是滿腦子想著下一次選舉，成了受輿論左右的牆頭草。巴西當時的總統雅伊爾·波索納洛（Jair Bolsonaro）是早期大力否定新冠病毒的人物之一，他選擇停止實行巴西原有的公衛政策，結果全國門戶洞開，面對一波又一波病毒侵襲時毫無協調性對策。到了二〇二一年五月，巴西的死亡人數已逼近五十萬。[1]印度總理納倫德拉·莫迪（Narendra Modi）起初拒絕採取應對COVID-19的措施，接著又突然施行封鎖政策，使大量勞工遭受經濟傷害。[2]然後過了數月，莫迪又突如其來宣布疫情結束，他表示印度「在大災厄之中拯救了全人類」。[3]國內恢復了板球賽事，對遊行與宗教慶典的限制全面取消，莫迪甚至鼓勵人們舉辦支持他所屬印度教民族主義政黨——印度人民黨（Bharatiya Janata Party）——的造勢活動。當時印度境內無從取得疫苗，且印度不同於其他國家，一直都沒有封鎖邊境，國家政府也沒有囤積呼吸器，以防新一波疫情來襲。不久後開始有國民罹病，政府卻沒有對策、沒有公共衛生指導，不實資訊傳遍了WhatsApp等社群媒體——一些人謊稱找到了靈藥、一些人散播關於疫苗副作用的誤導性言論，還有許多明顯錯誤且具種族主義色彩的主張，一些人聲稱是穆斯林散播病毒，造成了印度後期的COVID-19災難，導致數十萬人在短短數週內死亡。[4]除了公部門短視近利所致的損害之外，我們也見過私部門沒能未雨綢繆的後果。一些企業在安全方面偷工減料、明知自己的產品會致癮或造成傷害亦不知改進，也有不少企業只顧著自身利潤，絲毫不為社會著想。

考慮到上述種種原因，我們應當立即面對這些「如果」問句。這並不表示我們得全面停止合成生物學研究，也不表示研發創新會遭受阻礙——相反，我們若現在發起理性的討論，考慮合成生物學新一層次的影響，就更有可能確保人類完整發揮合成生物學的社經價值。那麼，具體而言該怎麼做呢？其中一種方法是創造並考慮種種情境，演繹可能的決策、行動與結果。這些情境是以我們現今的事實為基礎，描述世界未來可能的發展。只要從一系列奠基於現今科學趨勢的「如果」問題考慮起，再加入一系列關於社會的假設，那我們便能發展出可能的應對策略。舉例而言，如果我們以關於胚胎研究的「如果」問題為起始點，並加入「關於民意、經濟等等的假設」此一脈絡：

- 如果科學家(1)創造出人工合成、含多功能幹細胞的小鼠胚胎；並(2)專注研究在體外生成配子的方法，將任何組織或細胞逆向製作成誘導性多功能幹細胞呢？
- 若是如此，我們假設(1)市場上對於人工生殖技術的需求持續上升，在人們較晚成家生子的時代更是如此；(2)用CRISPR編輯胚胎的接受度上升了，體外受精技術也更加普及；(3)貧富差距加劇；(4)千禧世代與Z世代仍舊面臨具挑戰性的就業市場條件；以及(5)科技公司持續鼓勵消費者使用量化的健康追蹤器。

在上述條件下，接下來十到五十年的未來會長什麼模樣呢？

面對充滿不確定因素的未來，公私部門高層與團隊可以想像不同情境、預演未來，並有效地制定應對策略。董事會與行政管理團隊能透過情境演練的方式，推測他們該在何時何處加入遊戲、該在哪方面得勝、如何得勝，並瞭解當前策略成功所需的前提。軍事策略家也會利用各種情境，分析不同行動與策略可能的後果。至於設計團隊也同樣依賴情境演繹，旨在預測未來的新產品、用例與體驗。

無論是誰都能用各種情境來探索未來的可能性。我們每個人做決定時都是以自身認知為基礎，然而我們腦中的模型存在一些危險性：我們會選擇性地詮釋證據、在數據之中混入主觀設想，並且特別注意能證實我們成見的訊息。想像情境時，我們可以解構那些成見，考慮不同的世界觀。此外，情境還能解鎖人類一種無價的能力：重新理解現實的能力。我們在面對不確定的未來時，很難保持好奇而非批判的心態，尤其在面對挑戰你個人政治、宗教或哲學觀的「如果」問句之時。遇到這種情形，僅僅是「重新理解」（re-perception）的行為便能讓你耳目一新，認知到未來可能和你目前的預期迥然不同。你會理解到自己不可能隨時知曉一切，而在認識現在的各種事物時，你也該保持好奇而非篤定的態度。

「盲人摸象」這則佛教寓言故事便說明了重新理解的重要性。你或許聽過這則故事，但我們想在此重述一遍，提醒讀者要時時重新理解事物。故事中，一群盲人遇到某個物體，他們盡量觸碰擋在前頭的這個東西，卻沒有人摸得出這東西是什麼。其中一人站在大象身側，摸著摸著以為那是一堵牆。另一人只摸到了象牙，以為它是懸吊在空中的長矛。還有一個盲人嚇得往後跳，滿腦子以為自己摸到了蛇。幾個盲人為這東西的真面目爭論不休，越爭辯越是沉浸在自己對現實有限的理解與認知之中，直到最後，沒有任何人能幫助他們認知到事實——其實象牙、象腿與象鼻全都是「大象」這個龐大動物的不同部位。

在接觸合成生物學時，我們也有必要重新理解事物。我們會在接下來數章描述一系列簡短的情境，探討接下來五十年內，合成生物學可能對我們生活各個層面造成的改變。我們從合成生物學龐大的價值網絡——一個由許多組織一併構成的體系，其中所有參與者都產生了價值——當中汲取了數據與證據，另外也參考了學術研究，以及不同市場單位內部的投資決策。我們考慮到就業市場上財富分配的演進、人們對於隱私的態度轉變，以及種種社經因素，其中包含使用托兒服務的機會、教育、醫療保健、營養與住宿等等。我們評估了當前合成生物學生態系統中的三個主要角色——中國、歐盟與美國——的政治環境，但也考慮到一些為共同執行太空計畫而建立的新聯盟，其中包括將火星地球化的計畫。合成生物學和相鄰的科技領域息息相關，例如人工智慧、電信學、區塊鏈、消費電子產品、社群媒體、機器人學與演算法監控等等，這些領域也漸漸在生物經濟中扮演舉足輕重的角色。

在閱讀這些情境時，你或許會找到一些答案，也會萌生更多問題。我們希望能引發人們關於合成生物學的辯論，討論該領域可能為全人類造就的美好未來。在缺乏相關公開討論的情況下，合成生物學即使發展下去，大眾對它的認識也不會增進，反而造成認知不平衡這危險的情形。有些人堅持要爭論東西究竟是象鼻還是蛇、是象牙還是長矛，但只有真正理解前方事物的人，才能夠制定影響全人類的決策。

第10章 情境一：和優裔公司攜手創造你的孩子

歡迎蒞臨優裔公司，我們全球知名的生育專家很樂意為您服務，同時也提供最尖端的輔助生育科技，希望能幫助您創造新生命。優裔公司目前已完成逾三百萬次療程，成功率在全國數一數二，每十秒鐘就有一名優裔嬰兒誕生。

「優裔的基因建築師深深關心病人，也沒有提供過多複雜的選項、造成選擇障礙。我們對自己挑選的升級特質很有信心，也永遠感激優裔公司幫助我們創建家庭。」

——索耶（Sawyer）與凱．M（Kai M.）

優裔的服務

每一位家長都會配有一支專屬的優裔團隊，協助您走完生育的旅程。您的團隊包括基因建築師、數位生育助理、基因加密專家、代孕聯絡員、技師，以及優裔服務員。您若需要升級、胚胎冷凍存放或人工培養服務，那麼您的優裔團隊將另外加入相關領域專家。

您的胚胎製作完成後，技師會進行著床前篩檢，確保規格確實符合您的要求。[1] 儘管如此，變化仍有機會發生。在篩檢階段，我們會辨識出單基因缺陷、單基因異常與結構重排問題，並且移除具上述異常的胚胎。您的數位生育助理與優裔服務員會和您見面，和您討論種種風險因子，協助您挑選出最強健的候選胚胎。您將挑選出一個（建議）或兩個（如果您能夠養育雙胞胎）胚胎，植入您挑選的代孕者，代孕者可以是您、您的伴侶、代理孕母，或是設於我們高安全性培養設施的人造子宮。在必要或是您有所偏好的情況下，剩餘胚胎將會在加密後冷凍保存，等到未來有需要時再行取用。

常見問題

當您邁開腳步、展開成為家長的旅程時，想必會萌生許多疑問，想知道在基因再設計與編程階段該挑選哪些特徵、哪些特質。以下是我們的客戶最常提出的疑問，以及問題的答案。

採皮膚細胞的過程會不會痛？

大部分病人並不感到非常疼痛，最嚴重時也不過是輕微的灼熱感。技師首先會幫您前臂一小塊皮膚消毒，接著注射藥效較輕的局部麻醉劑，等到麻醉生效後，技師會用精密製造的手術刀移除一小塊皮膚。術後通常不需要縫合，傷口一般會在一週內癒合，不留下任何疤痕。

我定製的胚胎數量有上限嗎？

我們的人工智慧系統會進行數百萬次模擬，產生出符合您要求的最佳基因結構，儘管如此，我們仍將候選胚胎數量限縮在六個以內。您製作的胚胎數量雖少，這些胚胎卻能提供您所選特質的多種變化。我們多年研究下來，發現供家長挑選的選項越多，他們對結果的滿意度就越低。基因建築階段若選項過多，可能會令人頭暈目眩，甚至造成創傷，此現象稱為「選擇的暴政」（tyranny of choice）。請放心，我們的專屬演算法會考慮您獨特的情況，挑選出您預選特質的最佳組合。

我可以挑選哪些特質？

在基因建築階段，您的數位生育助理會盡量增進對您的認識，或是個別認識您與您的伴侶（們）。數位助理會對您們進行訪問，瞭解每人的世界觀、經歷與期待。此外，您還會接受一系列基因檢測，辨識出可遺傳特質及傾向。完成上述程序後，我們會列出一份客製化特質清單——包括性別、身體特徵、認知規格及其他特徵——接著邀請您從種種潛在特質之中挑選最中意的幾項。[2]

我能不能從所有可能的特質中進行挑選，而不受限於你們為我列出的清單？

非常抱歉，我們不提供這樣的服務。我們限縮特質挑選清單的理由有二，第一，您的孩子會帶有您部分的DNA，因此會符合您部分的遺傳傾向；[3]第二，一些特定的遺傳特質無法共存。舉例而言，腳的尺寸和身高成正比，假若您挑選六到六點五英尺的身高，那最適合孩子行走、平衡且最利於良好姿勢的腳部尺寸必然介於十四到二十英寸之間。孩子長得高卻生了一雙小腳，就必須面對顯著的行動困難。同樣地，如果您挑選了優異的分析能力、超群的背誦能力等認知特質，孩子必然無法擁有優異的直覺與抽象思考能力。優裔必定會竭力調和多種特質，為我們創造的每一位新生命尋找最適的平衡。

我能升級我的原生胚胎嗎？

我們樂意為符合財務資格的家長提供特定的升級服務。目前為止，優裔能提供多種經檢驗認可的升級，其中包括記憶力、BMI、骨密度、肺活量、加大咽喉空間（提升發聲共鳴）、腳趾間加入少許的蹼（加強水中活動的表現），以及人為造就的嗅覺過敏（hyperosmia，超強嗅覺）。

我能不能申請補助，只支付部分的升級費用？

我們為加入全國保健計畫的病人提供至多三次體外人工生育療程，以及一次新生命創造服務。優裔會以您或伴侶（們）的基因篩檢結果為基準，用世界頂級的輔助生育科技，在標準範圍內創造新生命。舉例而言，假如您的認知基準範圍是智商九十到一百一十，那麼您的胚胎也將會符合您的智商範圍。全國保健計畫不給付的升級項目，須由家長自行負擔費用。遺憾的是，我們並沒有提供升級費用的補助計畫。

退役軍人能自動獲得升級資格嗎？

根據全國政府現行的五年綱要，所有退役軍人都得以免自費升級。有意願升級的退役軍人須先加入「軍基計畫」（Mil-Gen），計畫參與者會配有額外的優裔聯絡員，負責監督基因建築與篩檢步驟，為每一位新生命挑選獨一無二的軍基升級。軍基計畫創造的新生命在十八歲以前都會受到監管，成年後須服四年兵役，退役後可以選擇繼續在軍方工作，或者轉至合適的政府單位就職。別忘了，因軍基計畫誕生的新生命都有終生就業保障，且享有完善的福利。

我該如何加入優裔非公開的試驗版升級計畫？

在提供優秀的服務這方面，優裔從不妥協。我們無時無刻不細細檢視現行的準則與方法，希望能超越全國政府制定的嚴格標準。作為輔助生育科技的創新者，優裔旗下的科學家總是在努力研發新的特徵與升級服務。我們的試驗版升級計畫參與者會和專門團隊見面，由團隊評估個案狀況後，判斷這些新特徵與升級是否能和已完成胚胎的基因建築相容。試驗版升級計畫是非公開的測試機會，由您個人與計畫主持人評估您是否適合加入計畫。入選試驗版升級計畫的家長毋須支付額外費用，但不符合標準升級資格的家長不該將此計畫視為替代方案。**請注意：**軍基計畫的客戶都會自動加入不對外公開的軍基試驗版升級計畫，毋須另外申請。

我在接受體外人工生育療程時，可使用哪些試驗版升級計畫？

我們建議您詢問您的基因建築師，瞭解和您原生基因架構最相容的試驗版升級計畫。我們目前提供以下幾項試驗版升級計畫：

- **呼吸升級：**每一個肺臟都是由小肺葉組成，右側分為上葉、中葉、下葉三部分，左側分為上葉與下葉兩部分。肺葉之間的間隙稱為「裂」（fissure），其中布滿支氣管。在此升級計畫中，我們會在左右兩側各添加一個肺葉，同時加寬支氣管，並提升心臟容量。這項升級很可能造就高人一等的心肺功能，適合注重體育的家長。
- **夜視力升級：**正常人眼能夠在光線微弱的環境下視物（例如在月光或燭光下），但我們能將視網膜的方向性神經元（directional neuron）再程序化，以便將更多資訊傳送至大腦。這會提升孩子在陰暗房間與儲藏室等弱光環境的感知能力，而在缺乏自然光的地區——例如森林或夜間的鄉村道路——經過升級的視網膜會允許受升級者更清楚地看見物體細節。**請注意：**此試驗版升級和藍色、薰衣草色、藍綠色、綠色、桃粉色或粉色虹膜篩選條件不相容，因為此升級另包含額外產生棕色素的遺傳指令，以達到眼部接觸光線時保護視網膜的效果。
- **皮膚增厚升級：***Homo neanderthalensis*——尼安德塔人——自然產生的角蛋白（keratin，一種纖維狀蛋白質）遠多於 *Homo sapiens*（智人）。和我們相比，尼安德塔人的皮膚、毛髮與指甲都厚實、堅硬得多，較適合在氣候寒冷的地區生存。在此試驗版升級計畫中，我們會添加特定的尼安德塔人基因，提升角蛋白生成量。這主要是外貌方面的升級，能使人皮膚更加光滑飽滿，年歲增長時產生的皺紋較少，另外還能使毛髮較粗硬強韌，（若您有此偏好）還可以使指甲長得更長。[4]

如果我無法為我的胚胎找到代孕者怎麼辦？

優裔設有加密的高安全性培養設施，為您提供人體懷孕以外的安全替代方案。您的人工子宮隔間會以您的遺傳藍本為準進行客製化，由兩位數位助理及一位優裔培育專家時時監控所有隔間。您可以使用個人儀錶板，隨時取得不限量的聲波圖與超音波圖。我們另外提供多種聲響——包括您（們）的語音；白、粉紅、藍或棕色噪音；以及音樂——可在最適切的成長發育階段播放。在出生當天，您和三位或以下的家庭成員可以進入開啟室，見證自動化的生產專家團隊開啟隔間、取出您的嬰兒。您的優裔服務員會接著盡量滿足您身為新家長的所有需求，在您將新生命帶回家這段過渡期提供協助。[567]

第11章 情境二：取消老化的結果

二〇五〇年代晚期，隨著Z世代開始邁入含飴弄孫的階段，他們也重新定義了人們對「老人家」的刻板印象。他們手部的肌膚光滑又豐潤，頭髮仍舊茂密，以這個年紀的人而言，他們的行動也異常靈便。分子層面上，一般與老化脫不了關係的徵兆——基因不穩定、粒線體受損、組織退化、發炎，以及細胞膜的損耗——都不見蹤影。過去每一世代到了這個年齡，都必須面對種種微小的突變與代謝衰退問題，然而這些問題似乎不復存在了。Z世代雖然老了，卻沒有**變老**。

人體老化分明是全人類都得面對的過程，過去科學家對此**議題**的興趣卻不大。老化的基本概念很簡單，也是眾所周知的事情：人體細胞不可能永遠不停分裂下去，而少了細胞分裂，人體就無法成長、修復或繁殖。最終，衰老的細胞會變得像殭屍一樣：它們雖然活著，卻無法正確運作，它們也不會在時候到來時死亡，不會被身體排出或回收利用。衰老細胞會分泌出病態、有害的分子，毒害組織與器官。

過去科學家對於老化的理解僅限於此，此外的部分只能由他們自行揣測、提出各自的理論。一些人認為老化與發炎程度相關，而身體到後來無法再活化負責細胞修復與更新的幹細胞，這也與老化息息相關。也有人認為老化可以理解為身體多個系統故障：我們的內分泌系統、呼吸系統與微生物體以不同速率降解，導致系統之間的不平衡，直到後來身體機能無法再正常運作。還有一群人認為這不過是演化與遺傳的結果：我們的基因體受天擇影響，較早進入青春期、較早開始繁殖的生物繁衍得較順利，而在生育後代之後，從生物學角度而言，我們便失去了繼續存活下去的理由。

儘管如此，這數十年來有研究者發現了一些生物，證實老化並非完全無可避免。當我們大幅限縮大鼠等物種攝取的熱量，就能達到延長壽命的效果。另外也有人做「連體共生」（parabiosis）研究，將年老小鼠與年輕小鼠的血管相連，成功刺激年老小鼠細胞與組織再生。[1] 一場特別有趣的實驗中，研究者對小鼠進行基因工程，使小鼠每一顆細胞在進入衰老的殭屍狀態前先行自我毀滅。實驗結果十分戲劇化，小鼠到了二十二個月大時——也就是一般小鼠的「退休」年齡——基因工程小鼠無論是外貌或行為都顯得年輕又健康。研究者又對牠們的遺傳編碼做一些調整，最後將小鼠壽命延長了多達百分之四十二。

然而，將這些令人雀躍的實驗結果套用在人類身上可不容易，畢竟小鼠在生理方面和我們大不相同。限制飲食熱量的做法曾在二〇二〇年代風靡一時，而這種飲食的確有一些減緩老化的效果，卻也令人感到虛弱與疲倦，即使是志在延長壽命的人們也很難持之以恆地斷食。一些新創保健公司還推出另一種盛行一時的療法，將二十多歲人們的血液與血漿輸入年紀較大的成人體內，不過這樣的輸血療程價格昂貴，也有散播血液傳染病的風險。後來這些企業全都倒閉了，原因是富人不樂意花錢成為高風險醫療實驗的小白鼠。

中國科學院（Chinese Academy of Sciences）、北京基因體研究所（Beijing Institute of Genomics）與北京大學（Peking University）的研究者花費多年，完成了十萬名老年人類受試者參與的壽命研究，然而爭論持續不休，似乎仍未得出結論。那項有史以來最具野心、規模最大的壽命研究終於在二〇二七年發表了結果，但我們似乎沒有從中收穫太多有用的資訊。[2][3]

至少，當時的人們是這麼想的。少數幾位科學家找出了埋藏在研究報告中的數據，以這些關於衰老細胞的初步發現為基礎，繼續進行研究。他們嘗試用小分子藥物或病毒、奈米顆粒輸送之基因療法選擇性針對這些細胞，將它們去活化。到了二〇三五年，研究者推出名為「反老藥」（senolytics）的新療法，聲稱能使人活得更健康、更長久。[4]為了證實這些聲明並得到食藥局的核可，研究者做了完整的「倒帶」試驗，在年老小鼠、年老的狗，甚至最終在年老人類身上施予這些藥物，藥物很多時候是和細胞療法並用。老化的細胞消失了，我們還有了刺激新細胞生長的多種技術，能使受試者的生物指標恢復成年輕人等級，科學家見到這些實驗結果的時候興奮不已。儘管如此，最有說服力也最令大眾感興趣的證據是，接受治療的人們看上去年輕許多，也感覺自己變得年輕許多。[5][6]

其中一項關鍵研究聚焦在膝部一些細胞，這些細胞專門分泌膠原蛋白，形成質地溼軟、可在日常活動時緩衝震盪的半月板（meniscus）。到了一定歲數，成人的細胞生產的膠原蛋白不夠了，半月板便會退化，以致膝部骨骼必須承受較多衝擊力。骨骼相互摩擦會致使關節退化、脆化，並且擠壓到神經。若不動手術進行矯正，半月板磨損的人們即使在做簡單動作時——從椅子上起身、從房間這頭走到另一頭——也會感到疼痛難耐。在倒帶試驗中，受試者僅注射一劑藥物，細胞就又開始分泌膠原蛋白了，原本嘎吱作響的膝蓋又恢復青春時的活力。短短數日後，接受治療的人們又開始奔跑、跳舞、打網球與籃球了。

人年紀大了，聽力自然會逐漸退步，而倒帶療法同樣能使人恢復聽力。在過去，你聽了一輩子的吵鬧聲響，再加上細胞老化、內耳毛細胞損失，必然會逐漸喪失聽力。喪失聽力的後果相當嚴重，你可能會行走不便、容易摔倒，甚至可能導致認知能力下降。即使用上了最好的助聽器，用人工智慧自動調整聲波波形，人們還是得將裝置戴在耳朵上。助聽器和其他硬體設備的缺點相同：你必須維護它、換電池並升級設備，過去也頻頻發生助聽器遺失的狀況。而現在，你只須注射一劑倒帶藥物，聽力就能夠在短短數週內幾乎恢復成原本的程度，倒帶療法一口氣淘汰了那些老舊的助聽器械。

化妝品業界的大人物很快就注意到這些新興的抗老化科技，他們從很久以前便開始找尋更新穎、更好用的療法，希望能取代肉毒桿菌素（Botox）與新型A型肉毒桿菌素（Jeuveau）——用以放鬆皺紋的神經毒素——而現在，他們看見了新的商機。業者開始一窩蜂投資CRISPR局部用藥的開發，這種俗稱「CRISPR霜」的配方能夠活化皮下細胞，使皮膚恢復彈性，並且減少皺紋。CRISPR霜最初是為治療最常經由性行為傳染的疾病——人類乳突病毒感染——而開發，最早期的CRISPR霜用法是直接塗抹在子宮頸。見CRISPR霜在治療人類乳突病毒感染方面的成功，研究者受到了啟發，開始探索其他用例。不久後，一位中國科學家發現局部施用的CRISPR凝膠可將特定基因去活化，不造成有害的副作用。不同用途的CRISPR霜如雨後春筍般問世，有些可用以放鬆皺眉紋、恢復（或中止）頭髮生長、改變髮色與膚色，以及調整肌膚微生物體、去除青春痘。這些最新的療法不須使用麻藥、打針，也不需要醫師，如果精確地施予CRISPR霜，效果可不僅是使抬頭紋固定在原位，你的肌膚還會恢復自然的青春狀態。

話雖如此，這些仍都只是美顏方面的修護而已，化妝品業渴望的是全身性的保健與延壽療法，業者相信這是價值數兆美元的龐大市場。他們默默地制定了長遠策略，著手開拓新市場。

一切從狗開始——早在數十年前，研究者就發現狗是最適合做長壽實驗的動物，牠們和人類一樣會出現認知能力退化的情形，而在人類環境下測試牠們的行為與體能也較便利。在二〇四〇年代，萊雅雅詩蘭黛集團（L'Oreal Estee Lauder）等化妝品業巨擘花費數十億美元，用經過基因工程的拉布拉多犬與德國牧羊犬進行長壽研究，這些公司還私下委託人製作大型電影、撰寫小說與社論對頁文章，鼓吹人類獲得長壽後的種種夢幻情境。[7]

上述計畫都成功了，但CRISPR技術雖能有效治療諸多老年相關的病症，研究者仍未找到全身性的解決方案。在實驗室裡，隨著大鼠年齡增長，名為「菸鹼醯胺腺嘌呤二核苷酸」（nicotinamide adenine dinucleotide，NAD+）的分子會逐漸減少。人們發現，NAD+分子是「surtuin去乙醯酶」的催化劑，人體有七個sirtuin去乙醯酶基因，轉譯而成的蛋白質負責DNA修復工作。當NAD+量提升百分之六十，細胞能量與代謝都得到了增援，於是細胞轉而進入修復模式，延遲了年齡相關疾病的來襲。除此之外還有另一種做法：細胞一般會排出有害的蛋白質、回收遺傳物質，並汲取出它們生存所需的能量，這個過程稱為「細胞自噬」（autophagy），而在適當條件下，我們也可以引發細胞自噬，誘導計畫性細胞死亡。研究者發現，他們能視情況針對特定細胞中斷自噬，達到阻止細胞老化的結果。時光荏苒，以有限劑量形式問世的NAD+與自噬療法廣為千禧世代使用，他們得以大幅延長壽命，而且不會造成免疫障礙，也不會導致下游的負面效果。[8]

到了二〇四五年，千禧世代與X世代每年使用價值一千五百億美元的再生產品與療法，其中大多數療程都相當昂貴，即使是為了收集數據或為新產品建立口碑而相對低價販售的療法也稱不上便宜。但到了二〇四〇年代末尾，千禧世代與X世代——或至少其中較富裕、較注重健康的族群——看上去已經和他們二十多歲時的模樣相差無幾，檢驗結果也顯示，他們的身體竟無衰老細胞。造就此現象的是新上市的種種混合藥物，這些藥物已在犬隻實驗中證實了療效，除了能有效延緩老化以外，還能使平均壽命延長將近百分之六十。這還不是最了不起的研究——一些人將新的實驗奠基於數十年前的小鼠研究之上，開發出以基因為基礎的療法，結果一些施用該療法的狗，壽命甚至長達原先預期的兩倍。[9][10]

延長壽命的科技持續進步，卻鮮少有人預料到人類超級長壽對社會造成的影響。原本用以幫助美國經濟困難退休國民的社會安全網，一個接著一個崩解了。在二〇二〇年代初期的COVID-19疫情期間，我們便看清了這些安全網計畫面對健康危機時的不堪一擊，而在疫情過後那數年，國會一直沒能更新這些緩衝失業、失去收入或失去健保之後果的社福計畫。COVID-19過後，到二〇二五年經濟仍未復甦，補充營養協助計畫（Supplemental Nutritional Assistance Program，SNAP，過去稱為食物兌換券（Food Stamps））、社會安全生活補助金（Supplemental Security Income）與失業保險都崩潰了。一些州與城市當地的補助計畫仍在運行，然而在經費短缺的情況下，政府補助實在是供不應求。當時社會安全保險的現金流已經呈負數多年，長久以來經費來源都是工資稅，但從COVID-19危機開始，人們工作的方式與地點發生了顯著變化，社會安全保險的收入來源開始枯竭了。社會安全保險計畫的收入主要都匯入了信託基金，遙想一九九〇年代柯林頓當政之時，信託基金裡的現金可是多到快溢出來了，結果到二〇二〇年代尾聲，現金差不多見底了。數十間標普500企業也同樣面臨財政問題，包括奇異公司、IBM與通用汽車（General Motors）在內，許多公司的退休金負債都逼近兩兆美元。[11]在過去，人們長期受僱於美國郵政署（United States Postal Service）等公家機關或可口可樂（Coca-Cola）等大型企業，就能享有退休金等福利，結果這些機構與企業也不得不取消退休金制度了。將金錢注入退休金計畫的新人實在太少，計畫的行政開銷也越來越高，無法再維持下去了。[12][13][14]

而在同一時期，自動化科技的進步致使多個經濟區塊全面轉型，對人們而言儼然是雪上加霜。眼見自駕車、倉儲機器人與專門完成重複性基本任務的服務機器人廣受使用，勞動經濟學者原以為藍領勞工會是最先大規模失業的族群，沒想到他們錯了——至少，有一部分說錯了。這些經濟學者與近似的族群——法律、保險與會計業的高薪白領勞工——同樣在自動化潮流中失去了工作。

至於那些仍保有工作的族群，其中許多人都打算一路工作到九十多歲，甚至是更老。一些勞工加入了工會，且合約不含強制退休年齡條款，這些人選擇長久穩坐資深員工的位子，就這麼倚老賣老下去。此趨勢持續到了二十一世紀中葉，現在的工作競爭與事業發展環境已變得十分殘酷。

面對這許多擾亂因子，再加上較低薪遠距工作與接案工作普及化，Z世代開始錯失一些關鍵的經濟里程碑。許多人無業或未充分就業，因此沒錢旅行，也沒錢購置房產與汽車等較昂貴的資產。他們子女那一代——β世代——的大學畢業率急劇下滑，Z世代則對此百思不解，畢竟他們自己那一輩可是一直執著於就讀頂尖名校與花大錢取得學歷。更嚴重也更令Z世代惱怒的是，他們多年的教育與努力最後都失去了意義，長壽療法與勞力市場的狀態完全阻撓他們推進事業——一些人甚至無法找到好的起始點，無法創建屬於自己的事業。

在再生與反老療法的幫助下，老人霸占著教職、公共設施維護或工程工作以及許多公家機關的工作，導致新一代勞工無法就業。高層管理班底的問題更是嚴重，私人公司的執行長紛紛拒絕退休，上市公司的執行長同樣緊抓著自己的職位不放，董事會也盡是從不問他們何時功成身退的一群老朋友。一旦衰老被視為可治療的疾病，家族企業的領頭人物便直接拋開了繼承規畫。美國各企業原本承諾要使高層職員性別平等化，並增加多元性，結果這些承諾最終都化為烏有。老一輩拒絕將位子讓給六十多歲的年輕一輩，也逐漸依賴人工智慧系統完成營運工作。

長壽與經濟機會之間的緊張關係不只出現在美國，過去平均壽命堪稱世界最長的日本也遭遇類似的問題，該國現在出現了所謂的「二次會人」，也可以翻譯為「續攤人」。二次會人是指完整活了兩段人生的族群：在壽命遠超七十歲以後，他們還打算繼續生活與工作七十年。[15]日本經濟政策鼓勵機器人學的創新，旨在創造完善的機器人生態系統，為老人家提供自動化看護與照護服務——

然而，政策制定者沒能在勞力市場上為女性創造就業空間。學校、醫院與佛寺紛紛「僱用」了機器人，而人們對女性的社會期待仍與過往相同，她們的角色就是在家煮飯、做家事與帶小孩。在社會抗拒改變的情況下，女性不得不在獨立發展事業與結婚生子之間抉擇。從二〇〇〇年到二〇二五年，日本人口一直在一億二千五百萬附近浮動，專家從許久以前便預測數字會降至一億以下；現在，日本人口有一億三千萬人，然而百分之八十六的國民都超過四十歲，少有孩子誕生。在東北地方北部的鄉間，可找到不少鬼屋般的廢棄校舍。

到了二〇六五年，近百歲族群與五十到八十多歲「年輕人」之間的敵對意識逐漸增長，造就了分布極廣的抗議行動與內亂。「仍然年輕」族群組織了大規模行動，包括堵塞網路與線上靜坐，妨礙百歲老人工作，沒有任何產業倖免於難。一壘手安東尼・瑞佐（Anthony Rizzo）曾經助芝加哥小熊隊（Chicago Cubs）拿下棒球世界大賽冠軍，備受球迷喜愛，現在他卻因遲遲未退休而廣受厭惡。[16]過去令球迷歡天喜地的那天——瑞佐與曾一同參與世界大賽的隊員克里斯・布萊恩（Kris Bryant）、哈維爾・巴耶茲（Javier Báez）、凱爾・舒瓦伯（Kyle Schwarber）、傑克・阿瑞塔（Jake Arrieta）、大衛・羅斯（David Ross）合資買下小熊隊，一同重返球場的那一天——如今成了人人回想起來就忍不住唾罵的日子。各大學開始為傳統的教授終身職深感懊悔，只見超過百歲的教授拒絕更新教學大綱，也拒絕退休。年邁的新聞主播與文化評論者霸占著鎂光燈，同樣幾個老歌手與演員也霸占著舞臺與銀幕，說什麼也不肯讓位。就連科學家也拒絕退休，不讓有著新鮮想法的年輕人接管實驗室。無數才華洋溢的年輕人一直找不到磨練機會，也遲遲無法推進事業。

在美國，開始有人呼籲政府將七十五歲設為強制退休年齡。政府若訂立強制退休法案，就必然會推翻國會於一九六七年通過的《就業年齡歧視法》（Age Discrimination in Employment Act），推翻過去禁止強制他人退休的規定。問題是，若通過新的強制退休法案，聯邦政府與國會本身也將受到限制，而政府對此興致缺缺——尤其在國會退休基金枯竭之後。九十五歲的共和黨參議員泰德・克魯茲（Ted Cruz）即將步入在職第五十二年，如今體態再健壯不過的他，仍舊作為德州資深參議員對自由派百般刁難。除此之外，他也經常在福斯神經新聞臺（Fox Neural News Network，FNNN）亮相，至少在年紀更大的蘭德・保羅（Rand Paul）參議員沒上節目時是如此。福斯新聞的觀眾特別喜歡在他們愛看的節目上，看見與自己年歲相仿的百歲人瑞。[17]

一樁由聯邦工作者發起的反歧視訴訟指稱，現今的僱主會在僱用勞工與職務分類時考慮到年齡，而不會將升遷機會、加薪資格告知五十多歲、六十出頭的年輕勞工。那些高層工作都給了七、八十歲勞工，這些人對於體制的瞭解較深，人脈也較廣，因此僱主往往選擇讓他們升遷。一位聯邦地區法院的法官裁決道，勞工得以受法律保護，免受年齡歧視；但後來上訴法院推翻了上述判決。現在，美國最高法院即將開庭，決定僱主將年齡視為考量因素之一的合法性。不幸的是，學者不認為剛滿一百一十一歲的首席大法官約翰・羅伯茲（John Roberts）與一百零五歲的大法官艾蕾娜・凱根（Elena Kagan）等人會同情原告的立場。當然，這些專家學者都已經八十歲或更老了，所以他們的意見也可能有些偏頗。

第12章 情境三：明金的二〇三七年「美食指南」

全球最棒的城市裡，現在流行什麼料理、有哪些餐飲趨勢呢？你絕對找得到許多美味、可愛，甚至是創新——我自己在寫這篇文章時都覺得不可思議——的新菜餚，帶給你安慰與飽足感。身為謹慎的美食特派員，我花了整整六個月品嚐大膽的新口味、歷史悠久的經典菜色，以及偶爾一兩頓嚴重出錯的料理實驗。[1]

西區從過去就一直以越南料理著稱，現在則有一批新人主廚入駐西區，推出功能性河粉。傳統越南河粉是香氣濃郁的湯麵，而最新的功能性河粉則注入人工合成的二吲哚基甲烷（diindolylmethane，聽說它有排毒效果，還能清除多餘的雌激素）、加強版類胡蘿蔔素（能使眼部健康與免疫機能最佳化），以及含增量薑黃素的基因工程薑黃（減緩發炎，提升專注力與記憶力）。如果你對四川麻婆豆腐——傳統作法是用辣椒與花椒調味豆腐與牛絞肉——這道菜欲罷不能，那你可以瞭解一下湖畔區最新的生物反應器，它以牛幹細胞為細胞來源，專門培養食用牛肉。他們的牛肉帶有濃厚的肉味與一層絲滑的脂肪，料理成麻婆豆腐後入口即化，只留下些許辣味與麻涼。水畔向來不乏新餐廳，你坐在餐廳裡欣賞動人的新岸風光，想必能減緩一口氣吃掉薪水一大部分的罪惡感。

如果你偏好在傳統餐廳以外的地方享受客製化用餐體驗，那可以試試遍布山谷的幽靈廚房。這些廚房近來又添了一批機器人服務生，再加上最近垂直農場與料理工程師席捲餐飲市場，幽靈廚房更能夠提供令人滿意的「地球化農場到餐桌」料理了。[2]我可不懷念往年擁擠的餐廳，想當初餐桌與餐桌之間的距離幾乎為零，你伸出叉子還可能不小心插到隔壁桌的油炸麵包丁呢。我也絲毫不懷念過去吵雜得要命的美食街，即使是基因升級過的人也難以忍受那種地方吵鬧的音樂與客人。現在，我可以預訂任何一塊空間，讓幽靈廚房的服務生架設餐桌椅，甚至能提前設定自動化服務生的健談程度——這真是生活在現代的一大幸事。

這年冬天，我預約灣景（Bayview）一間幽靈廚房，請朋友吃了無數輪當地生產的壽司。我訂了幽靈廚房其中一塊戶外空間，這是個漂亮的地點，上方還有柳樹為我們遮陽。[3]我們的機器人服務生溜到桌邊，輕輕將新鮮培養與製作、在竹盤上擺盤的握壽司放在我們面前，用悅耳的輕聲說了句日語：「請慢用。」然後悄悄溜走。我們點了油花特多的「拖羅」（toro，肥嫩的藍鰭鮪魚肚），送上桌的餐點完全符合預期。我在AMC電影院（AMC Entertainment）空間辦了場晚餐會，邀二十多位朋友來參加——從前人們竟然會實體上齊聚一堂，看一場兩小時長的電影……我到現在還是搞不懂以前人在想什麼。我訂了一家北歐幽靈廚房，自己設計仲夏版品嚐菜單。長桌上飾有美麗的數位玫瑰、鬱金香與綠色植物，上方則顯示數位彩色小燈泡與尤加利樹的混合實境頂篷，我們在優美環境下享用香脆的黑麥麵包、醃漬過的功能性鯡魚，以及當地地下農場生產的甜蒔蘿。我特地預訂了必吃的北歐醃黃瓜沙拉，餐廳依照每位客人的美食學遺傳特質做了不同程度的醃漬處理，所有客人都吃得津津有味。[4]

我依照往年撰寫年度美食指南的慣例，列出了本年度最佳生物反應器、我最喜歡的幾間新餐廳、最適合設置幽靈餐桌的地點，以及最棒的飲酒地點。你想必不會完全認同我的排名，但你要知道，這不過是個飽食終日的美食主義者的個人意見，我這個人可不介意突破傳統界線，更不怕消滅往昔都市生活的種種虛飾。

最佳新建生物反應器

我們都知道細胞農業近年一直蓬勃發展，不過生物工程師並沒有墨守成規，而是盡情發揮了創意。他們終於認知到，無論你將何種細胞放入生物反應器，其實培養細胞的過程都大同小異。既然如此，何必受限於人們過往的飲食習慣，只食用那少數幾種肉品呢？現在最新穎的生物反應器已在培養珍禽異獸的細胞了，生產的肉類包括斑馬、大象、老虎、蜂鳥、蝙蝠與蛇。位於西區的生物反應器「福羅雅」（Floria）正在蒐集與培養數千種生物的細胞，小滋味（La Petite Saveur）則專門做少量培養——如果你們家偏好口味較重的豬排，小滋味可以為你製作香味與滋味都特別濃郁的肉排。話雖如此，我個人最鍾愛的肉排其實是復甦實驗室（Resurrection Labs）那群天才工程師的作品。[567]

一、選項最多：福羅雅

想當初，福羅雅創辦人首次發動生物反應器時，他們做了一批還算不錯的雞絞肉。雖然最初生產的肉品再尋常不過，福羅雅的團隊其實一直都對珍禽異獸肉品深感興趣。他們花費數年時間默默建立龐大的細胞儲存庫，接著在今年稍早正式開張大吉，推出多種世界頂級的培養肉品。熱愛「柏瑞哥」（Borrego）——用墨西哥咖啡、黑莫德洛啤酒（Negra Modelo）與香料浸泡過的火烤小羊肉——的饕客，必定會喜歡福羅雅版柏瑞哥軟嫩多汁的口感。假如你未曾嚐過麝香貓、豪豬或蝙蝠——我之前在法國第一間米其林推薦生物反應器FLAB品嚐過這些肉類——建議你從蝙蝠肉丁開始嘗試，福羅雅甚至提供現場烤肉服務喔。[8]

二、最佳零售肉品：小滋味

這個選項非常適合挑食的人。有些培養肉品吃起來味同嚼蠟，我家孩子——我猜你家的小孩也是——要求每餐都吃全素料理，因為蔬菜都經過基因工程改造，無論是味道或色彩都無可挑剔。如此看來，也難怪孩子們不愛吃你我兒時吃慣了的雞塊。小滋味會依照客製化要求培養傳統肉品——牛肉、豬肉、雞肉與羊肉——製作百分之百符合你們家口味的產品。今天你要是沒心情在家做飯，那小滋味生物反應器的姊妹公司——小餐盤（La Petite Assiette）——會搭配多種手調醬料與香料組合，為你烹調肉品。[9][10][11]

三、最佳史前肉品：復甦實驗室

我對第一次品嚐長毛象排的體驗印象深刻，還記得長毛象肉有著強烈的肉味與礦物質味，和美洲野牛肉幾分相似，卻隱隱帶有豐厚而微微偏甜的滋味。它有些許膠狀口感——因為長毛象肉本身肉質較粗、嚼起來像橡膠，所以在烹調時刻意處理得軟嫩一些，更容易入口。（雖然效果不彰，我還是很欣賞他們這份努力。）之所以品嚐長毛象肉，是因為我和幾個有錢朋友參加了太陽谷一場雜食主題派對，朋友特地請合成生物學家培養幾種滅絕動物的基因體。因為上述經驗，當復甦實驗室在藝文區開張時，我其實感到相當忐忑。我前幾次點的長毛象排都堪稱大失敗——第一份聞起來像小便斗，第二份老韌到根本咬不動。我等了幾個月，讓他們解決生物反應器的一些小問題，那段期間他們也明智地選擇換掉生物長（前一位明顯只對科學感興趣，絲毫沒花力氣製作鮮美多汁的肉品）。現在，復甦實驗室專門培養少量精緻的滅絕物種，菜單上包括庇里牛斯山羊、旅鴿、渡渡鳥，以及令我心滿意足的美味長毛象。[12]

✦ ✦ ✦

我們真的不想再看到的趨勢

一、糊塗的服務機器人

有時我還真懷念服務生都是人類的年代，雖然他們經常聊得太多、太健忘或動作太慢，但至少他們能同理我們這些顧客的需求。一些廉價服務機器人就不同了，它們會把我們的小腿誤認為桌腳，誤判機械手臂與餐桌之間的距離，還常常聽不懂我們在說什麼。兩週前，一臺機器人送來一盤蒸氣騰騰的鼻竇舒緩綠甜酸醬、奶香溫達盧咖哩雞與蓬鬆的烤餅，朝我們伸出機械手臂，接著試圖從離桌面五英寸的高度直接將食物放落。幸好我的同伴及時按下了緊急停止按鈕。[13][14]

二、人工智慧透明化標籤

令人眼花撩亂的程式碼可不適合當開胃菜，我們不必瞭解你家演算法的背景故事，也不想知道你家資料庫是誰建的。數據這東西真的很掃興，你只要遵守政府規定，把標籤放在正確的地方給意志堅定的人自行研究就好。你要相信對你的顧客來說，無論你用什麼人工智慧系統，用什麼定序機來做遺傳設計、培養與培育食材，其實都差不多。[15]

三、預選菜單

你知道我們的每日代謝率、飲食偏好與活動史，那又怎樣？這不表示我們完全喪失了挑選餐點的自主權好嗎。看在茱莉亞．柴爾德（Julia Child）的份上，拜託你讓我們自己選餐好不好！請提供多變的料理選項讓我們自行挑選，別老是憑我們的生物群落指標與代謝數值在那邊瞎猜！就算你知道我們正處於酮醣狀態、燃燒能量的速率恰到好處，我們來你家餐廳也絕不是為了維持這種狀態。

四、文藝調酒

親愛的讀者，現在都什麼時代了，我們為什麼還沉浸在一九九〇年代那種糜爛奢侈的酒吧文化之中？現代的調酒師應該對分子柯夢波丹調酒敬而遠之才對，可是呢……唉，這東西到處都是。就算你用了*Microcitrus australasica*的基因序列（有些讀者可能沒嚐過，這是過去一度被視為珍稀食材的澳洲指橙〔Australian finger lime〕），你也不能一直調這種陳腔濫調、甜得要命的蔓越莓汁調酒嘛。[16]

五、微劑量迷幻菇

我這個人熱愛迷幻蘑菇，有誰不喜歡用迷幻菇類解鎖創意與想像力呢？但沒有人想要在每一家餐廳每一頓餐點都吃到迷幻藥好嗎——畢竟我們多數人一大早就已經用過微劑量迷幻藥了。

我最愛的幽靈餐桌地點

我們城裡除了數十間幽靈廚房以外，還多了幽靈餐桌這種好東西。想當年Airbnb初步起飛時，有誰料到這趨勢最終會導向今天的地產分化現象呢？我們城市現在有一千二百六十塊空間供人租賃，以小時計費，每一塊空間都在送貨機器人可到達的地點。你只須預訂空間，餐廳便會來到你指定的地點。並不是所有位址都適合架設幽靈餐桌，有些地點甚至稱不上安全。東客幽靈廚房（Geok Ghost Kitchen）——揉合了加州鮮食與柬埔寨街頭小吃的廚房——在「享有天際線美景的露臺」舉辦開幕活動時，我預購了三小時時段，打算到場後再點餐。沒想到那個地點破爛又混亂不堪，我其中一位同伴踩上看似穩固的階梯，結果整隻腳踏穿了木板，木刺與碎屑漫天飛。但也不是每一次體驗都這麼差，另一天夜晚我們在新開的工作室空間租了桌位，那間工作室的特色是投影在白牆上的混合實境藝術品。當時是日本的春季，我們挑了櫻花主題的數位裝飾，搭配我們的餐點。我建議你親自探索城市各個角落的幽靈餐桌，不過以下這些新發現也絕對值得一試。

阿泰普飯店（Artep Hotel）頂樓露臺

阿泰普的幽靈餐桌集位於八十七樓的城市高空，在那裡，你可以坐擁三百六十度天際線全景——將舊岸到新岸的風景盡收眼底。在虛擬與隱形隔板的隔絕下，你得以靜靜享用餐點，不受街道上的噪音或強陣風影響而破壞用餐的好心情。記得提前數週訂位，並預先訂好下一個地點的甜點時間——阿泰普的幽靈餐桌一次限時兩小時。

森林幽谷（Forest Glen）

森林幽谷蓊鬱的環境似乎與我們吵雜、明亮而熱鬧的城市大相逕庭。前人當初制定偉大的第一代碳捕捉計畫，用的都是無法升級的科技，不過這也正合我們的意思，現在我們有了一片美麗的私人公園。你可以長時間租用桌位，鄰近好幾間幽靈廚房都能為你服務。在自然為主題的環境下，我們特別推薦莫札克（Mozaic）的全素菜單。

貝拉的地下室（Bella's Basement）

這塊空間原本是獨樹一格的漫畫店，如今成了氣氛熱鬧的幽靈餐桌地點，適合三五好友輕鬆用餐。在過去漫威電影的狂熱時代，感覺每年夏季都有新的黑豹（Black Panther）電影上映，就連小配角也都有了各自的影集，講述他們曲折離奇的故事——在那個年代，你想買公仔、周邊和漫畫，就必定得來逛逛貝拉的地下室。現在，店面仍保留許多原始的裝潢擺設：美國隊長（Captain America）的盾牌釘在天花板上，牆上是《睡魔》（*Sandman*）主角「夢」（Morpheus）的巨大壁畫，各個角落也塞著、擺著形形色色的小玩具。如果你還沒去過貝拉的地下室——別擔心，我不會爆雷——建議你別提前點餐，否則會錯過與賈維斯（Jarvis）相遇的機會喔。[17]

✦✦✦

最棒的飲酒地點

自從第零天（Day Zero）——自來水開始乾涸的日子——我們無論生產何種飲品都得仰賴海水淡化設備。城裡大部分地方用的都是逆滲透系統，不過幾間最好的酒吧開始改用鹽生藻類處理器了。這類處理器是用生物移除鹹水當中的鹽分，同時移除二氧化碳，濾渣還可以曬乾後製成動物飼料。另外，現代的調酒師有了各種新分子，可以為你調製抗憂鬱啤酒、提升情慾的特調，還能製作最順口的分子威士忌供你享用。我和同伴出去喝酒時，喜歡先從第九街辛果夫酒吧（Zingoff's）的止宿醉酵素特調開始喝，他們家的止宿醉特調和市面上其他牌子不同，少了那種金屬尾韻，我在這邊推薦給你。[18][19][20]

✦✦✦

上班時間的小酌

站東（Station East）麥哈隆飯店（McHarron Hotel）的地下空間，藏有一間只在一般上班時間營業的溫馨小酒吧。（最後點餐時間是晚間六點。）他們可愛的調酒單是由調酒師艾瑪・哈波（Emma Harper）親自設計的，其中包括她的拿手特調「五分鐘小憩」：自釀分子威士忌，加上苦薑汁、回收廢水製作的碎冰，以及一片乾橙。我們最愛的調酒是「WFHFW」（Working From Home From Work，在辦公室居家上班）——哈波為那種成天開會的日子設計的特調。她將合成甘蔗釀造的生物工程黑蘭姆酒混合分子古巴咖啡酒，再加入些許糖漿與稍多的合成苦巧克力漿。一杯下肚，你可以迅速提神，回到虛擬辦公室之後也能保持清醒。

滋滋北店（Spritz and Fitz North）

近岸的滋滋小酒吧深受顧客喜愛，而現在滋滋團隊在同一條街偏北的位置開了分店，但儘管北店所在地區較漂亮、高檔，你也千萬別以為這家新分店是精美的高檔酒館。北店牆上仍有著生工髒汙與特別培養的微生物，吧檯也和本店一樣，供應兩百多種桶裝奈米釀酒。當然，酒吧上方同樣是店內原始酵母菌株發明人——費滋・拉森（Fitz Larson）——的立體投影。

賈特堡（Château Gact）

從伊萊賈・柯丁（Elijah Codding）在二〇二八年創立賈特堡至今，當地人就經常光顧，為的是他每週更新的特製微生物酒品嚐酒單。柯丁占地遼闊的地下葡萄莊園裡，葡萄遺傳編碼源自黑田帕尼優（Tempranillo）與山吉歐維榭（Sangiovese）葡萄，生產兩種獨具特色的葡萄酒。賈特堡的特留酒（Reserva Especial）是小量、中等酒體的合成紅酒——口味清爽，不會太過醇熟，搭配午餐再合適不過了。我建議你多花點錢喝他口味辛辣又帶柑橘味的阿斯維托酒（Domaine de la Àsvestos），這是柯丁用特製分子製造的酒——特殊的分子合成了帶萊姆香味的聖托里尼火山土壤，專門栽植他的合成種希臘白葡萄（Assyrtiko）。來，再來一杯！[21][22][23]

第13章 情境四：地下

孟加拉北部邁門辛地區（Mymensingh）的農民早在數代以前就開始耕種芥末、黃麻與稻米等季節性作物，然而到了二〇三〇年，隨著海平面上升，前所未見的洪災淹沒了無數英畝的土地，孟加拉政府選擇和中國談成協議。中國共產黨在十年前發起了大規模基礎建設計畫——一帶一路（Belt and Road Initiative）——現在中共提議協助孟加拉處理氣候災難，作為一帶一路計畫的延伸。他們打算另闢水道，在孟加拉灣造出人工島嶼，並建設高科技海牆，避免海水淹沒島嶼。除此之外，中共還答應提供基改抗鹽水稻米——多虧了中國世界頂尖的基因編輯科技，這新品種稻米即使在鹽水環境中也能生長，並且結出人類可食用的米粒。[1]

話雖如此，中國一直未能實現稻米的承諾，後來到了二〇三五年，顯而易見的事實就擺在眼前：面對海平面上升與發生頻率越來越高的季風，以及兩者帶來的極端季節性水量變化，拯救孟加拉已經不是蓋幾座海牆就能完成的任務了。當時孟加拉已因海平面上升而失去百分之十八的土地，居住在海岸低窪地區的一千五百萬人被迫遷徙。隨著洪災惡化，化糞池系統跟著失效，飲用水設施遭受汙染。許多人失去了家園與生計，傳統稻田也因海水氾濫而無法再種植作物。過去數代以來，當地農人習於耕種占地遼闊的小麥、玉米與馬鈴薯田，也擅長在季節性泛濫地區務農，這下農民只能盡量往北部內陸遷移。然而在就業與住宿方面愈發激烈的競爭壓力下，他們別無選擇，其中許多人不得不放棄務農。一些人試圖越過國界進入緬甸與印度，希望能以氣候難民身分重新開始，但兩國境內努力求存的氣候難民人數已經多達數百萬人，因此無論是印度或緬甸，都拒絕讓更多難民入境。[2]

隨著極端天氣事件加劇——包括沙烏地阿拉伯飆升至攝氏六十三度（華氏一百四十五度）的日間高溫，以及西伯利亞日間氣溫超過攝氏三十度（華氏一百度）——數十國都遭遇作物歉收的困境。阿富汗遭遇了乾旱，以及接踵而至的洪災與土石流，完全不可能再種植小麥。南蘇丹過去是宜於種植花生、芝麻、甘蔗與雜穀的地區，但在日間氣溫頻頻超越攝氏四十九度（華氏一百二十度）的現今，耕種作物變得無比困難。巨大的沙塵暴在南蘇丹肆虐，甚至侵襲衣索比亞與肯亞。賴比瑞亞曾擁有全球最大自然橡膠生產業，如今當地商業化橡膠農場的產量已經少得無法外銷了。[3][4]

與此同時，從過去便為穀類與玉米生產主力的北美大平原不再是美國糧倉，美國北部反而成了主要糧食生產地。先前有一段時期，五大湖地區北部成了最適合耕植穀類的地點，其中包括明尼蘇達州北部、威斯康辛州、密西根州與紐約州，這些地區的農人用生物工程土壤為新作物供給養分。問題是，隨著全球氣溫持續上升，這些地區不僅跟著升溫，就連天氣也變得不穩定了，結果火龍捲（野火與龍捲風形成的火柱）與德雷丘（derecho，超強直線氣流風暴，同時會帶來颶風等級的強風與暴雨）多次來襲。[5]

在二〇三六年十一月，聯合國氣候變遷大會（United Nations Climate Change Conference）發布了令人不安的科學研究結果：由於世界人口逼近九十億，人類成長的空間已經不足了。若繼續允許都市擴散，就會威脅到糧食生產，使承受巨大壓力的生態系統崩壞。現在，人類要擴展版圖只剩下兩個選項：開始往地下進行建設，或是離地球而去。[6]

✦
✦
✦

從數十年前，特斯拉（Tesla）與太空探索技術公司（SpaceX）執行長伊隆・馬斯克（Elon Musk）便堅稱人類若想長期存活下去，最終必須成為在多顆星球上生活的物種。他指出，地球大氣層的含碳量逐漸上升、極端乾旱與生物多樣性減少，都是未來大災難的前兆。他在二〇一六年開始發展名為「星艦」（Starship）的計畫，希望造出能運輸貨物的太空船，最終目標是在地球、月球與火星之間載送一百名乘客。到了二〇二一年，美國航空暨太空總署和太空探索技術公司簽約，請公司開發改良版星艦供阿提米絲計畫（Artemis program）使用。馬斯克將開發重點放在星艦的核心內部建設上，這是未來無論在地球、月球、火星，甚至是更遠的星球，都必須能使人類維持生命的設施。但這時馬斯克發現，他不可能獨力建設地球外的人類生活環境，於是熱愛表現且個人資產逼近一兆美元的他，宣布要舉辦一場規模宏大的競賽，取名為「殖民地獎」（Colony Prize）。參賽團隊只要能建造出與外界隔絕的地下殖民地，並成功讓一百人在其中生活兩年，就能拿到十億美元獎金。換言之，馬斯克發起了終極的火星殖民模擬計畫。[7][8][9]

馬斯克明白，人類若想在地球以外的星球存活，就必須發展出前所未有的大規模回收再生系統。[10]居住在國際太空站的太空人一度多達十三人，不過平時的居住人數通常只有六七人。除了基本生存以外，地球外殖民者還必須面對長時間關在小空間的挑戰。一般的國際太空站任務會在約六個月後結束，[11]美國太空人斯科特・凱利（Scott Kelly）曾在太空待將近一年，而為單一任務在太空中停留最久的俄國太空人瓦列里・波利亞科夫（Valeri Polyakov），曾在一九九〇年代於和平號太空站（Mir Station）度過四百三十七天，創下令人嘆為觀止的紀錄。[12]若要想像一百人在封閉社會的生活，可以參考潛艇生活紀錄——但即使在這個領域，最長時間下潛且無外界補給的潛艇計畫也不過持續了一百一十一天。[13]參賽者如果要贏得殖民地獎，則必須將殖民地所有出入口密封超過七百天。

比賽規則刻意設計得很簡單：參賽者必須將圓筒狀密封容器裝設與拼組成和外界隔絕的生活環境。這些密封筒最初會是無內容物的基準型空間，可以置於火箭的載貨區，參賽者得將密封圓筒裝設成居住空間、科學實驗室、農場、學校、汙水處理系統、製造廠等社群生活所需的設施。馬斯克鼓勵參賽者在殖民地中加入可舉辦演唱會、體育賽事等娛樂活動的設施。[14][15]一旦設置完畢、裝入物資後，殖民地的所有出入口便會密封起來，任務計時開始。比賽目標不是重現巴克敏斯特・富勒（Buckminster Fuller）的穹頂建築（geodesic dome），而是發明全新的基準型建設網絡，用的是類似明尼亞波利斯高架路系統（Minneapolis Skyway System）——全球最大的封閉建築與橋梁連續系統——的模式，建設網絡理想上可以規模化，最終成為一座城市。隨時間過去，這樣的建設計畫會開始重現極端天氣事件成為常態以前，人類在地表的生活。

除了容器重新配置的規畫與模擬以外，參賽者還須提交殖民地的候選居民名單，並說明挑選這些人的理由，以及提交保證生活品質的詳盡計畫書。在人選方面，比賽主辦單位提出一項重要的條件：殖民地居民不能全是二十歲出頭、無所牽掛的年輕人（在過去二〇〇〇年代的太平日子，也許會參加科切拉谷音樂藝術節〔Coachella〕的族群）。每一個殖民地都須包含完整的社會光譜：家庭、無子女的伴侶，以及單身者。殖民地獎的其中一個目的，是測試封閉系統中的人口擴增，因此殖民地也必須建設懷孕、生產、照料新生兒，以及治療生命各階段各種健康問題的設施。[16]

主辦單位並沒有要求殖民地達到一定程度的思想、觀念、人種、種族、民族或文化多元性，參賽者也可以限制特定人們加入殖民地。如果參賽團隊能在模擬階段證實他們的計畫可讓人生活兩年，且能說明殖民地居民工作、上學、接受醫療照護、培植資源與在殖民地內維持平衡的辦法，該組參賽者就得以晉級。入選下一階段的團隊，接下來有十一年時間建設、精製，並在殖民地中生活。假使系統故障，或者需要大規模改變配置，殖民地可以重新開始計時，只要在十一年時限內完成兩年任務即可。[17][18][19]任何團隊完成任務都可贏得十億美元獎金，沒有限制得獎的團隊數量。

殖民地可獲得馬斯克各家公司的支援，這些公司包含：太空探索技術公司、特斯拉、無聊公司（The Boring Company，他的地道與地下基礎建設公司）、奇亞（Chia，他的節能區塊鏈與智慧交易平臺）、新農公司（NovoFarm，室內精準農業公司）、神經連結（Neuralink，植入式腦機介面公司），以及程序材料（Programmable Matter，專門生產可因應環境因素或使用者輸入而變形的材料）。[20][21][22]（我們假設伊隆．馬斯克未來可能會持有或成立這些公司。）關於可行性的研究及基礎建設探勘工作都已完成，所以接下來的一大關鍵就是地點——未來的火星殖民地必須建在地底下。火星缺乏地磁場，地表的輻射強到會對人類造成危害，而且地表氣溫過於寒冷。在地下建設殖民地，可以達到阻隔輻射與隔熱效果。[23][24][25]

殖民地的地道會由無聊公司挖掘；該公司的自動化Prufrock V機器可以「海豚式挖掘」（porpoise），意思是從地表發動後，機器能以將近每天一英里的速率在地下挖掘，完成工作後回到地表。特斯拉負責製造可剛好放入這些地道的不鏽鋼圓筒，這些圓筒和貨櫃差不多，只不過是類似品客洋芋片（Pringles）罐子的圓筒形狀，還配有電力驅動系統，可以自行緩慢移動。圓筒內部可以依需求裝設為任何設施，例如私用居所、水栽農場或手術室。它們可以獨立運作一小段時間，不過一般會互相連接形成較複雜的系統，其中最直截了當的排列方式是火車般的鏈狀。除此之外，特斯拉也建造了太陽能與電池系統，太空探索技術公司則負責處理運輸，以及和星艦衛星溝通的任務。這些公司和美國航太總署簽署合約，在月球上安裝了多套系統，為各殖民地提供充足的電力與頻寬。

殖民地獎參賽團隊得以將上述研究成果應用於他們的殖民地設計，網路上找得到相關數位藍圖、模型與規格，團隊也能以每個二十五萬美元的價格向特斯拉購買空圓筒。參賽團隊面對的最大挑戰，就是組裝、入住與運行完整的殖民系統。

馬斯克在殖民地獎章程中表明，他要的是具有野心的設計：

> 我們的目標不僅是創造可存活的空間，還是創造可以安居樂業的空間。建造你和家人與合適的人們可以快樂生活的殖民地，並考慮殖民地持續成長、完全自給自足的可能性。

殖民者必須自行出資，包括支付殖民地開發者與居民的薪水。成功的團隊獲得十億美元獎金後，能用這筆錢回饋投資者、支付獎勵金，甚至是進行進一步擴張。馬斯克認為這種競賽模式會鼓勵殖民地之間的合作，產生創新的慣性，並加速以太空為基礎的經濟，同時給人現實環境中的管理與運行經驗。

殖民地獎的巨額獎金——以及地球表面極端惡劣的天氣——催化了封閉式生活系統的投資，全球各地都有人投入大量資金進行研發。在當時，唯一具參考性的前例已經是五十年前的事了，那是亞歷桑納州奧拉克爾（Oracle）於一九九一年完工的生物圈二號（Biosphere 2）。[26] 生物圈二號最初的建設目的是驗證封閉式生態系統的可行性，然而它遇上了太多問題，圈內食物太少、氧氣循環差，參與者還為了計畫的管理與行政主導權勾心鬥角，實驗最後以失敗告終。自此之後，一直沒有人試圖結合最新的垂直農業、製造業、感應系統與生物科技，製作新一代封閉式系統。

申請參賽的團隊有數萬之多，不過只有一百八十份計畫書通過初步篩選，這些來自北美、西歐、韓聯國（United Korea）、中國與印度的團隊被稱為「群落形成單位」（colony-forming unit），簡稱CFU。在一開始，CFU必須提出詳盡的計畫與模型，做水資源再利用、生物工廠、醫療照護、氧氣生產及碳捕捉等方面的規畫。這可不是誰都能完成的任務，參賽者必須絕頂聰明，還得用上強大的電腦輔助模擬系統。最終，七十二個CFU組織了擁有多重技能的團隊，並取得了興建殖民地與地上作業所需的土地。這七十二個團隊都募得充分的資金——資金來源相當多元，包括政府補助、私人公司的投資，以及富人的捐款——準備著手建設殖民地。

特斯拉開始將數以千計的圓筒與電力系統運送至各個殖民地，殖民地設置地點包括印第安納州布盧明頓（Bloomington）、愛荷華州洪堡市（Humboldt）；薩斯喀徹溫省戴爾蒙尼（Dalmeny）與亞伯達省愛德蒙頓市（加拿大）；華城（Hwaseong，韓聯國）；北鎮（Beizhen）與大東鎮（Dadongzhen，中國）；哈爾達（Harda，印度）；魯姆魯提（Rumuruti，肯亞）；以及努特休（Knutsho，挪威）。團隊開始與合作伙伴聯手客製圓筒並將之相連，遠遠望去，你也許會以為那些是高科技倉鼠籠呢。團隊先是在地面上組裝圓筒，完成各方面的測試後，準備將圓筒移至地下。

主辦單位雖沒有限制得獎團隊數，卻設定了嚴格的里程碑。為達到各個目標里程碑，殖民地必須自行設計細菌等微生物，讓作物自我施肥。殖民地必須建造可永續經營的室內農場，農場須包含氣候控制環境、雲端人工智慧系統、農用感應器與協作機器人，且得證明農場能維持安全程度的養分、二氧化碳、氧氣與水量。除此之外，團隊還得設計、建造、測試與施用DIY疫苗及療法，對付封閉環境中任何可能出現的新病原體。而為了符合嚴格的廢棄物處理標準，殖民地必須生產日常使用的輔助產品——例如聚合物製成的智慧包裝，暴露在光線、高溫或酸之下時可以「解壓縮」，也就是自我毀滅。

起初，各個團隊都沒能順利達到里程碑。光是創造供一家人生存數年的可再生圓筒就夠難了，若要將規模擴張至一整個社群，且在地底深處保有類似正常生活的生活型態，那更是複雜得多。各團隊很快就意識到，既然得獎組數沒有限制，那最有效的策略就是和其他團隊合作。參賽團隊開始分享各自學到的知識後，關鍵殖民地系統的工程進度就加快了許多，不久之後，各團隊的配置經過電腦模擬後，估計可容載人數從一百人成長到一百五十人，然後又逐漸逼近兩百人。參賽者也都意識到，備用系統非常重要。在任務當中事情可能進行得很順利，也可能發生器材故障等問題，且他們預計殖民地人口會在實驗任務期間成長，所以有必要準備多重備用系統。

到二〇四三年一月，實驗開始短短六年後，第一個殖民地——堅毅地底號（Endeavor Sub Terra）——宣布所有準備都已完成，團隊即將封閉出入口、開始計時。堅毅地底號的社群（後來稱為ESTer）位於亞利桑那州立大學（Arizona State University）校園東方不遠處，離馬里科帕第一民族社區（Maricopa First Nations Community）相當近。（說來諷刺，從前的生物圈二號就是建在亞利桑那州立大學校園內。）堅毅地底號的贊助者包含亞利桑那州立大學與州政府，由州政府提供土地與稅務優惠。ESTer是從建造亞利桑那殖民地的龐大群體當中精挑細選而出，許多是有小孩的家庭，但也包含年輕伴侶，以及其他感情狀態的人們。這些人已經在圓筒中居住與工作好一段時間了，開始計時也不過是七百三十餘天不外出而已，不是什麼難事。

堅毅地底號的圓筒紛紛移往地下，地道封閉後填入類似火星大氣層組成的氣體。電力與通訊系統模擬了火星上的用電量，以及火星至地球的通訊延遲，延遲時間因兩顆行星的相對位置而異，有時只有三分鐘，有時長達二十二分鐘。

ESTer團隊是最先進入地道並對外封閉的殖民者，不過在團隊間大量共享資訊與基礎設施的情況下，大部分團隊也都沒有落後太多。到了二〇四四年春季，七十二個殖民團隊全都移至地下了。

各CFU擬定並使用的經濟及管治系統都不盡相同，有些人將殖民地居民視為全職員工，居民為殖民地獎付出的努力與在社群內居住的時間，都會轉換為金錢報酬。殖民地和國際太空站類似，沒什麼東西可以買賣，所以薪水會直接匯入居民的銀行戶頭，他們回到地面上才有機會領出來花。也有一些殖民地發展出無條件基本收入（universal basic income，UBI）模型，所有居民一開始都會獲得社群數位憑證形式的點數，居住在殖民地這段期間，他們可以將憑證當貨幣使用，購買各種商品與服務。[27]

批評者將殖民地稱為「螞蟻農場」、「倉鼠籠」與「自我填充的監獄」，但殖民者不以為忤。他們相信自己的圓筒與地道是適合生活、工作與建立家庭的好地方，畢竟環境中無病原體，他們在地底下甚至不會注意到地表的極端天氣事件，二〇四四年夏季肆虐北美與西歐的火龍捲也絲毫未影響到他們的地道。

各殖民地在生物工程方面表現極佳，它們的生命科學圓筒內裝有最先進的定序機與合成機等生物製造設備。負責為垂直農場與回收系統開發新生物的人，發明了許多新穎的方法，還促使當地的自然生態系統適應並演化。除此之外，他們設計出特殊的監控系統，專門感應任何汙染物或突變。

地下殖民地遮蔽了地表危險的風暴，但這場實驗無法改變人類的本性。在關閉出入口前，參賽團隊收集了所有社群居民的心理變數數據，確保他們能和僅僅九十九人一同居住在封閉空間。儘管如此，還是沒有人準確推算出最理想的社群組成。團隊允許神經多樣的候選人加入殖民地，而強烈反對恐慌症與注意力不足過動症（attention-deficit/hyperactivity disorder，ADHD）患者或有憂鬱傾向的人加入。另外，無法有效控管憤怒情緒，或是展現出自戀型人格障礙之症狀的人，一般都會被排除在外。然而，有的社群領袖還是稍微放寬了規定，甚至是直接違反自己社群的規定。有錢贊助者認為自己投資了殖民地團隊，就應得到入住的機會與特權，以致這些人經常插隊，排到較有資格或較合適的候選人之前。一些贊助人甚至為自家青少年買下殖民地入住名額，希望孩子有了這份經驗，日後能錄取頂尖大學。也有人將殖民地實驗視為炫耀自身地位的終極度假機會，或者想以此提升自己虛擬媒體頻道的瀏覽人數，因此堅持要加入殖民地。

一些殖民地失敗了——關閉出入口之後，內部便發生了激烈的政治鬥爭與內鬥，醜聞頻傳。舉例而言，在先知谷（Visionary Valley），出資者堅持要將社群當作企業來管理，結果殖民地在短短兩個月內就瓦解了。出資者堅稱只有他們才可掌握食物、水源等關鍵資源的金鑰密碼，還建立了遍及全殖民地的監視系統，只有他們自己才得到計量生物學授權，得以觀看監視紀錄。一般居民沒有預先得到這些資訊，到地底下以後，他們才赫然發現出資者打算在殖民地重現地表的階級體制，複製人們在地表經歷過的權力與財富不平等。居民試圖發動政變，但他們基本上就是住在圓形監獄裡，根本不可能奪權。最後，對現狀嫌惡與憤怒不已的居民開啟了先知谷封閉的出入口，發誓永不歸來。

每一個社群都有部分居民難以承受社交孤立、突然改變的生活模式，以及移動受限的感受。一些人感受到陰魂不散的不安，因此難以專注與安穩睡眠。也有一些人體驗到嚴重的憂鬱與焦慮，變得容易受驚嚇，也開始疑神疑鬼。有些人會突然以暴力方式宣洩情緒，或者和家人朋友疏遠。居民將此病症稱為「地下創傷症候群」（traumatic below-surface syndrome，TBSS），他們一直沒找到治療此病症的好方法。

運行得最成功的幾個殖民地，大都承認了人類最基本的生理與安全需求，人們都希望有使命感與歸屬感，而每個社群內部都有不少工作可做。有幾個殖民地的無條件基本收入計畫做得相當成功，不過大部分的數位憑證系統都稱不上完美，一些居民很快就將最初那一筆點數用光了，殖民地內卻沒有銀行能額外借點數給他們。這些人只得向鄰居借錢，而這就和現實中一樣，容易造成人與人之間的摩擦。其中一個殖民地的居民對草莓的需求量突然暴增，導致通貨膨脹，所有生鮮食品的價格也短暫地飆漲。

平面權力結構甚少成功，總會有那麼幾個人想要成為領袖，也總會有一些人說什麼也不肯接下領導職位。許多殖民地都發展出改良版社會民主統治系統，主要以共識的方式制定決策。殖民地行政官員會輪替，這樣的制度雖然不完美，但行政官員也多少有了不將爛攤子留給繼任者的動力。還有幾個殖民地嘗試讓人工智慧系統管理一切大小事。

最先開始計時的堅毅地底號，在二〇四五年初成了最先贏得十億美元獎金的團隊。七十二個晉級團隊當中，最終有五十五隊獲得馬斯克與殖民地獎的獎金，馬斯克將之視為報酬率最高的一次投資。人類為成為多星球宇航物種打下了科技與社會基礎——而且只要有充足的能源與原料，我們還能在這份基礎之上無限規模化。除了成功生產食物、水與其他必需品，甚至達到淨盈餘之外，許多殖民地都達到了經濟逃逸速度（economic escape velocity）：他們的研究成果、系統與產品在地表賺了不少錢，有興趣的話，他們還可以再投資並繼續成長。因上述原因，即使在兩年任務時間結束後，許多ESTer決定繼續留在地底。

這些人發展出一套氣鎖與消毒系統，讓殖民者偶爾回地面上探訪老友，或享受難得的好天氣。殖民者同意穿戴或吞食感應器，全殖民地會一同接受篩檢與必要時的隔離，確保無人將病毒等病原體帶回地下的公共區域。他們自己購買了挖掘機械與更多圓筒，空間足以容納額外的兩千人——但殖民者的目標不止於此，他們已經制定了第三波成長計畫，預計接數百萬名新殖民者入住地下空間，並且興建新的地下社區、地熱發電機、巨大的生物反應器，甚至是打造地下海洋。馬斯克最初或許沒料到事情會發展成今天的模樣，不過他的殖民地獎宛如一顆種子，促進了全人類最大規模的投資行動，人們在他的帶動下將大量資金與技術投入了永續發展社群。

全球各地的人們開始拋下不宜人居的農場與城鎮，地表生態系統逐漸再野化。地面的建築、道路與民宅暴露在陽光、雨水和植物的侵蝕下，開始自然分解，大自然與自然系統以超乎預期的速度恢復生機，新一代博物學者與生態學者也開始研究地球生態系統戲劇性的變化。一百多年來，大氣層的二氧化碳濃度首次出現下降的趨勢。

ESTer窺見了人類未來的彈性生活：在將來，人們可以在地球上過太空船環境般的生活，也可以選擇離開地球生活。你完全可以請人將私用基準圓筒運送到火星，連接到既存的殖民地，就等著你入住。

有時候，ESTer會在夜間走訪地表，躺在地上欣賞不受光害遮蔽的美麗星空。天上的星星一閃一閃，彷彿在悄聲呼喚：**來吧，人類，來探險吧！**

火星和其他星球還等著我們去探索呢。

第14章 情境五：備忘錄

聯邦調查局
舊金山分局

二〇二六年十月十一日

給聯邦調查局局長的備忘錄

標題：請求緊急支援，對抗新型網路生物學攻擊

二〇二六年十月九日下午五時二十三分，本局舊金山分局因應23x基因體公司（23xGenomics）園區的大規模傷亡事件，採取應對行動。聯邦調查局探員到場時，八名實驗室職員皆七孔流血、無生命反應。23x基因體公司聘僱的私人保全表示實驗室發生了化學意外，然本局田野探員並未觀察到任何化學藥品的存在。探員採集了調查用樣本，並封鎖該實驗室。

十月十日，舊金山分局接獲匿名來電，提醒探員注意4chan論壇一篇由黑暗渾沌組織（Dark

Chaos Syndicate）發布的貼文，該組織在貼文中自稱23x基因體公司事件的幕後主使者。黑暗渾沌組織已為聯邦調查局所知，是去中心化的武動派反基改生物團體，成員遍及英國、俄國、德國、瑞典、巴西、法國、印度、冰島與美國等國家。組織成員利用Telegram與Signal等端對端加密通訊聊天軟體散播陰謀論，此類通訊的監視工作至今仍難以實行。

我們揭露了www.gag.org一留言板，成員在其中討論諸多遺傳工程相關的陰謀論。黑暗渾沌組織成員相信，中央情報局刻意在「黑人的命也是命」（Black Lives Matter）運動巔峰時期開發COVID-19疫苗，以便使人更加順從政府，而沃爾瑪（Walmart）、CVS藥局與嬌生其實都是政府的祕密分支，各分支合力誘使美國民眾接種疫苗。組織成員認為疫苗會進入細胞核，永久改變其中的DNA，使人類變得較原先溫順許多。組織成員在討論中提出，若大眾在生物層面上缺乏發怒的能力，他們就不會再抗議，而會乖乖服從執法機關的命令了。本局探員揭露了留言板上的風聲，早在二〇二一年六月便有人呼籲網友對遺傳學相關企業採取打擊行動。

截至此時，我們認為23x基因體公司實驗室的事件並非意外，而是一場針對性的網路生物學混合型攻擊，其中元素包含實驗室電腦、中國一間基因體合成公司，以及一私部門供應鏈。這似乎是新型態攻擊，結合了傳統網路駭客與遺傳工程，構成全新且致命的生物恐怖攻擊。

根據黑暗渾沌組織的貼文，全國性的網路生物學攻擊行動可能在進行當中，其他具安全漏洞的設施可能遇襲，導致多種維持生命所需的關鍵基礎建設接連發生故障，形成惡性連鎖反應。

背景

23x基因體公司專門做農化與農業生技研究，並著重基因編輯與應用科技。攻擊發生當下，該實驗室的生物工程師正利用合成生物技術開發新品種香草。黑暗渾沌組織似乎對香草沒太多興趣，也不甚在乎基改香草。23x基因體公司並沒有做任何突破性基因研究；我們認為該公司被組織針對，是因為它抄捷徑從中國進口遺傳物質——相較於美國生產的遺傳物質，中國的貨品不僅價格較低，生產速度也快得多——而向中國購買遺傳物質此舉，令23x基因體公司系統中出現可被駭客入侵的漏洞。

23x基因體公司原本用以支持內部運作的物理與數位架構出現了漏洞，合成生物學工作數據、DNA等遺傳物質、實驗室器材、通訊網路、供應鏈與人員資料等資料全暴露在駭客的眼前，結果遭受惡意軟體攻擊。

攻擊細節

23x基因體公司計畫開發新的香草品種，若實驗成功，此品種可在實驗室內用少量資源造出。研究者先前在規畫多種實驗，希望能在不同條件下測試新品種香草的存活力。23x基因體公司內部一前所未知的攻擊渠道，允許黑暗渾沌組織進入它的商用作業系統，以便監測該公司、將數據滲出，並且植入惡意軟體。以下是我們目前對於此次攻擊事件的評估報告：

一、23x基因體公司一名生物工程師下載了含毒的瀏覽器外掛程式，外掛程式原本的功能是將合成生物學開放語言自動化，以便將數據上傳至線上儲存庫。23x基因體公司的資訊科技部門並沒有阻擋此外掛程式，它也就成了對公司發動中間人攻擊的途徑。

二、該名生物工程師的團隊用公司的數據定序軟體設計一場實驗，並照常以模擬的方式偵測異常與確認序列。

三、該名生物工程師接著向利維沃（Livivo）——平時販售遺傳物質、富集檢測組（enrichment panel）與實驗套組給23x基因體公司的中國供應商——訂購合成DNA。23x基因體公司之所以固定向利維沃採購材料，是因為它價格低廉，且作業速度快於遵循所有國際基因合成同盟（International Gene Synthesis Consortium）篩檢標準的美國公司。23x基因體公司找到美國衛生及公共服務部（Department of Health and Human Services）為特定重點序列制定的例外規定，藉此規避一些篩檢規定。

四、惡意軟體入侵23x基因體公司與利維沃之間的通訊，混淆了23x基因體公司訂製的基因序列，將DNA序列以惡意生物編碼取而代之。惡意軟體改寫序列的方式，正好能不被篩檢軟體偵測到序列改變。

五、利維沃生產訂單中的合成DNA後將貨品運送至23x基因體公司，生物工程師與團隊用23x

基因體公司實驗室內受侵襲的電腦進行DNA定序。

六、生物工程師團隊接著用惡意竄改的DNA做實驗，並將DNA和其他物質混合。他們沒發現自己做的並非常規實驗，而是創造並釋放了一致命病原體。

七、此次網路生物學攻擊之所以發生，是因為DNA供應鏈當中軟體、生物安全性篩檢及端對端執行標準都出現多處弱點。

可能爆發致命疫情

23x基因體公司實驗室是在十月五日收到利維沃寄來的貨品，而根據實驗室紀錄，貨品在十月六日上午被取出使用，至今已經過七十二小時潛伏期。接觸病原體過後那三天，八名實驗室職員先後接觸共約一百二十人，若病原體具有強傳染力，我們現在可能面對疾病指數傳染的大災厄。

舊金山分局已聯繫舊金山市政府公共衛生局及疾病管制與預防中心，後者目前在調查病原體、辨識它的遺傳序列，並判別它的物種。驗屍報告顯示，其中一名受害者的動脈、靜脈與微血管都滲出了血液與血漿。我們採訪的鑑識病理學者表示死者「器官完全液化」，且「細胞看似自爆了」。

行動請求

聯邦、州與地方層級的政府機構皆應立即實施生物管制標準措施，並另外採取下列措施：

- 過去五日內收到DNA或其他基因樣本的實驗室，都應密封並封鎖。這些實驗室可能遭受汙染，具有危險性。
- 其他所有和合成生物學任何面向相關的研究型實驗室、營利企業與政府機關，都應立即將所有電腦、定序機、組裝機等儀器關機，並拔除電源。
- 資訊安全管理者與資訊工程主管應辨識並移除所有受威脅者控制的外掛程式、軟體與帳戶，並以遠端操控方式辨識出持續性機制。
- 政府應限制或完全禁止旅行。加州並沒有既存的標準化接觸者追蹤措施，我們無從得知有多少人已經離開舊金山市內、移往州內其他地點，甚至是移往其他州份或國家。
- 至少在舊金山市，政府應發布原地避難命令，其他地區可能也須發布命令。政府須遵循緊急規定，執行原地避難命令。

請求協助

舊金山分局探員已聯繫數機關尋求指引，以下是我們收到的回應：

- **國家安全會議**（National Security Council）：表示它能著手調查此次網路駭客攻擊，但須請求疾病管制與預防中心、衛生及公共服務部以及國家衛生院協助。建議我們聯繫國土安全部（Department of Homeland Security）的生物監測計畫（BioWatch Program）。
- **國土安全部生物監測計畫**：表示生物監測計畫只透過國土安全部之反大規模殺傷性武器辦公室（Countering Weapons of Mass Destruction Office）評估傳統生物攻擊的風險，而不具這方面的權限。建議我們聯繫國土安全部的科學與科技政策局（S&T Directorate）。
- **國土安全部科學與科技政策局**（Science and Technology Directorate）：表示該局著重於以風險為基礎的化學與生物反制措施，而不具網路安全方面的權限。建議我們聯繫網路安全暨基礎設施安全局（Cybersecurity and Infrastructure Security Agency，CISA）。
- **網路安全暨基礎設施安全局**：表示該局可動用人力調查惡意軟體攻擊事件，但缺乏遺傳密碼相關的專業知識。我們仍在等他們的回音。
- **疾病管制與預防中心**：我們聯繫疾病管制與預防中心，警告他們現在可能有新型病毒或其他病原體在境內傳播。該中心正在組織調查行動，調查病原體的細節，但也對我們表示他們並不會直接處理網路安全方面的問題。因我們認為其他實驗室可能也已遭受攻擊，疾病管制與預防中心建議我們聯繫國家安全局（National Security Agency）或國防部。

- **國家安全局**：建議我們研讀「國家安全會議備忘錄第五條」，並建議我們聯繫疾病管制與預防中心。
- **國防部**：我們聯繫了國防部化學與生物防禦計畫（Chemical and Biological Defense Program）當中的化學、生物、放射和核防禦聯合計畫執行辦公室（Joint Program Executive Office for Chemical, Biological, Radiological and Nuclear Defense，JPEO-CBRND），該辦公室負責管理化學、生物、放射與核防禦器材及醫療反制措施的投資。JPEO-CBRND負責保護聯合部隊（陸軍、海軍、空軍、海軍陸戰隊、海岸巡防隊與先遣急救員）免受大規模殺傷性武器攻擊。我們得知，除非軍方資源或政府資產遭受攻擊，否則JPEO-CBRND都無權干涉。由於遭受攻擊的實驗室為私人財產，JPEO-CBRND不會參與行動。國防部建議我們聯繫能源部。
- **能源部**：我們得知能源部的基因體科學計畫（Genomic Science Program）負責生質燃料的研究與再開發，若攻擊未影響到美國核儲備，他們無法提供協助。
- **聯邦緊急事務管理署**（Federal Emergency Management Agency）：最終，我們聯繫了聯邦緊急事務管理署，主要欲警告他們美國可能遭受致命攻擊，導致無數國民死亡。聯邦緊急事務管理署告知我們，在國家應變架構（National Response Framework）下，若有其他實驗室遭到攻擊，架構會防止自然災害與其他緊急事件造成的惡性連鎖反應。我們具體問起應對複雜網路生物學攻擊的標準措施時，他們建議我們聯繫聯邦調查局。我們提醒他們，我們就是聯邦調查局。

目前似乎缺乏組織性的網路生物學管理部門或機關，負責同時管轄網路安全與生物安全。此外，我們也找不到備有相關標準規定或計畫，能夠應對惡意電腦程式碼到作為生物武器使用之遺傳密碼的複雜攻擊。我們似乎處於美國領土上大規模生物恐怖攻擊的早期階段，卻缺乏中央聯絡處、架構完善的標準程序，以及控制此一威脅的策略。

請下達指示。[1]

第四部分

前進之路

第15章　新開端

你從聯邦調查局舊金山分局向南行駛，在半月灣（Half Moon Bay）開上一號加利福尼亞州州道，順著州道繼續開下去，前方道路豁然開朗，美不勝收的寶石藍漩渦與突出海面的鋸齒狀岩石將會映入眼簾。此處的太平洋海岸多為崎嶇沙丘、長草，以及老紅杉、柏樹與松樹形成的森林。道路在蒙特雷（Monterey）附近分叉，蜿蜒經過大片的黃色與橘色野花，最後來到阿西洛馬會議中心（Asilomar Conference Center）。當初建造這間受樹冠遮蔭的僻靜寓所時，人們的理念是結合自然環境與人類設計的環境。

十九世紀末尾，女性開始加入勞力市場，在工廠與辦公室擔任低薪員工。在當年，基督教女青年會（Young Women's Christian Association，YWCA）舊金山分會領袖是三位女性主義者：艾倫・白朗寧・斯克里普斯（Ellen Browning Scripps，出版商）、瑪莉・蘇魯菲・梅瑞（Mary Sroufe Merrill，行動主義者、慈善家與作家），以及菲比・阿普森・赫茲（Phoebe Apperson Hearst，著名女性參政權運動人士與慈善家，也是出版業大亨威廉・倫道夫・赫茲〔William Randolph Hearst〕之母）。她們選擇在那一段海岸成立基督教女青年會的分會——但除此之外，她們還懷有更遠大的野心。這三位女性都相當富裕，在建造分會時，本可委託當時任何一位優秀的男性建築師，她們卻決定請沒沒無聞的工程師與建築師茱莉亞．摩根（Julia Morgan）來設計基督教女青年會的小型園區。史丹佛大學學生海倫．薩利斯貝里（Helen Salisbury）在為中心命名的比賽中拔得頭籌，她選擇結合西班牙文的「asilo」（避世所或避難所）與「mar」（海）兩個字，「Asilomar」（阿西洛馬）從此成為這間建築的名稱。一九一三年，阿西洛馬第一次成為女性領袖會議的會場時，它不過是一間「海邊的避世所」，也不過是基督教女青年會一處小巧簡單的分會而已。儘管如此，阿西洛馬宛若一份承諾，在這裡，女性可以互相學習、和其他進步主義者交流想法，後來還會有一群優秀的男性加入。齊聚阿西洛馬的人們希望將美國社會簡化為最基本的元素，然後從零開始重新組裝，形成更包容、更平等，也朝更美好未來邁進的社會。[1]

斯克里普斯、梅瑞與赫茲相信，面對管控眾人人生的強大體制，每個人都有質疑體制的神聖使命，即使在質疑過程中開始懷疑生活中的一切，你也必須勇敢提出疑問。她們明白，隨著科學與科技進步，人們必須一而再、再而三重新想像人類生活。

✦ ✦ ✦

到了一九七三年，距阿西洛馬不遠處，進行著即將對世界造成巨大影響的研究。加州大學舊金山分校與史丹佛大學的科學家忙著做限制酶實驗，用限制酶將較長的核苷酸鏈切成「字母」大小的小單位，然後將這些小段遺傳物質置入其他細胞。他們希望能發明不同物種間DNA交換的方法，結果創造出了重組DNA這項影響深遠的科技。如果科學家能交換細菌的DNA，那是不是也能交換其他生物的DNA呢？人們其中一個疑慮是，致使小鼠罹癌的微生物理論上可以變異後傳染給馬，那要是感染馬的病毒突變後傳染給人類，該怎麼辦？相關研究解鎖了恐怖的可能性：研究者可以刻意或無意間創造出鮮為人知的新疾病，而且我們對這些疾病沒有任何抵抗力，也沒有解藥。（別忘了，那個年代還沒有基因定序機，解讀新型病原體的遺傳密碼可是費時費力的一大任務。）此外，我們無從預測這些受編輯的生物到野外會有何表現，也不曉得這些生物會如何演化。我們百分之百知道的事情只有一件：人類逐漸逼近神的領域了。我們不僅重新想像了生命，還重新創造並改變了生命。

參與上述發現的研究者之一——史丹佛生物化學家保羅・伯格（Paul Berg）——在一九七二年初次合成rDNA分子後，寄了封信到《科學家》（*Scientist*）期刊。伯格在信中警告道：「現在有多組科學家計畫用此科技，以許多其他病毒、動物與細菌的DNA為來源，創造重組DNA。雖然這類實驗可能有助於解決生物學許多重要的理論與實務問題，它們卻也會導致新種具傳染力的DNA成分問世，而我們無法在事前完全預知它們的生物學特性。」[2]伯格和生物學家瑪克辛・辛格（Maxine Singer）、戴維・巴爾的摩（David Baltimore）、諾頓・津德（Norton Zinder）與詹姆斯・華生等著名科學家見了面；華生當時為世界頂尖生物學研究中心之一——冷泉港實驗室（Cold Spring Harbor Laboratory）——的主任。他們為rDNA分子的潛在危險性憂心忡忡，因為重組DNA

可能造就可自我複製的病毒、有害細菌，甚至是有機會引發災難的生物武器。儘管如此，他們也認知到了rDNA科技的潛力，假如這方面的研究持續進展下去，且科學家學會安全地利用這項科技，那就有機會解鎖龐大的力量，改善並延長人類的生命。人們有機會用rDNA科技合成胰島素、製作抗生素，以及發明從未有人想過的新療法。伯格與同僚呼籲科學界暫停rDNA實驗，直到人們制定出一套基因編輯研究原則，再重啟實驗。[3]

這就導向兩個大問題了。這套原則是什麼呢？該由誰來制定原則呢？科學界必須考慮地緣政治議題：當時美軍剛撤出越南，蘇聯準備將共產統治延伸到東南亞、拉丁美洲與阿富汗，正在為此鋪路。[4][5]而在當時，美國與中國也還未建立外交關係。[6]假如制定原則的團體只包含美國科學家，其他國家很可能會無視或否定他們提出的原則。除了地緣政治因素之外，他們還須考慮道德、倫理與宗教因素。在當時，英格蘭一些醫師正在實驗於「試管」中創造胚胎，[7]神學家因此惶惑不安，他們壓根沒做好面對這項科學發展與相關道德問題的準備。[8]若科學家訂立一套原則，這套原則勢必會強化長久以來關於生命形成的宗教信念——對於堅稱操縱或摧毀遺傳物質之行為本質上就是罪惡的人而言，原則強化宗教信念的效果想必會更強——而這或許對科學研究沒有幫助，反而可能會阻礙研究與發展。假如制定原則的團體只包含科學家，他們訂出來的原則之後可能受政治人物挑戰，政客可以合理地提出：包括生命相關的法律在內，所有法律都應由政府制定，而不是科學家能自行決定的。

伯格等人明白，若要減少此類研究本質上存在的風險，就必須先讓各領域相關人士認同他們的原則。於是，他們決定於一九七五年二月二十四日舉辦研討會，討論兩個基本問題：

一、人們有在科學領域追求答案的自由，但在保護這份自由的同時，我們也應保護公眾利益，那該如何取得兩者之間的平衡呢？

二、尤其在這充滿不確定性的時期，我們該如何制定科學研究與科技應用的社會決策？[9]

伯格等人列出一張名單，包含世界各地的菁英人物，例如分子生物學家、記者、醫師、律師等關鍵專業人士，邀請他們到阿西洛馬——交流激進想法與重新構思的好地點——希望能共創生物工程與生命前進的道路。[10]

伯格與巴爾的摩踏上阿西洛馬的講臺，準備開啟第一場會議時，他們明白在場並非所有人都熟悉rDNA的觀念。他們首先簡單明瞭地介紹這項新科技，沒有多加誇飾，也沒有將rDNA可能造成的後果說得過分聳動。話雖如此，他們仍清楚說明了此事件的重要性。與會眾人來自美國、蘇聯、西德、加拿大、日本、英格蘭、以色列、瑞士等地，被當時人稱為生物科技版的制憲會議（Constitutional Convention）。[11]第一場討論以巴爾的摩一句不祥的話語收尾：假使這群人無法達成rDNA使用方法的共識，那世上就再沒有任何人訂得出適當的原則了。

除了商議生物研究的原則以外，活動組織者還有另一個目的。rDNA等新興生物科技必然會引起立法者的關注，而立法者和一般大眾可能無法輕易地理解rDNA，屆時不實資訊會在對這項科技一知半解的人們之間迅速流傳。活動組織者明白，科學必須自我管理，但為了達到此一目的，科學家與研究者必須先博得大眾的信賴，並解開立法者在安全方面的疑慮。集結於阿西洛馬這群人都是從各領域精挑細選的大人物，如果他們能就各自的信念展開一場公開辯論，最後達成共識，那科學家就等同證明了他們平衡科學利己主義與主動自我克制這兩者的能力。

這也是為什麼主辦方邀請了十多名記者——《紐約時報》、《華爾街日報》、加拿大廣播公司（Canadian Broadcasting Corporation）、《法蘭克福匯報》（*Frankfurter Allgemeine*），甚至是《滾石》（*Rolling Stone*）雜誌的記者——前來赴會。[12]除了會議的最終結論以外，記者還會報導所有討論過程，這表示科學家之間若發生任何口角、謾罵與不堪入耳的對話，都會刊登到報上給政治人物與大眾看。科學家一般在各自的實驗室裡自行工作、發表晦澀難懂的學術論文，也大多盡量保持低調，現在他們擔心公開辯論會使大眾更進一步檢視與質疑生物科技。伯格等人預期的結果則不同：假如大眾進一步瞭解rDNA，假如他們知道科學家在努力避免最壞的情境成真，也許能提升大眾對科學家與科學本身的信任。

伯格等組織者猜對了。與會者達成了共識，人們同意在重啟rDNA研究之前先設置一套限制及安全規範。不久之後，他們推出了正式的指導方針。《滾石》雜誌發表了一篇第一人稱視角的長篇報導，描述在阿西洛馬發生的一切，音樂家史提夫・汪達（Stevie Wonder）與遺傳學家詹姆斯・華生相關的新聞也刊登在同一期雜誌上。雜誌封面是一張帶有濃濃一九七〇年代迷幻風格的汪達畫像，墨鏡映著斑斕的抽象圖形，畫像中的汪達則戴著耳機、身穿棕色毛外套、穿戴串珠，頭上還戴著五彩繽紛的蓬帽。翻開雜誌，你會看到華生神態彆扭的黑白照片，只見他身穿皺巴巴的毛衣，在休息時間聽著另一位與會者發言（另一人的毛衣只比華生那件不皺一點點）。[13]最重要的是，過去四十年來，rDNA科技造就了巨大的科學進步，沒有造成公衛方面的負面後果，而且最了不起的是，到目前為止rDNA科技也沒有造成任何不實資訊廣泛流傳的問題。科學家證明了他們能分析風險、達到共識，並且自主管理研究，因而博得了大眾信任。阿西洛馬那場會議，成了科學、透明性與公眾政策新時代的開端。

面對賀建奎的CRISPR實驗、關於mRNA疫苗的不實資訊，以及發展人類動物嵌合體的討論，開始有人提出再次於阿西洛馬召開會議、辯論合成生物學之利害的想法。[14]然而，現今世界已與一九七五年大不相同，現在有許多生物科技賦予我們改變生命本質的能力，而人工智慧、電腦網路基礎設施、5G與6G無線科技的進步，允許我們進行新型態的研發工作。這些都可能推進創新研發，促使人們持續推出新商品。我們若要舉辦研討會，討論CRISPR科技的利弊，就必然得論及人工智慧，以及人工智慧領域中深度神經網路的利弊。合成生物學是多種科技交織而成的複雜網路，在這之中達成共識想必困難無比。除此之外，我們得考慮到此階段的專利環境，目前合成生物學領域的專利環境相當混亂，多場在法庭進行的法律戰事仍未得出結果，一些應受邀赴會、尋求合成生物學未來共識的科學家，目前仍在互相打官司。

科技進步的同時，走在科技尖端各國的野心也在逐漸成長，國內及國際情勢越來越複雜。現在，俄國已不再是生物科技領域的共同研究者，中國為成為全球科學與科技霸權而尊崇合成生物學研究，至於美國政府對科學與科技政策的態度則不停隨白宮班底改變，沒能維持堅定的立場。此外，現在資助科學研究的投資者比過去多太多了，生命科學成了最吸引創業投資者、避險基金與私人股權投資者的領域之一。若要舉辦現代的阿西洛馬會議，就必須邀請大型投資公司的領頭人物，而他們追求快速將商品引入市場所帶來的成功，想必對於長期風險模型懷有一定的偏見。

阿西洛馬會議於一九七五年舉行時，美國總統理查·尼克森（Richard Nixon）的演講撰稿人方始用貶低的口吻談論「媒體」，種下了大眾對新聞業者不信任的種子。[15]時至今日，人民對媒體的信任已跌到低谷，社群媒體則以關注程度及影響力為貨幣，獎勵那些張貼腥羶色及聳動內容的消費者。[16]倘若在今日舉辦新一場阿西洛馬會議，由記者報導辯論過程，想必會有許多段對話被斷章取義吧？新阿西洛馬會議的組織者必須假設，無論記者多麼負責，任何關於會議過程的報導都必然會在網路上遭人扭曲，事實也將會失真。

而在我們撰寫本書的同時，塑造生命未來的三個事件正在發生。加州立法者提出新的法規，要求郵購DNA公司為每批產品做生物安全性篩檢；銀杏生技正式上市，估價約一百五十億美元；反疫苗群體占領多所大學校園、興起抗議行動，反對要求學生二〇二一年秋季返校前接種COVID-19疫苗的規定。[17][18]合成生物學領域正在快速演進，然而它的基礎——法律架構、生物經濟與大眾信任——仍相當不穩固。

既然無人舉辦新一場阿西洛馬會議，一些政策制定者希望能得到詳盡的科學發展路線圖，盡量瞭解合成生物學的未來。大部分時候，人們描繪的鏡像經濟路線圖都是以線性時間軸想像未來，未來發展、里程碑及可量測的結果都以線性方式逐一發生。問題是，科學進展並非線性，新興科技更是如此。突破會導向進步，不過實驗失敗更接近常態，科學家往往得經歷多重彎路、轉折、迂迴與碰壁之後才能夠發現新事物。

我們有辦法將合成生物學導上正軌，讓該領域正向發展，而這個方法源自伯格等人提出的基本問題，以及斯克里普斯、梅瑞與赫茲的榜樣。我們無從得知合成生物學未來確切的發展方向，但我們可以瞭解這份不確定性並從中學習。怎麼做呢？我們可以提出「應該怎麼做……」、「如果……」與「我們能不能……」開頭的問句，以及「……以謀求公眾利益」句型的想像。在提出這些問題時，你可能得想像自己生活在未來，而這個未來也許和你現在幻想的模樣大不相同。你會因此感到不自在，也會需要勇氣。你必須讓自己眼界大開，在掌握多方資訊後做影響未來的決定，然後無論你的這些提問導向何方，你都得順著自己做的決策走下去、採取相應的行動——這些其實都是相當激進的行為，感到不自在或憂心害怕也是人之常情。

若要完全發揮合成生物學的潛力，同時將風險最小化，我們得想像自己處於完全陌生的未來。在這個未來，我們的管制方針、地緣政治協議與投資策略都和今天截然不同。在這個未來，包容、溝通與責任將使人心生信任，科學知識與認識將會民主化，宗教將會和科學共存，而政治則會為創新開道。（是啊，我們也知道這聽起來根本是天馬行空，人類怎麼可能重新塑造社會、造就如此不可思議的改變呢？）

這本書就是我們的新版阿西洛馬會議。我們邀請全球各地的生技領域關係人——你，還有閱讀本書的所有讀者——瞭解多種合成生物學科技，以及從過去導向此時此刻的種種事件。你認識了研究者，看了他們的糾紛與爭論，也看了不同觀點的人們提出不同的見解，另外，我們也為你介紹了生物經濟當中一些投資者與企業。我們在每一章節挑戰你既有的想法，質疑你對於科學研究執行方式的看法，也邀你深思合成生物科技未來的應用方式，以及相關決策的制定方式。

人們有在科學領域追求答案的自由，但在保護這份自由的同時，我們也應保護公眾利益，那該如何取得兩者之間的平衡呢？尤其在這充滿不確定性的時期，我們又該如何制定社會中關於科學研究與科技應用的決策呢？以下是我們關於全球合作、管制、商業與合成生物學社群的一些建議，我們希望大家以此為出發點，以此為契機，繼續發問並且追求共識。

找到共同點

每一次有新的指數型成長科技問世，人們便會展開競逐——如果那項科技發展能對經濟與國家安全造成顯著影響，人們更會爭得頭破血流。過去的太空探索是如此（美國與蘇聯搶著成為太空探索的霸權），人工智慧是如此（這回是美國與中國爭先恐後地開發人工智慧），而現在，合成生物學的競賽開跑了。贏家能獲取數不盡的好處：引導資本投資的能力、對學術界菁英人才的吸引力、設定研發創新步調的能力，甚至是制定全球標準的資格。

我們在第三章簡述了人工智慧的歷史，人們最初是在一八二〇年代發展出這種觀念，後來在一九五六年賦予它名稱。第一波人工智慧科技在一九六〇到一九八〇年代到來，新的商業生態系統因此成形，吸引了人才與資金，並且創造出驅動現今日常生活的許多基礎建設——汽車的防鎖死煞車系統、信用卡的盜刷偵測系統等等，其實都屬於這類隱形的基礎建設。然而，現在的人工智慧發展方向與過去迥異，人們的研發企圖也改變了。美國過去沒有人工智慧相關的策略或整合型政策，也沒有引導人工智慧開發目標或科技成長的計畫。如此一來，所有決策權都落到了私部門手裡，而比起公眾利益，企業更加重視股東的利益。就實務上而言，這導致企業犧牲消費者隱私，將數據賣給不顧道德倫理的第三方，而Facebook、YouTube等關鍵產品及服務的演算法則充滿了偏頗與不公的問題。

大企業為影響政策與規章而遊說陳情，這本就是常態，但現在科技大廠集過去人們難以想像的權力與財富於一身，業者許多關鍵決策都造成了顯著的外交與地緣政治影響，一些公司甚至成立了自己的企業外交政策部門。微軟總裁布萊德·史密斯（Brad Smith）頻繁和各國國家元首與外交首長會面，談論最新的網路威脅並探討各種議題，包括解決開發中經濟體之數位分歧的方法。史密斯在二〇一七年推出了數位日內瓦公約（Digital Geneva Convention）——這是一份國際公約，旨在保護公民不受國家發起的網路攻擊侵害。[19]微軟公司的數位外交團隊（Digital Diplomacy Group）積極制定科技為主體的外交政策，由數十位政策專家協助草擬網路安全的國際協約，並且建構地方管制規範等等。該團體甚至會邀外交官員舉行不對外公開的會議，進行人權相關的討論。[20]

微軟明白，企業外交政策有利於商業發展——公司能藉此建立信賴關係，這些政策也有助於長期規畫。Facebook、蘋果、Google與亞馬遜同樣使用這類策略。那麼，請考慮科技公司影響地緣經濟的長期效應：假如Facebook等公司優先關心的事項和政府不同呢？要是在外交會議上，科技公司推動了政府還未決定的政策，甚至是與美國立場相衝的政策呢？面對這些很可能發生的情境，州與聯邦立法者越來越常挑戰科技公司的政策，管制機構對企業的調查也越發頻繁。美國最有錢有勢的人工智慧業者惹惱了總統行政班底，因聚積過多財富與權勢而遭政府攻擊，接下來十年，科技業、投資者與政府想必會為此爭論不休。

而在此時的中國，主導人工智慧開發的主要是三大科技公司——百度（Baidu）、阿里巴巴與騰訊（Tencent），合稱「BAT」——及國內多所學術機構。BAT三大公司雖然上市，卻遵循中國共產黨的指示，而中共對於隱私、監控與人權的觀點和美國及其同盟國大相逕庭。北京政府欲利用人工智慧成就完美的專制統治，除了對內採取專制政策以外，對外也透過一帶一路——在新興市場上，以基礎建設開發換取國債——等政策強化對他國的影響力。身為人工智慧領域的兩大強權，中國與美國將這項科技視為國防、經濟成長及軍事優勢的關鍵。問題是，我們能清楚看見不受控的人工智慧競賽會帶來哪些風險，而有鑑於這些風險，美國與中國應當建立互助互利的關係，一同求取人工智慧開發的成功。

合成生物學的發展路徑和目前為止的人工智慧發展史相似，甚至有一些打造了現代人工智慧經濟的人物與公私部門，現在正忙於建造生物經濟。微軟在進行DNA儲存的研究，並且建造支持生技工廠的自動化科技。過去數年，比爾·蓋茲呼籲人們投資合成生物學，對抗全球饑荒與氣候變遷問題。[21]傑夫・貝佐斯（Jeff Bezos）投資了數間合成生物學企業，這些工具與科技對他的航太公司藍色起源（Blue Origin）頗有助益，而藍色起源對於人類離開地球生存也有幫助。[22]Google前執行長艾力克・施密特（Eric Schmidt）投資了一億五千萬美元給博德研究所，希望能加速人工智慧與生物學的整合。[23]做研究的人雖是學者，但提供資金、將我們推向創新發明的卻是商業界。當然，資金就等同影響力，商人在出資的同時獲得了左右研究方向的權力。

中國已對全世界表明，它打算在合成生物學與人工智慧領域都成為國際霸權，它也在國家政策中提出要在二〇五〇年前成為「科學與科技創新的世界強權」。[24]美國長久以來一直占有科技優勢，然而過去十年來，中國共產黨一直致力侵蝕美國在科技方面的優勢。[25]二〇一六年，中國政府建立了自己的國家基因庫（National GeneBank），目標是建造全球最大的遺傳數據資料庫。[26]中共看見了DNA的策略價值，他們可以利用DNA發現新藥物、推動農業進步，並且維持社會秩序，而我們先前提過的華大集團——平價基因定序服務的最大供應商之一——也是中共達成此目標的一大助力。

中國軍方——人民解放軍（People's Liberation Army，PLA）——備有處理遺傳資訊用的超級電腦，而這似乎和華大的研究存在某種關聯。人民解放軍資助基因編輯與表現強化研究已是眾所周知的事，而除此之外，解放軍還贊助了其他可用於攻擊行動的研究，軍方領導人也特別指出合成生物學可能成為未來戰爭領域之一。一些軍事高層另外在公開談話中，提到了以生物方法設計腦部操縱武器的可能性。與解放軍相關或附屬的醫療機構裡，大量CRISPR試驗已在進行當中。[27][28]

話雖如此，我們也想聲明：許多在中國工作的科學家並不懷有中共及解放軍那般的野心。其實全球合成生物學界的風氣相當開放，科學家經常合作互助，下列多位中國科學家也慷慨地貢獻了自己的研究成果。農業科學家袁隆平（Yuan Longping）在一九七〇年代開發雜交種稻米，緩解了亞洲與非洲部分地區的饑荒問題。[29]他並不是成天關在實驗室裡，也沒有為了高等公職而加入共產黨，而是致力解決饑荒問題，並且花不少時間在田裡和農民交流。除此之外，他還指導了世界各地許多新一代科學家。[30]你也許還記得武漢眼科醫師李文亮（Li Wenliang），他在SARS-CoV-2疫情早期試圖透過微博（Weibo）——中國官方嚴密監控的社群媒體平臺——警告同行。[31]在他的貼文傳遍網路的同時，他坦承自己須面對政府嚴厲的懲處，卻沒有停止發文，結果他一直到死前都在醫院病床上持續發文。張永振團隊定序了SARS-CoV-2基因體，也竭力確保全球生物學界都能使用這份資訊，甚至在公開的論壇上公布定序結果。

全球科學界雖然有著開放與合作的風氣，中共卻希望將中國人才招回國，在我們撰寫本書的同時，已有超過二十五萬名生命科學專業人士回應中國政府的呼籲。[32]如今，中國成了全球專利與學術發表數量最多的幾個國家之一，且不僅在專利與論文發表方面表現出眾，在生物科技進步等助力的推動下，「中國製造」（Made in China）工業策略也促使高科技製造業大幅躍進。[33]即使中國的智慧財產法規與管制環境仍不及國際標準，政府仍積極在全國各處做提升生物事業生產力的建設，以及教育及生命科學園區的建設。賀建奎對胚胎做CRISPR基因編輯，最後產下活嬰的消息傳開時，世界各地的人們都震驚不已，然而中國共產黨很可能早已知悉賀建奎的研究內容，畢竟賀並沒有暗中作業，且中國的監視系統堪稱世界之冠。外國科學家完全無法設想的一些遺傳工程實驗，在中國的環境下不僅被允許，甚至可能受到鼓勵。

我們可以清楚看出，中國沒興趣成為生技產業的世界工廠，而是想成為合成生物學與人工智慧領域的全球霸權。以國內生產毛額而論，中國預計會在二〇三〇年成為世界最大經濟體，而到了二〇五〇年，它還可能成為最大的專利與智慧財產持有者，以及第一個在新生兒出生當下便完成基因體定序的國家。中國為什麼如此積極確保生物經濟依照它的意思發展呢？一大原因是中國人口眾多，且全球正在面對氣候相關的人口遷徙及糧食生產問題。假若中國成功了，它將成為全球最大的定序機、藥品與主要糧食出口國，還能對外銷售環境汙染及極端天氣事件的解決方法。[34]

一些國家對於遺傳工程、生物科技與個人數據的管制法規和國際常規大不相同，這些國家正處於重要的發展階段。印度將在二〇五〇年成為全球人口最多的國家，也可能成為世界最大經濟體及主要糧食生產國之一。印度龐大的市場、規模，以及重要糧食生產國的地位，增加了它對於合成生物學發展路徑的影響力。印度政府在一九八〇年代成立了生物科技局（Department of Biotechnology），旨在發展基因修改與其他科技的未來策略。[35]問題是，該國過於繁複的官僚體制阻礙了生物科技局開發與實行管制架構，而與此同時，印度境內的藥廠生產藥品時偷工減料、偽造數據以達到收益目標等行徑屢遭揭露，待解決的問題仍非常多。[36]目前，印度有許多科學、科技與創業人才，卻缺乏全國策略，其他國家也不甚信任印度開發與製造高品質生技產品的能力。印度鬆散的監督體系可能對所有人造成危害——政府也許會為了實現目標，廣泛啟用各種管制措施，在吸引投資戶的同時為本國商品開闢市場……但考慮到印度的歷史紀錄，政府很可能不會實際執行這些管制措施。

以色列與新加坡都在致力提升生技生產力，除了和外國合作以外，還積極吸引外資。兩國都採用了刺激創新的政策：以色列推出「創新盒」計畫（Innovation Box），為企業提供稅務優惠與其他經濟誘因，目的是說服跨國企業將研發業務遷移（或至少部分遷移）至境內。[37]以色列的「扎坦計畫」（Tzatam Program）提供合成生物學研發所需的器材及其他協助。[38]該國禁止人類生殖細胞基因編輯，但鼓勵用動植物做相關研究，並以嚴格的風險評估程序決定哪些產品得以商業販售。至於新加坡則制定了推動生技創新的先進政策，且這些政策結合了該國教育、經濟、醫療保健與農業——難怪全球第一批在生物工廠培養的肉品能在新加坡上市。[39]

那麼，歐盟採取的是什麼策略呢？歐盟在一九九七年實施對基改食品的嚴格管制，現在歐洲人對於合成生物科技的信任程度相當低，二〇二〇年歐洲溫度計（Eurobarometer）研究顯示，三分之二的歐洲人不願購買基改水果，即使是滋味較佳或栽植方式較環保的水果他們也不買帳。在二〇一八年，法國加強了對於CRISPR科技的管制，以管制基改生物的標準審視CRISPR科技。[40]儘管如此，管制法規並不涵括一些較舊的科技，例如將植物暴露在輻射下促使隨機突變。這對歐洲及英國的科學研究群體造成了令人心寒的影響，用CRISPR編輯植物基因的跨國界研究計畫全數中止了；一位科學家藉由CRISPR讓亞麻薺生產更多健康的omega-3油脂，他當時正在做田野試驗，甚至還沒能收穫亞麻籽油——卻愕然得知這場田野試驗的管制狀態突然變了。

科學與科學政策明顯脫節了。我們現今面對許多全球問題——氣候危機、生物多樣性急劇下滑、糧食稀缺，以及新型病原體——也許能透過合成生物學解決，但前提是我們能做到全球合作。然而，各國為了市場占有率而互相競爭，甚至開發尚未受國際公約限制的生物武器。我們無從預防大自然的發展，也無從預測人類對於科技所有的兩用用途，但我們可以提出三個全球性的建議，減少合成生物學相關的風險。

建議一：禁止功能增益研究

新科技被發明出來時，人們會為這項科技找出各種其他用途，合成生物學也是如此，而這就是為什麼我們應禁止功能增益研究。正如我們在本書第七章所述，功能增益研究會使病毒變得更加危險。我們就別拐彎抹角了，直接揭發這種研究的真面目吧——功能增益研究，其實就是開發生物武器。

即使地球上所有國家、實驗室與DIY生物學家都同意停用合成生物科技，大自然仍會自創兩用難題。我們以鼠疫桿菌（*Yersinia pestis*）為例：鼠疫桿菌在一三四〇年代開始攻擊蒙古札尼別（Jani Beg）可汗的軍隊，札尼別的士兵雖然戰勝了西方敵人，卻在內部的免疫戰場上輸給了致命病原體。鼠疫擴散到了君士坦丁堡的軍隊，接著傳到西西里，然後是馬賽。傳到波斯帝國時，鼠疫桿菌得到了更簡單恐怖的名稱：黑死病。數百年來，這種細菌持續演化，在跳蚤、泥土、哺乳類之間跳轉，然後感染了歐洲住民，導致歐洲三分之一人口悽慘死亡。[41] 同樣造成重大疫情的疾病多的是：瘧疾、狂犬病、結核病、伊波拉，以及COVID-19（如果你相信COVID-19是自然生成的話）。我們真的沒必要再幫大自然一把了。

考慮到人們現在有先進的模擬與定序科技，即使不做功能增益研究，我們也完全能為未來的病毒疫病未雨綢繆。羅恩・福希爾在二〇一二年將H5N1禽流感病毒「變異到爆」，是為了建立病毒模型，作進一步研究使用。當時一些科學家擔心若發現新型病原體，定序該病原體的基因體可能會花太多時間；如果科學界能在疫情爆發前，先行取得高傳染性、高致命版病毒的基因體序列，也許就能加速開發疫苗與藥品、療法的過程。然而，合成生物學界與科學界絕大部分的人們得知福希爾的研究內容時，卻是深感驚恐。在合成生物學工具持續進步的今天，這類研究不僅變得更加危險——還逐漸失去了必要性。

福希爾發表功能增益研究的十年過後，我們的電腦功能比過去強得多，手上的基因資料庫也十分龐大，即使發現新病原體，我們也能在短短數小時內揭露它的遺傳密碼。至於病原體突變的各種可能性，則都能透過電腦分析與建立模型。另外，在美國與其他地區，即使是安全性最高的生物實驗室也有許多安全漏洞，輕者可能是存庫管理不佳，重者可能是廢水消毒做得不完善。我們至今（二〇二一年中）仍無法輕易排除COVID-19為武漢功能增益研究產物的可能性，就表示這種研究對於公眾安全的風險遠遠高於它的價值。而且從COVID-19疫情看來，我們甚至連面對中度傳染力、中度致命性的病毒，也是不知所措。假設病毒的傳染力稍微高一些、致命性稍微高一些，那還得了？

二〇一七年十二月，川普政府公布了新指導方針，允許政府出資的團隊執行功能增益研究計畫，目的除了監控與預測可能出現的新病原體以外，還有鼓勵人們研究刻意為之的功能增益突變。在其他國家看來，美國政府此舉的意義再明白不過：美國正在開發病毒生物武器。現在可不是和別國進行生物軍備競賽的時候。值得一提的是，製作疫苗的企業並沒有公然呼籲政府讓他們做功能增益研究，也沒有提出此類研究能協助他們強化未來生產疫苗的供應鏈。[42]

禁止功能增益研究，不等同全面中止合成病毒、疫苗、抗病毒藥物或病毒測試。我們的環境中到處都是病毒，它們是生態系統中重要且無法分割的一部分，也可以用來幫助人類，例如製造精準型抗生素對付難以消滅的微生物、治療癌症，以及作為基因療法的輸送載體。但即使允許此類研究，我們也應以監管核子科技發展的嚴謹程度，仔細監管病毒相關的研究。

建議二：創造生技領域的布列敦森林制度

不同國家往往在危機發生時才會團結，而不會在危機還未發生時同心協力。面對危險時，我們很容易達成共識，但要共同創建世界願景與巨大轉變，那可是難如登天。話雖如此，各國還是能在特定誘因的吸引下，為了公眾利益相互合作——舉例而言，各國都強烈希望能發展各自的生物經濟，而不是將資源用以創造新的生物兵器。

我們以一九四四年的布列敦森林制度（Bretton Woods）為典範：這是二戰同盟國制定的協議，奠定了新一套全球貨幣系統的基礎。協議包括創建兩個新組織，專門監督新系統與促進經濟成長，這兩個組織分別是世界銀行（World Bank）與國際貨幣基金組織（International Monetary Fund，IMF）。參與布列敦森林制度的國家同意相互合作：如果其中一國的貨幣變得太弱勢，其他國家便會出手相助；如果一國貨幣貶值到了一定程度，則由國際貨幣基金組織助該國擺脫困境。此外，這些國家也答應盡量避免貿易戰。然而，國際貨幣基金組織並非扮演全球中央銀行的角色，而是會成為類似免費圖書館的機構，成員國能在必要時借款，但各國都須貢獻黃金與貨幣，確保系統持續運作下去。最終，布列敦森林制度包括四十四國，這四十四個成員國在管制與推動國際貿易方面達成了共識。這種合作模式十分成功，因為所有成員國都能從協議中獲益，若有國家違反協議，則所有成員國都會有所損失。布列敦森林制度在一九七〇年代結束了，不過國際貨幣基金組織與世界銀行依舊存在，至今仍作為屹立不搖的基礎，協助國際貨幣交易。[43][44]

我們提出的制度不是為監督與管制全球金錢，而是管理全球遺傳數據之用。在我們的設想中，成員國同意使用以區塊鏈為基礎、無可改變的紀錄與追蹤系統，除了記錄基因序列以外，還可記錄標準化的部件、訂單與產品。無論科學家是在使絕種的袋狼起死回生、用CRISPR增加成年人的膠原蛋白產量，或是發現新病原體，他們使用或創造的遺傳訊息都將輸入這全球共用的系統。除此之外，設施與產品須符合嚴格的標準並通過稽核，而檢察結果同樣應輸入共用系統，形成清清楚楚的課責鏈。聲譽佳的公司會遵守嚴格的生物安全預防措施，例如拓唯思特生物科技公司每月篩檢學術實驗室、藥廠與化學製造商的數千筆遺傳序列訂單，尋找任何異常之處。拓唯思特偶爾會發現危險的訂單（這通常是客戶端粗心的差錯所致），但我們前面之所以想像了聯邦調查局情境，就是因為拓唯思特許多同儕企業作業時並沒有篩檢程序。在全球合成生物科技系統下，企業必須比對多個DNA數據庫，篩檢出近似受管制病原體與已知毒素序列的合成基因訂單，然後在公眾資料庫中驗證買家與交易紀錄。

全球遺傳數據庫包括DNA，而DNA可能揭露我們最敏感、最隱私的祕密，保險公司、警方與競爭對手都對我們這些祕密深感興趣。現在至少有七十個國家建立並維護全國DNA登記處，其中一些資料庫包含非知情同意情況下取得的數據。目前各國將DNA視為執法工具，卻錯失了將遺傳數據用於全球大規模研究計畫、造福全人類的機會。[45]

在這方面，我們可以參考一個人口僅一百三十萬的小國，以該國為典範規畫前進路線。[46][47] 愛沙尼亞位於北歐情勢緊張的地帶，鄰近充滿敵意的俄羅斯，但這個小國建造了全世界最先進的數位生態系統之一，這是長久以來全球有目共睹的成就。愛沙尼亞政府發給所有居民數位身分證，讓人們安全地透過網路和政府機構、稅務與登記處進行交易，取得公私部門的服務。該國公民從二〇〇五年便能用數位身分證驗證身分，透過電子系統投票，而這個數位身分證同樣是愛沙尼亞醫療保健系統的骨幹，讓醫護人員讀取公民存於中央系統的個人健康及醫療紀錄。除此之外，愛沙尼亞的數位生態系統也有利於需要大量數據的遺傳學研究，該國人體生物資料庫（BioBank）包括百分之二十成年國民的遺傳與健康資訊，這些人都自願將數據提供給遺傳學研究計畫使用。系統為他們提供免費的基因型分析服務與相關教育課程，而愛沙尼亞的民族精神也著實可敬，人們還真的會參與這些課程。參與者知道，在數位身分證系統的保護下，他們不僅安全無虞，還能保持匿名。[48]

在我們假想的生技版布列敦森林制度下，成員國能建造類似的區塊鏈數位身分證系統，以無可改寫的形式記錄個人基因體數據，供研究計畫使用。我們可以參考愛沙尼亞國民知情同意下提供數據的模型，讓成員國以相同的形式收集系統中的數據，而成員國也須將一定比例的國內遺傳數據貢獻給全球資料庫。如此一來，系統會鼓勵人們負責任地使用與開發遺傳數據，盡量發揮責任制度。有了儲存與提取基因序列的標準化系統，稽查工作就會容易得多，大規模稽查也更為可行。

建議三：制定證照規定

現代汽車是十分強大的一項科技，所有國家對汽車駕駛人與車廠都有一定的要求，你必須受訓、考駕照、遵從法律規定的安全措施、完成登記、接受監督與管制。汽車駕駛人必須通過筆試與路考，證明他們瞭解道路駕駛規定，每國都有國內駕照持有者的登記列表，也會定期更新名單。如果你想駕駛機車、大卡車與運輸車輛，就得考取特別的證照與執照，相信在不久後的未來，隨著自駕車普及化，政府也會訂定自駕車專用的證照規定。目前為止，有一百五十個國家要求欲自行駕車的外國人持有國際駕照，駕駛人得先取得本國的駕照，然後再填表申請國際駕照。[49]至於汽車製造商，則必須通過數十項不同的查核，才能夠販售汽車——舉例而言，你的安全氣囊必須以正確方式彈出、煞車不能鎖死，安全帶也必須做得足夠牢固。汽車會先在電腦模擬中進行測試，接著在封閉環境用碰撞測試假人進行模擬，然後再到封閉的戶外車道上做真人測試。汽車本身須掛有牌照，並示出環境檢查許可證。車子上路後，路上有雷達測速與紅燈超速相機，確保人們在該停車時依規定停車，而地方執法人員也會在路上巡邏，取締違規、酒駕或駕駛技術太差的用路人。你如果想賣二手車給別人，還得重新跑一次行政程序，再次通過檢查、取得證照與登記的過程。

那麼，我們能不能為合成生物學建立類似的證照系統，以此管理所有DIY生物駭客與專業研究者，管理產品與程序，要求人們接受嚴格測驗，並確保所有交易與貿易都受到密切監督呢？這個做法相當合理，而且還不是我們原創的提案——這其實是喬治．丘奇的理念。丘奇在他撰寫的《再創世紀》（*Regenesis*）一書中建議道，我們應建立「一套媲美汽車相關規定的安全措施」。[50]

但我們想建造的，可不僅是媲美汽車規定的系統。我們建議創立國際證照系統，專門發放證照與認證，為今天在某些方面已經和人工智慧領域平起平坐的合成生物學領域，吸引更多的人才。由於生物學並非固定不變的學問，人們須持續接受教育才能更新證照，我們也能以此確保業餘生物學者學到最新的資訊。各國政府可以補助考取證照的費用，甚至將政策融入教育計畫，吸引更多年輕人加入生物經濟。一旦你考到證照，這份證照便會受所有成員國認可，促使研究者之間的合作。另外，國際證照系統也會涵蓋合成生物學內部各個子領域之器材製造商、生物工廠與商業組織的安全標準。在未來，定序機或合成機的硬體部分可以內建篩檢系統，如此一來，人們理論上就更難刻意或意外地設計出會造成危害的生物了。未來的安全措施也許會包括緊急中斷機制：在細胞內加入自毀功能的編碼，防止生物離開實驗室環境。有了證照系統，我們還能推廣系統標準化與互用性，促進所有國家的生物經濟。

我們能確定的是：我們目前走的這條路促進了地緣政治上的緊張、不受控的競爭，以及相互矛盾的管制規定，最終必然會導向全球紛爭。若使用丘奇提出且由我們改良過的方案，便能促使人與人、國與國之間的合作，導向安全且能在經濟上獲益的結果。

美國需要更好的科學與科技政策

美國現在雖是合成生物學界的全球領袖，但我們讓研究者、投資者與地方管制機構之間產生了矛盾。首先，我們的管制架構不僅有礙創新，還沒能保護公民、防止未來的災害。在生物科技協調框架下，環保局、食藥局與農業部都扮演管制生物科技的部分角色，然而系統並沒有定期更新，導致出現監管漏洞。我們在調查哪個政府機構負責同時監督合成生物學產品及遺傳數據駭客後，寫下了聯邦調查局舊金山分局情境；[51]之所以做這方面的調查，是因為我們對二〇二〇年一次事件感到好奇。二〇二〇年十一月，以色列內蓋夫本－古里安大學（Ben-Gurion University of the Negev）一群學者創造了類似的新型網路生物學攻擊，這種攻擊可以騙過科學家，讓科學家造出產生毒素的危險基因序列。[52][53]我們在得知消息時自然相當緊張，於是花了整整三天研讀美國國土安全部政策與國家安全會議文件，判斷生物惡意軟體歸哪一個部門管轄。我們訪問過國防部、國務院、政府問責署（Government Accountability Office）及疾病管制與預防中心幾個關鍵情報來源，並訪問了國家安全分析師與國會職員，他們一再建議我們諮詢其他人與其他機構，直到最後，一位高級職員終於給了我們答案：面對網路生物學攻擊，美國其實門戶洞開。

川普政府在二〇一九年放寬了生物科技協調框架的規定，框架現在允許非商用實驗在極少監督下進行，而沒能為不停演進的各種合成生物科技提供具體指導。若無人採取干預行動，我們可能只會一次又一次在協調框架上添加修正案與額外條款，造成後續更多的混亂與法律糾紛。面對此情此景，我們回想起網際網路逐步拼湊出基礎的過程，我們能有今天的網路系統，都是多虧了前人奠定的基礎。網際網路協定（Internet Protocol）是網路系統不可或缺的一部分，相當於DNA在生物學當中的地位，構成了網路的基礎。但在缺乏中心化規畫及協調合作的情況下，許多系統都出現了漏洞，少數人得以壟斷網路資源、掌控重要開關，而許多商業模型對於利潤的重視程度也遠勝於對人類的重視程度。既然都有了網路的前車之鑑，合成生物學理應能避免自然學習曲線上的彎路與挫折才對。

我們在第七章介紹過造就蘑菇問題的因素，而到了未來，這些境況不該存在才是，但現在卻少有人下工夫確保歷史不再重演。我們必須創建一套系統，促使人們負責任地發展合成生物科技與生物經濟。這會是一套兩黨都支持的計畫，初步目的是成立專門處理網路生物安全問題、發展現代管制政策的部門。若施行計畫，我們有機會確保生技生態環境的安全性及長期研發經費目標的可行性，說明美國用合成生物科技催化經濟發展的願景，並且讓未來勞動力預先做足準備、強化國防與為人民提供良好的生活。這裡的關鍵詞是**長期**——無論我們擬出什麼計畫，它都必須能承受國會最大黨輪替（可能每兩年一次）及以總統為首的政黨輪替（可能四年或八年一次）。

面對複雜的社會議題時，聯邦政府往往會讓各州為所欲為，這是保存我國民主管治結構與避免思想獨霸的方法，但同時也是將燙手山芋拋給別人的方法。在COVID-19疫情早期，聯邦政府並沒有購買與發放已然稀缺的個人防護設備（personal protective equipment，PPE）或呼吸器，以致州與州之間發生浪費且充滿敵意的收購大戰。疫情期間，口罩很快便成了一種政治宣言，鮮明的意見分歧導致多處爆發抗議行動，而無論是川普或拜登政府都不肯實行全國性的口罩令，這份責任被丟給了各州州長。一些州長擔心遭選民反對，又將決定權丟給了市長及市議會。口罩雖添了一層政治意義，它的科學原理卻很簡單：人們打噴嚏、交談、咳嗽與呼吸時，病毒便會經由飛沫傳染，我們只須遮住飛沫來源，就能使病毒較難擴散，別人也較不容易吸入病毒了。

那麼，當科學變得複雜許多時，又會發生什麼事？佛羅里達州西嶼的蚊蟲問題十分嚴重，茲卡病毒隨蚊蟲傳播，解決問題的其中一個方法就是用基因編輯蚊子。一群研究者提議編輯雄蚊生殖細胞，防止牠們的雌性後代（只有雌蚊會叮咬人類）存活。若要做昆蟲的生殖細胞編輯，須先取得環保局的許可證，於是研究團隊申請了許可。環保局接著將社區管理交給了伊斯拉摩拉村議會（Islamorada Village Council），而村議會當時有五名成員：一名攝影師、一名退休房地產律師兼商業漁民、一名當地商務人士、另一名當地商務人士，以及一名退休聯邦快遞（FedEx）機師。[54]這些人可不是科學家，卻不得不舉辦聽證會，並制定基因編輯這複雜議題相關的決策。他們面對的風險非常高：小村的居民可能會掀起反抗運動，試行計畫可能會出現大紕漏，基因編輯蚊蟲可能會對西嶼環境造成意料之外的影響。議會成員處於進退兩難的境地。假如我們的合成生物學領域有人統御，以及全國性的長期穩定計畫，就能減少各社群之中的混亂、允許地方官員做良好的決策，並創造更多合理負責的生物經濟成長機會了。

企業：準備面對擾亂

合成生物學最終會和所有產業產生交集，到時每一家企業都會受影響。此領域的進步，將會改變工業材料、塗層、回收、包裝、食物、飲品、美妝、藥品、醫療保健、能源、運輸與供應鏈。會受合成生物學改變的層面另包括設計（我們創造什麼、如何創造）、工作（員工病假天數減少）、法律（我們保護什麼、保護誰）、新聞娛樂（我們敘說的故事種類）、教育（我們教導的內容），以及宗教（我們的信仰）。最終，整體價值鏈（value chain）都將改變。請看看我們目前的肉品價值鏈：這是條高成本長價值鏈，包括飼育動物、提供飼料與遮蔽處、屠宰動物、將屍體處理成不同產品，以及做發售的準備。到了不久後的將來，培養肉品將大幅壓縮這條價值鏈，只留下少少幾個環節：組織取樣與存放、培養細胞、培養肉品並做質地處理，以及做發售的準備。不久之後，這一切程序都能在一所設施內完成。此項發展將普遍對保冷貨車運輸公司與冷藏倉儲業者造成衝擊，而生產肉類包裝材料的公司、在屠宰場上班的數萬員工也無一能置身事外。我們看看農業，就能看見垂直農場興起所造成的衝擊了——在包厘農業（Bowery Farming）、Plenty與Aerofarms等公司將電腦控制的室內農場引入都市中心的同時，傳統農業無疑受到了影響。

然而，我們憑經驗判斷，少有企業願意為五到十年後才會普及的科技，先行發展未來願景與策略。面對新科技，企業應盡快探討描述潛在未來軌跡的情境，否則拖得越久，就會創造越大的風險，企業對於擾亂因子的抵抗力也就越低。合成生物學和其他招致變化的科技一樣，會經歷一波波創新、失敗與成功，而無論科技進展如何，企業仍應即刻自我加強，評估內部結構、程序與勞工的技能。它們必須重新審視自己的商業模式，判斷可能必要的演進方向。企業管理高層經常提出一個問題：「你說清楚，合成生物學到底在什麼時候會擾亂我們的企業和產業？」我們的回答是：重點並非「什麼時候」；重點是，企業必須在變化發生前辨識出即將來臨的改變，然後採用合宜的應對策略。

在生物經濟內營運的企業還須記得一件事：合成生物學的終極利益關係者，其實是我們地球的生態系統，以及所有活在系統中的生物。學術界存在「同儕審查」的傳統，業界卻沒有，所以人們常說企業快速創新、破壞規則，事後才道歉。基礎研究往往不符合投資者的期望，投資者、董事會與行銷人員應給予研究者充分的空間與時間，讓他們完成研究與田野試驗，別逼他們對可能的結果發表一些天馬行空的宣言，也別催促他們快快讓產品上市。在合成生物學生態系統內，一家企業的成功（或失敗）會影響系統中的所有企業。在銀杏生技上市短短數日後，我們採訪了SynBioBeta創辦人約翰．康貝斯（John Cumbers），從他的發言聽來，他對此感到興奮卻又擔憂。「這當然是一大勝利。」他說道，「我們都想建立新平臺，造就製造業的革新，不過這次的估值嚇了我一跳。這是對未來的一大賭注——各方面來說都是一大賭注——而且會影響這個領域的所有人。」[55]

生技公司還須發展出一般民眾能清楚瞭解的數據管理政策。二〇一八年，新創公司23與我宣布和葛蘭素史克（GlaxoSmithKline，GSK）開始一場規畫已久的合作計畫，葛蘭素史克購買了23與我價值三億美元的股份，在購入股份後，這家製藥巨擘得以使用23與我的遺傳數據存庫來開發新藥。兩間公司將之稱為「合作」，但在兩家公司的協議下，數百萬名23與我使用者的數據都供葛蘭素史克開發新藥使用，使用者很難退出這項研究。[56]可想而知，消費者對此憤怒不已：他們可沒同意加入醫藥研究、幫助藥廠賺入大把鈔票。即使在大眾清楚表達不滿的情況下，現在大多數直面消費者的基因分析公司仍會將消費者數據賣給第三方，這本就是它們商業模式無可分割的一部分，但它們往往將這關鍵細節埋藏在繁瑣的細項條款中。一些購買數據的企業是大型零售業者，它們現在會用DNA數據生成銷售線索，用以在網路商店銷售生鮮食品。[57][58]

那麼，假如收集與儲存消費者基因樣本的公司被人收購，會發生什麼事呢？（這是已經發生在族譜、臍帶血與生育產業的事了。）私人公司的買賣並不稀奇，在其他產業，買家除了企業以外，還可能是有錢人、私人股權投資者或信託。在公司被收購的情況下，消費者的數據該如何處理？這些數據遭買賣時會發生什麼事？若數據後來賣給了外國政府呢？數據管理政策應寫得清晰易懂，盡量博取並維持消費者的信任。

更清楚地傳達科學觀念

大眾信任是建立在清楚溝通的基礎之上。在二〇〇七年，卡內基美隆大學（Carnegie Mellon）、史丹佛與麻省理工學院合力做了一場研究，意圖瞭解人們在購物時，大腦哪些區塊會變得活躍。研究者給成年人二十美元，讓他們在特別設計的網路商店購物，同時做功能性磁振造影（functional magnetic resonance imaging，fMRI）。研究結束時，系統判斷出人們在考慮是否購買某產品時，大腦的哪些部分會活躍起來，甚至能預測受試者最終會不會購買此項商品。研究者在《神經元》（*Neuron*）期刊發表一篇再嚴肅不過的論文，討論他們的研究結果。這不太適合當睡前讀物，不過你想快速入眠的話，倒是可以試試。論文作者首先描述了個體經濟學理論（該理論「主張購買行為受消費者偏好及價格之組合驅使」），整體文章詳細而複雜，象徵了作者顯著的成就。[59]參與研究的大學希望能吸引更多人關注這份論文，於是卡內基美隆的新聞處發布了一篇公告，公告走的是和論文截然不同的路線。那篇公告的標題寫道：研究者用腦部掃描預測人們何時購買產品。[60]最終，這份研究被音樂電視網（MTV）報導出來，他們的標題則是：「性愛或購物，誰比較好？」MTV接著表示，你的大腦認為購物就和一夜激情同樣誘人。[61]上述例子再次證實了科學研究者與新聞媒體之間的不同步。

科學家在撰寫研究報告與論文時，應假設讀者不具備相關背景知識，無法輕易理解研究細節與前提。現在的科學研究往往從學術預印伺服器（線上儲存庫，用以儲存尚未經傳統學術期刊同儕審查的論文）轉移至同儕審查期刊，接著傳到新聞處、記者、管制者、競爭對手（其他科學家與企業、國家，以及個別惡意人士）、激進分子、投資者，最後則是變成社群媒體上一句新聞標題，被人一掃而過。隨著合成生物學領域發展起來，科學家必須學會清楚將研究內容傳達給大眾，意思就是在新聞處來電時接起電話，研究被人誇飾、說得不明不白或完全寫錯時，他們也應要求對方改正報導。一個解決方案，是想辦法提前化解可能的誤會。一支研究團隊找出了遺傳學與教育成功與否之間的關聯，他們在將研究成果發表至生物學預印伺服器biorxiv.org之前，先在網路上貼出了淺顯易懂的常見問答，你想得到的問題他們都先一一回答了——問答集甚至比論文本身長得多。[62]更重要的是，問答集比論文容易讀懂。也許研究者、預印伺服器與同儕審查期刊都能將之視為模範，每一篇線上發表的論文都可加上一段寫給非研究者看的簡易摘要（當然，論文也會包括給相同領域研究者讀的標準摘要）。如果加上簡易摘要後，能夠再補充常見問答集，那就更能有效地預防他人誤解。

科學的種族主義問題

假如你同意捐一些血、加入一項科學研究，幫助研究者尋找在你的社群內肆虐的疾病與基因之間的關聯，你想必相信研究者會保護你的遺傳隱私。那假如在多年後，你發現自己不僅被誤導了，還有其他研究者用未曾對你揭露的方式使用你的DNA——在這種情況下，你會作何感想？數百年來居住在現今亞利桑那州地帶的哈瓦蘇派族（Havasupai Tribe），就經歷了這種令人反感的情境。[63]二十世紀晚期，哈瓦蘇派族人面臨糖尿病案例不停增加的困境，於是他們在一九九〇年允許亞利桑那州立大學研究者來做研究，希望能找到好辦法、根除族內糖尿病盛行的問題。研究者採了血液樣本，卻在未告知哈瓦蘇派族人的情況下改變研究範圍，另外加入關於酗酒與多種精神疾病之遺傳標記的探討。亞利桑那州立大學研究者接著在學術期刊中發表多篇論文，公布他們的研究結果，導致新聞媒體發表關於族人近親通婚與罹患思覺失調症的報導。哈瓦蘇派族人自然是又驚恐又丟臉，他們在二〇〇四年向亞利桑那州立大學提告，大學花錢私下做了調查，最終在二〇一〇年和哈瓦蘇派族和解，將血液樣本歸還給族人，並答應不再發表其他研究結果。[64]儘管如此，哈瓦蘇派等原住民族仍深感震怒，美國第二大原住民群體——納瓦荷國（Navajo Nation）——禁止了對族人所有基因定序、分析等研究。他們抗議與不滿完全是情有可原，但現在我們遇上了另一個問題：美國的遺傳數據庫不包含原住民的數據。[65]

除了原住民的數據以外，我們的遺傳數據庫也缺乏黑人DNA。這就不可思議了，畢竟第一批用於研究的人類細胞系就是來自一位黑人女性。一九五一年，海莉耶塔・拉克斯（Henrietta Lacks）在巴爾的摩市約翰霍普金斯醫院接受治療時，科學家取得了她的癌細胞。拉克斯的子宮頸生了一大顆惡性腫瘤，當時醫師用鐳金屬為她治療癌症——大部分接受鐳治療的病人，都會出現細胞死亡的狀況，然而拉克斯的癌細胞不僅存活了下來，細胞數量還每二十到二十四小時增加一倍。霍普金斯的研究者決定繼續用她的細胞——也就是後來的「HeLa細胞系」——開發各種癌症療法，卻沒將這項決定告知拉克斯或她的家人，也沒有因拉克斯對癌症療法開發的卓著貢獻而給予家人任何補償。（直到二〇二〇年底，拉克斯的家族才終於收到來自非營利醫療研究組織的大筆贈款。）[66]

不僅是拉克斯，許多黑人都曾經被用於醫療研究，卻絲毫不知情。一九三二年，美國公共衛生服務在塔斯基吉大學（Tuskegee Institute）——阿拉巴馬州一所傳統黑人大學——進行關於梅毒的研究，最初參與研究的受試者是六百名黑人男性，其中三百九十九人患有梅毒，二百零一人未罹患梅毒。[67]研究者告訴所有受試者，他們都會接受「惡血」的治療，所謂「惡血」是當地人的說法，指包括梅毒、貧血與疲勞等多種病症。參與研究的男性得以接受免費醫療診察、獲得免費餐食，研究者甚至提供埋葬保險，這部分倒是令人惴惴不安。到了一九四三年，人們開始用青黴素治療梅毒，這是可輕鬆取得的藥品，研究者卻沒有為受試者提供青黴素。所有受試者當中，至少二十八人死亡，還有數百人受了不必要的苦楚，身上長出令人疼痛的瘡與疹子、體重減輕、精神疲勞，甚至是器官受損。我們回顧海莉耶塔．拉克斯事件與塔斯基吉梅毒研究，以及其他許多鮮為人知的案例，就能明白為什麼一些黑人不太願意就醫或參與醫學研究了。

也因為黑人不踴躍參與研究，美國遺傳數據庫當中主要都是歐裔人種的資料，而英國也有類似的情形。二〇一九年，麻省理工學院博德研究所、哈佛大學與麻省總醫院（Massachusetts General Hospital）參考英國人體生物資料庫的數據，希望能找到遺傳數據與身高、BMI、第二型糖尿病、其他遺傳特徵與疾病的關聯，找出可用以預測特徵與疾病的分數。這些分數會成為醫師治療病人用的基線，也能幫助藥廠開發新藥。結果，這項研究出現了危險的規律：歐裔人種的分數比非裔人種的分數準確四．五倍。在美國與英國這兩個最大的英語國家，我們對於黑人健康與疾病的瞭解實在少得可憐。[68]

我們現在越來越常拿遺傳數據來研究健康狀況，而在資料庫占比不平等的情況下，無論是健康知識或照護都將繼續不平等下去。話雖如此，還是有人採取行動，希望能增進研究取樣的多元性。歐巴馬時代的「我們全體研究計畫」（All of Us Research Program）從二〇一八年開始向全國招募參與者，目標是收集一百萬（或更多）個美國人的樣本。到二〇二〇年十二月為止，已有二十七萬人貢獻生物樣本，其中超過百分之八十的參與者來自過去在生物醫療研究中代表性不足的群體。[69]這算是前進了一步，但我們還得走很長一段路，才能彌補過去的不足。

包括大學、出版者與政策制定者在內，廣義科學界都有多元性不足、不夠平等與不夠包容的問題。支持生物科學的各大組織——美國科學促進會、英國的皇家學會（Royal Society）、非營利開放取用出版商公共科學圖書館（PLOS）——的成員大多屬於同種族。美國科學促進會將近百分之八十的領導者是白人，皇家學會編輯委員會百分之九十的成員是白人，公共科學圖書館僱用的編輯當中則有百分之七十四是白人。[70]整體而言，頂尖同儕審查生物科學期刊的編輯委員會都不夠多元，中東、北非及拉丁裔人種都代表性不足。《細胞》（*Cell*）是許多合成生物學論文作者欲投稿的同儕審查期刊，而《細胞》共有十五位編輯、七位職員與一百一十九位顧問委員會成員，其中只有一位是黑人。[71]在著名期刊發表論文就等同學術界的貨幣，你想投稿到優秀的期刊，通常得認識其他研究者，以及審閱論文的期刊編輯。我們若想創造能代表所有人的合成生物學未來，就必須使生態系統多元化。

重新想像你的生命

創世機器已經開機，開始運轉了，它將帶領我們走向社會與人類這一物種的大變革。在接下來數年，新興基因科技將會挑戰你的核心信仰，你得決定是否要做DNA定序，是否要讓孩子接種mRNA疫苗。你會聽到很多人討論是否該允許基因挑選——與強化——以及誰有資格使用這些能改善生命的科技。你自己也得對這些議題做出判斷，並在時候到來之際，決定是否要強化自己。氣候變遷將會影響你的生活品質，改變你的工作、生活條件與社群。等到那個時候，你會不會決定改吃培養肉品？你相信基改作物嗎？如果不相信，那你願意在什麼情況下改變心意呢？

你和全社會將會一次又一次面臨人類有史以來最難解、最亙古永恆的問題：生命是什麼？在尋找答案的同時，你必須考慮到合成生物學的許多新發展：合成胰島素、凡特的最簡可存活基因體、有點長毛的長毛象、在猴子體內生長的人類胰臟細胞，甚至是你自己一顆等待著轉變為胚胎的皮膚細胞。

全球人們正在熱烈討論未來，這場討論將塑造每一個社群當中合成生物學的發展軌跡，而你現在也是參與對話的一分子了。你是創世機器的一部分，你也將和全人類一同重新想像未來。

後記

生物科技造就了我們的家庭。

我們運用在合成生物學領域的研究與工作經驗，解決了生育問題。我們諮詢同僚，以及各個網路上的專家，還用上了最先進的科技。安德魯和太太創造了兩個健康的孩子——女孩名叫羅莎琳（Rosalind），男孩名叫達爾文（Darwin）——兩個孩子都是以體外人工受精方式生下的，達爾文還另外在胚胎著床前做了基因檢驗。艾美和丈夫則用基因檢驗、排卵誘導劑及針灸的方式，創造了他們的女兒。

我們都明白，我們再幸運不過了。希望我們會是承受這些痛苦的最後一個世代，也希望未來社會能接受並普遍提供科技輔助生育服務——基因篩檢、定序、胚胎挑選，以及為每個人提供多種不同的懷孕選項——而不是只有無法生育的有錢人將這項科技當成最後的救命稻草。

生命的大變化已然到來，創世機器將在不久後決定我們孕育後代的方式、我們對家庭的定義、我們治療疾病的方式、我們建造家園的方式與地點，以及我們攝取養分的方式。它將幫助我們對抗氣候危機，並添增地球生物多樣性。它將為我們的孩子創造更好的世界，甚至幫助他們探索未知的世界。為了孩子，我們懷有一份希望——希望在所有可能的未來當中，合成生物學能夠成就最好的未來。

謝辭

這本書就和合成生物學一樣，隨著我們過去十年對於生物科技不同層面、不同未來的探索，這本書也逐漸變化與成長了。為此，我們想向許多人獻上謝意。

艾美——《創世機器》是數百場會議、電話討論、採訪、電郵往來，以及用餐期間愉快地談天說地的成果。我想感謝Arfiya Eri、Jake Sotiriadis、Jodi Halpern、John Cumbers、Kara Snesko、Frances Colon、Noriyuki Shikata、John Noonan、Masao Takahashi、Kathryn Kelly、Craig Beauchamp、Jim Baker、Bill McBain、Sewell Chan、Ros Deegan、Alfonso Wenker、Julia Mossbridge、Camille Fournier、Paola Antonelli、Kris Schenck、Hardy Kagimoto、Maggie Lewis、Jeff Le、Megan Palmer、Andrea Wong與Matt Chessen，他們慷慨地為我創造機會，幫助我認識我們在本書中呈現的諸多議題：人工智慧、生物科技、戰爭、地緣政治、全球經濟、全球供應鏈、美國政府高層的決策制定，以及合成生物學的倫理挑戰、地緣政治影響與經濟機會。其中許多人耐心地對我解釋了複雜的生物議題，試閱了本書的早期書稿，還幫我介紹了其他的生技領域工作者。

我欠搭檔與丈夫Brian Woolf博士太多太多，他總是傾聽我的假說、試閱我的初稿，還會挑戰我的想法。在寫這本書時，我多次挑戰了他的耐心，問了許多關於學術研究的問題、和他談論基因編輯的細節，還不停辯論生物的遠距離即時傳送是否可行（還是我描述的概念不過是高科技傳真機）。在COVID-19疫情第一年，我爸爸Don Webb和我們同住，讀了許多份早期書稿，我的女兒Petra也在假想情境那幾章幫我們做了不少腦力激盪。

我的Spark Camp社群聽我說了許多初期想法與概念，Esther Dyson更是我的靈感泉源，總是提醒我挑戰自己根深柢固的信念、鼓勵我自省，還給了我放大思考範圍的動力。哈佛大學的James Geary與Ann Marie Lipinski這些年來對我十分慷慨，協助我舉辦聚會，和人們談論未來並更進一步發展我的前瞻方法。

我所在的美日領袖計畫（US-Japan Leadership Program）社群，是聰明絕頂、互相支持的一群人，為了打造更好的未來而努力。Kelly Nixon、James Ulak、George Packard、Tomoyuki Watanabe與Aya Tsujita：多虧你們的投入與努力，我現在對世界有了嶄新的看法。《未來的造物者》與《AI未來賽局》（*The Big Nine*）都因我們一同度過的代表週和會員週末而改變了，同樣改變了這兩本書的，還有我和美日領袖計畫同伴們持續不斷的討論。

SynBioBeta社群張開了雙臂歡迎我，這麼多創新人士願意給我這個機會、讓我瞭解他們的工作內容，我著實感到榮幸。在COVID-19疫情期間，SynBioBeta決定將二〇二〇年秋季的年度會議改為虛擬形式，那剛好也是我們開始寫作的時期。我和會議的講者與參與者在線上線下的討論，都給了我無盡幫助，而我和美國外交關係協會（Council on Foreign Relations）同儕私下的對話也對我的研究助益良多。

我運氣很好，得以在紐約大學史登商學院（Stern School of Business）進行策略前瞻思考，同時研究企業及企業未雨綢繆的方式。非常感謝Sam Craig教授帶我加入企業管理碩士班教學團隊，並且在過去幾年指導我。參與我課程的企業管理碩士班學生都極其聰明又有創意，我對他們的讚賞已經超越了言語能表達的範疇。在二〇二〇年秋季與二〇二一年春季學期，我得以和學生一同在重新理解活動中測試一些合成生物學情境，從中得到許多收穫。

我有幸認識人脈極廣的Danny Stern，他總是堅持要我將思想無限放大。Mel Blake指導了我，幫助我塑造想法，鼓勵我踏出舒適圈，還要求我超越原先為自己設下的目標，為更宏大的公眾利益付出心力。他還介紹我認識了安德魯，這份恩情我永生難忘。感謝Fortier Public Relations的Mark Fortier與Lisa Barnes，以及PublicAffairs的Jamie Leifer與Miguel Cervantes，他們擁有無窮無盡的耐心，致力確保我的書被新聞媒體代表與大人物看見，也確保我做好充分的準備，隨時能和他人來一場有意義的對話。我深深感謝Clive Priddle出版我的前兩本書，並允許我探索具挑戰性的題材。我仍舊對Sam Freedman教授感激不已，我當初在哥倫比亞大學讀研究所時，就是他鼓勵我走上了寫書這條路。

少了我在Future Today Institute的團隊，我根本不可能完成這本書。Cheryl Cooney組織了我們的客戶計畫與工作流，讓我有時間查資料與寫作。在我忙著將最後幾章收尾時，了不起的同仁Emily Caufield包辦了我們年度趨勢報告的設計與製作。Maureen Adams時時確保我們的工作進展，也在充滿忙碌、混亂與線上工作的一年間，確保我完成自己負責的工作。

最後，我必須感謝Jon Fine、Carol Franco、Kent Lineback與John Mahaney。Jon當了我多年的編輯——他比任何人都瞭解我的文筆（而且他很討厭我剛剛用的「——」）。是Jon幫助我讓這本書中的故事鮮活起來，確保我們提供了充分的色彩與細節，並提醒我們說明科學的部分。Jon是龐克搖滾歌星（我說真的）、才華洋溢的編輯，但這些都不是重點，重點是，他是我親愛的好友。每當我開始新計畫，我的出版經紀人Carol與她丈夫Kent就會邀我到他們在聖塔菲的美麗家園，和我一同討論想法、將主題精化，並明確找出這本書的「承諾」。我們花了好幾天、好幾頁，將研究資料、概念、角色與想法蒸餾成核心論點，休息時間則在城鎮漫步，在超棒的餐廳暢聊一番。在Carol的介紹下，我認識了我的編輯John Mahaney，他現在已經為我的三本書擔任牧羊人角色了。這次的作品特別需要信賴與信任，尤其在初稿截止日一個個過去之後，他的信賴更是受到了挑戰。John，我這些年來逐漸加深了對你的認識，過程中十分開心。即使到了現在，我一想到能和你合作，還是覺得不可思議呢。

安德魯——我們濃縮寫入這本書的經歷包含太多太多人，我實在無法將他們一一列出來。以下是在我這一路上扮演關鍵角色的一些人物，我想對他們道謝：Betty McCaffrey，是她讓我成為了今天的我；Frank Herbert、Arthur C. Clarke、James Cameron、Ridley Scott、Michael Crichton等等，給了我精妙故事的創作者；Ken Sanderson博士，他讓我認識了細菌與繪製基因體圖譜的樂趣；

Tak Mak博士與Amgen，他們帶我進到了科學界與製藥業；解讀與編寫基因體的Craig Venter博士與Ham Smith博士二人組，感謝他們成為生物學的先驅；Stephanie Selig，她讓書呆子科學家看見了生命、愛與靈性不同的一面；Tom Ray博士，他讓我學到人腦的程式就和細胞一樣，可以編寫與修改；Drew Endy、Rob Carlson、Tom Knight、Randy Rettberg、Meagan Lizarazo等人，感謝他們創造最棒的iGEM計畫與社群。

另外感謝Aubrey de Grey與Kevin Perrott帶我認識長壽與老化領域；Marc Hodosh的TEDMED；Chris Dambrowitz博士、Hans-Joachim Wieden博士、Christian Jacob博士、Michael Ellison博士與亞伯達省的許多人，感謝你們擔任加拿大合成生物學社群的領袖；John Carlson與Jason Tymko，他們陪我探索了合作生技；Peter Diamandis的奇點大學（Singularity University）與X-Prize；Autodesk全員，其中特別感謝Jonathan Knowles、Carl Bass、Jeff Kowalski、Carlos Olguin與Larry Peck，謝謝他們欣然接受生物CAD；Alicia Jackson包羅萬象的心思；共同創辦Genome Project-Write的Jef Boeke與Nancy Kelley，以及讓計畫發揚光大的Amy Schwartz；Jane Metcalfe的《連線》雜誌、NEO.LIFE與悠長的對話。

我還想感謝Rajeev Ronanki、Chad Moles、Peter Weijmarshausen與2048 Ventures賦予Humane Genomics生命；Michael Hopmeier的友誼、見解與飛彈發射井；美國航空暨太空總署勇敢挑戰極限的精神；Elon Musk一而再、再而三完成近乎不可能的任務；各方面都無可挑剔的Mickey McManus；當然也感謝Hani、Ro、Dax與整個Hong家無條件的愛，你們給了我建造美好未來的理由。如果得到你們的許可，我很樂意複製你們所有人。說了這麼多，少了艾美詳盡的調查、寫作與對於出版業的瞭解，《未來的造物者》根本不可能存在。我對她獻上無盡的謝意，也感謝Mel Blake與Danny Stern幫我們牽線，如果每一位初試身手的作者都如此幸運就好了。

註釋

前言：生命該是機率遊戲嗎？

① Amy Webb, "All the Pregnancies I Couldn't Talk About," as first published in *The Atlantic*, October 21, 2019.

② Heidi Ledford, "Five Big Mysteries About CRISPR's Origins," *Nature News* 541, no. 7637 (January 19, 2017): 280, https://doi.org/10.1038/541280a.

③ "Daily Updates of Totals by Week and State," Centers for Disease Control and Prevention, www.cdc.gov/nchs/nvss/vsrr/covid19/index.htm.

④ Julius Fredens, Kaihang Wang, Daniel de la Torre, Louise F. H. Funke, Wesley E. Robertson, Yonka Christova, Tiongsun Chia, et al., "Total Synthesis of *Escherichia coli* with a Recoded Genome," *Nature* 569, no. 7757 (May 1, 2019): 514–18, https://doi.org/10.1038/s41586-019-1192-5.

⑤ Embriette Hyde, "Why China Is Primed to Be the Ultimate SynBio Market," SynBioBeta, February 12, 2019, https://synbiobeta.com/why-china-is-primed-to-be-the-ultimate-synbio-market.

⑥ Thomas Hout and Pankaj Ghemawat, "China vs the World: Whose Technology Is It?," *Harvard Business Review*, December 1, 2010, https://hbr.org/2010/12/china-vs-the-world-whose-technology-is-it.

第1章　拒絕壞基因：創世機器的誕生

① Video interview conducted by Amy Webb with Bill McBain on October 9, 2020.

② Awad M. Ahmed, "History of Diabetes Mellitus," *Saudi Medical Journal* 23, no. 4 (April 2002): 373–78.

③ Jacob Roberts, "Sickening Sweet," Science History Institute, December 8, 2015, www.sciencehistory.org/distillations/sickening-sweet.

④ L. J. Dominguez and G. Licata. "The discovery of insulin: what really happened 80 years ago," *Annali Italiani di Medicina Interna* 16, no. 3 (September 2001): 155–62.

⑤ Robert D. Simoni, Robert L. Hill, and Martha Vaughan, "The Discovery of

Insulin: The Work of Frederick Banting and Charles Best," *Journal of Biological Chemistry* 277, no. 26 (June 28, 2002): e1–2, https://doi.org/10.1016/S0021-9258(19)66673-1.

⑥ Simoni et al., "Discovery of Insulin."

⑦ "The Nobel Prize in Physiology or Medicine 1923," Nobel Prize, www.nobelprize.org/prizes/medicine/1923/summary.

⑧ "100 Years of Insulin," Eli Lilly and Company, www.lilly.com/discovery/100-years-of-insulin.

⑨ "Two Tons of Pig Parts: Making Insulin in the 1920s," National Museum of American History, November 1, 2013, https://americanhistory.si.edu/blog/2013/11/two-tons-of-pig-parts-making-insulin-in-the-1920s.html.

⑩ "Statistics About Diabetes," American Diabetes Association, www.diabetes.org/resources/statistics/statistics-about-diabetes.

⑪ "Eli Lilly Dies at 91," *New York Times*, January 25, 1977, www.nytimes.com/1977/01/25/archives/eli-lilly-dies-at-91-philanthropist-and-exhead-of-drug-company.html.

⑫ "Cloning Insulin," Genentech, April 7, 2016, www.gene.com/stories/cloning-insulin.

⑬ "Our Founders," Genentech, www.gene.com/about-us/leadership/our-founders.

⑭ Victor K. McElheny, "Technology: Making Human Hormones with Bacteria," *New York Times*, December 7, 1977, http://timesmachine.nytimes.com/timesmachine/1977/12/07/96407192.html.

⑮ Victor K. McElheny, "Coast Concern Plans Bacteria Use for Brain Hormone and Insulin," *New York Times*, December 2, 1977, www.nytimes.com/1977/12/02/archives/coast-concern-plans-bacteria-use-for-brain-hormone-and-insulin.html.

⑯ "Kleiner-Perkins and Genentech: When Venture Capital Met Science," https://store.hbr.org/product/kleiner-perkins-and-genentech-when-venture-capital-met-science/813102.

⑰ "Value of 1976 US Dollars Today—Inflation Calculator," https://www.inflationtool.com/us-dollar/1976-to-present-value?amount=1000000.

⑱ K. Itakura, T. Hirose, R. Crea, A. D. Riggs, H. L. Heyneker, F. Bolivar, and H. W. Boyer, "Expression in *Escherichia coli* of a Chemically Synthesized Gene for the Hormone Somatostatin," *Science* 198, no. 4321 (December 9, 1977): 1056–63, https://doi.org/10.1126/science.412251.

⑲ "Genentech," Kleiner Perkins, www.kleinerperkins.com/case-study/genentech.

⑳ "Cloning Insulin."

㉑ "Cloning Insulin."

㉒ Suzanne White Junod, "Celebrating a Milestone: FDA's Approval of First Genetically-Engineered Product," https://www.fda.gov/media/110447/download.

㉓ "An Estimation of the Number of Cells in the Human Body," *Annals of Human Biology*, https://informahealthcare.com/doi/abs/10.3109/03014460.2013.807878
.

㉔ Christopher T. Walsh, Robert V. O'Brien, and Chaitan Khosla, "Nonproteinogenic Amino Acid Building Blocks for Nonribosomal Peptide and Hybrid Polyketide Scaffolds," *Angewandte Chemie* 52, no. 28 (July 8, 2013): 7098–124, https://doi.org/10.1002/anie.201208344.

㉕ Kavya Balaraman, "Fish Turn on Genes to Adapt to Climate Change," *Scientific American*, October 27, 2016, www.scientificamerican.com/article/fish-turn-on-genes-to-adapt-to-climate-change.

㉖ Ewen Callaway, "DeepMind's AI Predicts Structures for a Vast Trove of Proteins," *Nature News*, July 22, 2021, www.nature.com/articles/d41586-021-02025-4.

㉗ AlphaFold team, "A Solution to a 50-Year-Old Grand Challenge in Biology," DeepMind, November 30, 2020, https://deepmind.com/blog/article/alphafold-a-solution-to-a-50-year-old-grand-challenge-in-biology.

㉘ "Why Diabetes Patients Are Getting Insulin from Facebook," Science Friday, December 13, 2019, www.sciencefriday.com/segments/diabetes-insulin-facebook.

㉙ "Diabetic Buy Sell Trade Community," Facebook, www.facebook.com/groups/483202212435921.

㉚ Michael Fralick and Aaron S. Kesselheim, "The U.S. Insulin Crisis—Rationing a Lifesaving Medication Discovered in the 1920s," *New England Journal of Medicine* 381, no. 19 (November 7, 2019): 1793–95, https://doi.org/10.1056/NEJMp1909402.

㉛ "'The Absurdly High Cost of Insulin'—as High as $350 a Bottle, Often 2 Bottles per Month Needed by Diabetics," National AIDS Treatment Advocacy Project, www.natap.org/2019/HIV/052819_02.htm.

㉜ "Insulin Access and Affordability Working Group: Conclusions and Recommendations | Diabetes Care," accessed May 31, 2021, https://care.diabetesjournals.org/content/41/6/1299.

㉝ William T. Cefalu, Daniel E. Dawes, Gina Gavlak, Dana Goldman, William H. Herman, Karen Van Nuys, Alvin C. Powers, Simeon I. Taylor, and Alan L. Yatvin, on behalf of the Insulin Access and Affordability Working Group, "Insulin

Access and Affordability Working Group: Conclusions and Recommendations," *Diabetes Care* 41, no. 6 (2018): 1299–1311, https://care.diabetesjournals.org/content/41/6/1299.

㉞ Briana Bierschbach, "What You Need to Know About the Insulin Debate at the Capitol," MPR News, August 16, 2019, www.mprnews.org/story/2019/08/16/what-you-need-to-know-about-the-insulin-debate-at-the-capitol.

㉟ Fralick and Kesselheim, "The U.S. Insulin Crisis."

㊱ Daniel G. Gibson, John I. Glass, Carole Lartigue, Vladimir N. Noskov, Ray-Yuan Chuang, Mikkel A. Algire, Gwynedd A. Benders, et al., "Creation of a Bacterial Cell Controlled by a Chemically Synthesized Genome," *Science* 329, no. 5987 (July 2, 2010): 52–56, https://doi.org/10.1126/science.1190719.

㊲ "No More Needles! Using Microbiome and Synthetic Biology Advances to Better Treat Type 1 Diabetes," J. Craig Venter Institute, March 25, 2019, www.jcvi.org/blog/no-more-needles-using-microbiome-and-synthetic-biology-advances-better-treat-type-1-diabetes.

㊳ Carl Zimmer, "Copyright Law Meets Synthetic Life Meets James Joyce," *National Geographic*, March 15, 2011, www.nationalgeographic.com/science/article/copyright-law-meets-synthetic-life-meets-james-joyce.

第2章　往起跑線的賽跑

① "A Brief History of the Department of Energy," US Department of Energy, www.energy.gov/lm/doe-history/brief-history-department-energy.

② Robert Cook-Deegan, "The Alta Summit, December 1984," *Genomics* 5 (October 1989): 661–63, archived at Human Genome Project Information Archive, 1990–2003, https://web.ornl.gov/sci/techresources/Human_Genome/project/alta.shtml.

③ Deegan, "The Alta Summit."

④ "Oral History Collection," National Human Genome Research Institute, www.genome.gov/leadership-initiatives/History-of-Genomics-Program/oral-history-collection.

⑤ "About the Human Genome Project," Human Genome Project Information Archive, 1990–2003, https://web.ornl.gov/sci/techresources/Human_Genome/project/index.shtml.

⑥ Institute of Medicine, Committee to Study Decision, Division of Health and Sciences Policy, *Biomedical Politics*, ed. Kathi Hanna (Washington, DC:

National Academies Press, 1991).

⑦ "Human Genome Project Timeline of Events," National Human Genome Research Institute, www.genome.gov/human-genome-project/Timeline-of-Events.

⑧ "Human Genome Project Timeline of Events."

⑨ "Mills HS Presents Craig Venter, Ph.D.," Millbrae Community Television, 2017, https://mctv.tv/events/mills-hs-presents-craig-venter-ph-d.

⑩ Stephen Armstrong, "How Superstar Geneticist Craig Venter Stays Ahead in Science," *Wired UK*, June 9, 2017, www.wired.co.uk/article/craig-venter-synthetic-biology-success-tips.

⑪ Jason Schmidt, "The Genome Warrior," *New Yorker*, June 4, 2000, www.newyorker.com/magazine/2000/06/12/the-genome-warrior-2.

⑫ "Genetics and Genomics Timeline: 1991," Genome News Network, www.genomenewsnetwork.org/resources/timeline/1991_Venter.php.

⑬ Schmidt, "Genome Warrior."

⑭ 在當時，科學界對於人類基因體當中的基因數量並沒有共識，即使到了二〇〇〇年科學家仍無法確定確切的基因數量，人們猜測的平均數值約為六萬二千五百段基因。

⑮ Douglas Birch, "Race for the Genome," *Baltimore Sun*, May 18, 1999.

⑯ John Crace, "Double Helix Trouble," *The Guardian*, October 16, 2007, www.theguardian.com/education/2007/oct/16/highereducation.research.

⑰ "Human Genome Project Budget," Human Genome Project Information Archive, 1990–2003, https://web.ornl.gov/sci/techresources/Human_Genome/project/budget.shtml.

⑱ "CPI Calculator by Country," Inflation Tool, www.inflationtool.com.

⑲ "Rosalind Franklin: A Crucial Contribution," reprinted from Ilona Miko and Lorrie LeJeune, eds., *Essentials of Genetics* (Cambridge, MA: NPG Education, 2009), Unit 1.3, *Nature Education*, www.nature.com/scitable/topicpage/rosalind-franklin-a-crucial-contribution-6538012.

⑳ James D. Watson, *The Double Helix: A Personal Account of the Discovery of the Structure of DNA* (London: Weidenfeld and Nicolson, 1981).

㉑ Julia Belluz, "DNA Scientist James Watson Has a Remarkably Long History of Sexist, Racist Public Comments," Vox, January 15, 2019, www.vox.com/2019/1/15/18182530/james-watson-racist.

㉒ Tom Abate, "Nobel Winner's Theories Raise Uproar in Berkeley: Geneticist's Views Strike Many as Racist, Sexist," SF Gate, November 13, 2000, www.

sfgate.com/science/article/Nobel-Winner-s-Theories-Raise-Uproar-in-Berkeley-3236584.php.

㉓ Brandon Keim, "James Watson Suspended from Lab, but Not for Being a Sexist Hater of Fat People," *Wired*, October 2007, www.wired.com/2007/10/james-watson-su.

㉔ "James Watson: Scientist Loses Titles After Claims over Race," BBC News, January 13, 2019, www.bbc.com/news/world-us-canada-46856779.

㉕ John H. Richardson, "James Watson: What I've Learned," *Esquire*, October 19, 2007, www.esquire.com/features/what-ive-learned/ESQ0107jameswatson.

㉖ Belluz, "James Watson Has a Remarkably Long History."

㉗ Clive Cookson, "Gene Genies," *Financial Times*, October 19, 2007, www.ft.com/content/3cd61dbc-7b7d-11dc-8c53-0000779fd2ac.

㉘ J. Craig Venter, *A Life Decoded: My Genome, My Life* (New York: Viking, 2007).

㉙ L. Roberts, "Why Watson Quit as Project Head," *Science* 256, no. 5055 (April 17, 1992): 301–2, https://doi.org/10.1126/science.256.5055.301.

㉚ "Norman Schwarzkopf, U.S. Commander in Gulf War, Dies at 78," Reuters, December 28, 2012, www.reuters.com/news/picture/norman-schwarzkopf-us-commander-in-gulf-idUSBRE8BR01920121228.

㉛ Anjuli Sastry and Karen Grigsby Bates, "When LA Erupted in Anger: A Look Back at the Rodney King Riots," National Public Radio, April 26, 2017, www.npr.org/2017/04/26/524744989/when-la-erupted-in-anger-a-look-back-at-the-rodney-king-riots.

㉜ Schmidt, "Genome Warrior."

㉝ Leslie Roberts, "Scientists Voice Their Opposition," *Science* 256, no. 5061 (May 29, 1992): 1273ff, https://link.gale.com/apps/doc/A12358701/HRCA?sid=googleScholar&xid=72ac1090.

㉞ Schmidt, "The Genome Warrior."

㉟ Robert Sanders, "Decoding the Lowly Fruit Fly," *Berkeleyan*, February 3, 1999, www.berkeley.edu/news/berkeleyan/1999/0203/fly.html.

㊱ Nicholas J. Loman and Mark J. Pallen, "Twenty Years of Bacterial Genome Sequencing," *Nature Reviews Microbiology* 13, no. 12 (December 2015): 787–94, https://doi.org/10.1038/nrmicro3565.

㊲ "Genetics and Genomics Timeline: 1995," Genome News Network, www.genomenewsnetwork.org/resources/timeline/1995_Haemophilus.php.

㊳ Kate Reddington, Stefan Schwenk, Nina Tuite, Gareth Platt, Danesh Davar, Helena Coughlan, Yoann Personne, et al., "Comparison of Established Diagnostic

Methodologies and a Novel Bacterial SmpB Real-Time PCR Assay for Specific Detection of *Haemophilus influenzae* Isolates Associated with Respiratory Tract Infections," *Journal of Clinical Microbiology* 53, no. 9 (September 2015): 2854–60, https://doi.org/10.1128/JCM.00777-15.

㊴ "Two Bacterial Genomes Sequenced," Human Genome News 7, no. 1 (May-June 1995), Human Genome Project Information Archive, 1990–2003, https://web.ornl.gov/sci/techresources/Human_Genome/publicat/hgn/v7n1/05microb.shtml.

㊵ H. O. Smith, J. F. Tomb, B. A. Dougherty, R. D. Fleischmann, and J. C. Venter, "Frequency and Distribution of DNA Uptake Signal Sequences in the Haemophilus Influenzae Rd Genome," *Science* 269, no. 5223 (July 28, 1995): 538–40, https://doi.org/10.1126/science.7542802.

㊶ Claire M. Fraser, Jeannine D. Gocayne, Owen White, Mark D. Adams, Rebecca A. Clayton, Robert D. Fleischmann, Carol J. Bult, et al., "The Minimal Gene Complement of Mycoplasma Genitalium," *Science* 270, no. 5235 (October 20, 1995): 397–404, https://doi.org/10.1126/science.270.5235.397.

㊷ "3700 DNA Analyzer," National Museum of American History, https://americanhistory.si.edu/collections/search/object/nmah_1297334.

㊸ 多維奇並不知道，日立製作所（Hitachi Corporation）的神原秀記（Hideki Kambara）也在同一時期開發了類似的科技，應用生物系統公司最終取得了這兩份科技的授權，並與日立合作開發裝置。二〇〇一年，《科學》期刊稱兩位研究員為基因體計畫「不為人知的英雄」。

㊹ Jim Kling, "Where the Future Went," *EMBO Reports* 6, no. 11 (November 2005): 1012–14, https://doi.org/10.1038/sj.embor.7400553.

㊺ Douglas Birch, "Race for the Genome," *Baltimore Sun*, May 18, 1999.

㊻ Nicholas Wade, "In Genome Race, Government Vows to Move Up Finish," *New York Times*, September 15, 1998, www.nytimes.com/1998/09/15/science/in-genome-race-government-vows-to-move-up-finish.html.

㊼ Lisa Belkin, "Splice Einstein and Sammy Glick. Add a Little Magellan," *New York Times*, August 23, 1998, www.nytimes.com/1998/08/23/magazine/splice-einstein-and-sammy-glick-add-a-little-magellan.html.

㊽ Schmidt, "Genome Warrior."

㊾ Douglas Birch, "Daring Sprint to the Summit. The Quest: A Determined Hamilton Smith Attempts to Scale a Scientific Pinnacle—and Reconcile with Family," *Baltimore Sun*, April 13, 1999, www.baltimoresun.com/news/bs-xpm-1999-04-13-9904130335-story.html.

㊿ "Gene Firm Labelled a 'Con Job,'" BBC News, March 6, 2000, http://news.bbc.

co.uk/2/hi/science/nature/667606.stm.
51. Mark D. Adams, Susan E. Celniker, Robert A. Holt, Cheryl A. Evans, Jeannine D. Gocayne, Peter G. Amanatides, Steven E. Scherer, et al., "The Genome Sequence of *Drosophila melanogaster*," *Science* 287, no. 5461 (March 24, 2000): 2185–95, https://doi.org/10.1126/science.287.5461.2185.
52. Nicholas Wade, "Rivals on Offensive as They Near Wire in Genome Race," *New York Times*, May 7, 2000, www.nytimes.com/2000/05/07/us/rivals-on-offensive-as-they-near-wire-in-genome-race.html.
53. Nicholas Wade, "Analysis of Human Genome Is Said to Be Completed," *New York Times*, April 7, 2000, https://archive.nytimes.com/www.nytimes.com/library/national/science/040700sci-human-genome.html.
54. Wade, "Analysis of Human Genome."
55. "Press Briefing by Dr. Neal Lane, Assistant to the President for Science and Technology; Dr. Frances Collins, Director of the National Human Genome Research Institute; Dr. Craig Venter, President and Chief Scientific Officer, Celera Genomics Corporation; and Dr. Ari Patrinos, Associate Director for Biological and Environmental Research, Department of Energy, on the Completion of the First Survey of the Entire Human Genome," White House Press Release, June 26, 2000, Human Genome Project Information Archive, 1990–2003, https://web.ornl.gov/sci/techresources/Human_Genome/project/clinton3.shtml.
56. "June 2000 White House Event," White House Press Release, June 26, 2000, National Human Genome Research Institute, www.genome.gov/10001356/june-2000-white-house-event.
57. "June 2000 White House Event."
58. "June 2000 White House Event."
59. Andrew Brown, "Has Venter Made Us Gods?," The Guardian, May 20, 2010, www.theguardian.com/commentisfree/andrewbrown/2010/may/20/craig-venter-life-god.

第3章　生命基石

1. "Marvin Minsky, Ph.D," Academy of Achievement, https://achievement.org/achiever/marvin-minsky-ph-d.
2. Martin Campbell-Kelly, "Marvin Minsky Obituary," *The Guardian*, February 3, 2016, www.theguardian.com/technology/2016/feb/03/marvin-minsky-obituary.
3. Jeremy Bernstein, "Marvin Minsky's Vision of the Future," *New Yorker*,

December 6, 1981, www.newyorker.com/magazine/1981/12/14/a-i.
④ Amy Webb, *The Big Nine: How the Tech Titans and Their Thinking Machines Could Warp Humanity* (New York: PublicAffairs, 2019).
⑤ "HMS Beagle: Darwin's Trip Around the World," National Geographic Resource Library, n.d., www.nationalgeographic.org/maps/hms-beagle-darwins-trip-around-world.
⑥ Webb, *The Big Nine*.
⑦ "Tom Knight," Internet Archive Wayback Machine, http://web.archive.org/web/20040202103232/http://www.ai.mit.edu/people/tk/tk.html.
⑧ "Synthetic Biology, IGEM and Ginkgo Bioworks: Tom Knight's Journey," iGem Digest, 2018, https://blog.igem.org/blog/2018/12/4/tom-knight.
⑨ Sam Roberts, "Harold Morowitz, 88, Biophysicist, Dies; Tackled Enigmas Big and Small," *New York Times*, April 1, 2016, www.nytimes.com/2016/04/02/science/harold-morowitz-biophysicist-who-tackled-enigmas-big-and-small-dies-at-88.html.
⑩ Adam Bluestein, "Tom Knight, Godfather of Synthetic Biology, on How to Learn Something New," *Fast Company*, August 28, 2012, www.fastcompany.com/3000760/tom-knight-godfather-synthetic-biology-how-learn-something-new.
⑪ Bluestein, "Tom Knight, Godfather."
⑫ "Synthetic Biology, IGEM and Ginkgo Bioworks."
⑬ Roger Collis, "The Growing Threat of Malaria," *New York Times*, December 10, 1993, www.nytimes.com/1993/12/10/style/IHT-the-growing-threat-of-malaria.html.
⑭ Institute of Medicine, Committee on the Economics of Antimalarial Drugs, *Saving Lives, Buying Time: Economics of Malaria Drugs in an Age of Resistance*, eds. Kenneth J. Arrow, Claire Panosian, and Hellen Gelband (Washington, DC: National Academies Press, 2004).
⑮ Nicholas J. White, Tran T. Hien, and François H. Nosten, "A Brief History of Qinghaosu," *Trends in Parasitology* 31, no. 12 (December 2015): 607–10, https://doi.org/10.1016/j.pt.2015.10.010.
⑯ Eran Pichersky and Robert A. Raguso, "Why Do Plants Produce So Many Terpenoid Compounds?," *New Phytologist* 220, no. 3 (2018): 692–702, https://doi.org/10.1111/nph.14178.
⑰ Michael Specter, "A Life of Its Own," *New Yorker*, September 21, 2009, www.newyorker.com/magazine/2009/09/28/a-life-of-its-own.

⑱ Institute of Medicine, *Saving Lives, Buying Time*.
⑲ Ben Hammersley, "At Home with the DNA Hackers," *Wired UK*, October 8, 2009, www.wired.co.uk/article/at-home-with-the-dna-hackers.
⑳ Lynn Conway, "The M.I.T. 1978 MIT VLSI System Design Course," University of Michigan, accessed May 31, 2021, https://ai.eecs.umich.edu/people/conway/VLSI/MIT78/MIT78.html.
㉑ Oliver Morton, "Life, Reinvented," *Wired*, January 1, 2005, www.wired.com/2005/01/mit-3.
㉒ 如果你家有愛看《飛哥與小佛》(Phineas and Ferb)的孩子，想必會覺得「抑制振盪器」聽起來就像是杜芬舒斯(Doofenshmirtz)博士可能發明出來的東西。
㉓ Drew Endy, Tom Knight, Gerald Sussman, and Randy Rettberg, "IAP 2003 Activity," IAP website hosted by MIT, last updated December 5, 2002, http://web.mit.edu/iap/www/iap03/searchiap/iap-4968.html.
㉔ "Synthetic Biology 1.0 SB 1.0," collaborative notes hosted at www.coursehero.com/file/78510074/Sb10doc.
㉕ Vincent J J Martin, Douglas J. Pitera, Sydnor T. Withers, Jack D. Newman, and Jay D. Keasling, "Engineering a Mevalonate Pathway in *Escherichia coli* for Production of Terpenoids," *Nature Biotechnology* 21 (2003): 796–802, doi:10.1038/nbt833.
㉖ Specter, "A Life of Its Own."
㉗ Ron Weiss, Joseph Jacobson, Paul Modrich, Jim Collins, George Church, Christina Smolke, Drew Endy, David Baker, and Jay Keasling, "Engineering Life: Building a FAB for Biology," *Scientific American*, June 2006, www.scientificamerican.com/article/engineering-life-building.
㉘ Richard Van Noorden, "Demand for Malaria Drug Soars," *Nature* 466, no. 7307 (August 2010): 672–73, https://doi.org/10.1038/466672a.
㉙ Daniel Grushkin, "The Rise and Fall of the Company That Was Going to Have Us All Using Biofuels," *Fast Company*, August 8, 2012, www.fastcompany.com/3000040/rise-and-fall-company-was-going-have-us-all-using-biofuels.
㉚ Grushkin, "The Rise and Fall of the Company."
㉛ Kevin Bullis, "Amyris Gives Up Making Biofuels: Update," MIT Technology Review, February 10, 2012, www.technologyreview.com/2012/02/10/20483/amyris-gives-up-making-biofuels-update.
㉜ "Not Quite the Next Big Thing," Prism, February 2018, www.asee-prism.org/not-quite-the-next-big-thing.

㉝ James Hendler, "Avoiding Another AI Winter," *IEEE Intelligent Systems* 23, no. 2 (March 1, 2008): 2–4, https://doi.org/10.1109/MIS.2008.20.

第4章 上帝、教會與（有點長毛的）長毛象

① Jill Lepore, "The Strange and Twisted Life of 'Frankenstein,'" *New Yorker*, February 5, 2018, www.newyorker.com/magazine/2018/02/12/the-strange-and-twisted-life-of-frankenstein.

② Paul Russell and Anders Kraal, "Hume on Religion," in *The Stanford Encyclopedia of Philosophy*, ed. Edward N. Zalta, Stanford University, Spring 2020, https://plato.stanford.edu/archives/spr2020/entries/hume-religion.

③ "George Church," *Colbert Report*, season 9, episode 4, October 4, 2012 (video clip), Comedy Central, www.cc.com/video-clips/fkt99i/the-colbert-report-george-church.

④ "George Church," Oral History Collection, National Human Genome Research Institute, www.genome.gov/player/h5f7sh3K7L0/PL1ay9ko4A8sk0o9O-YhseFHzbU2I2HQQp.

⑤ "George Church," Oral History Collection.

⑥ Sharon Begley, "A Feature, Not a Bug: George Church Ascribes His Visionary Ideas to Narcolepsy," Stat News, June 8, 2017, www.statnews.com/2017/06/08/george-church-narcolepsy.

⑦ Begley, "A Feature, Not a Bug."

⑧ Patricia Thomas, "DNA as Data," *Harvard Magazine*, January 1, 2004, www.harvardmagazine.com/2004/01/dna-as-data.html.

⑨ J. Tian, H. Gong, N. Sheng, X. Zhou, E. Gulari, X. Gao, G. Church, "Accurate Multiplex Gene Synthesis from Programmable DNA Microchips," *Nature*, December 23, 2004, 432(7020): 1050–54, doi: 10.1038/nature03151, PMID: 15616567.

⑩ Jin Billy Li, Yuan Gao, John Aach, Kun Zhang, Gregory V. Kryukov, Bin Xie, Annika Ahlford, et al., "Multiplex Padlock Targeted Sequencing Reveals Human Hypermutable CpG Variations," *Genome Research* 19, no. 9 (September 1, 2009): 1606–15, doi.org/10.1101/gr.092213.109.

⑪ Jon Cohen, "How the Battle Lines over CRISPR Were Drawn," *Science*, February 15, 2017, www.sciencemag.org/news/2017/02/how-battle-lines-over-crispr-were-drawn.

⑫ "The Nobel Prize in Chemistry 2020," Nobel Prize, www.nobelprize.org/prizes/

chemistry/2020/summary.
⑬ Elizabeth Cooney, "George Church Salutes Fellow CRISPR Pioneers' Historic Nobel Win," Stat News, October 7, 2020, www.statnews.com/2020/10/07/a-terrific-choice-george-church-salutes-fellow-crispr-pioneers-historic-nobel-win.
⑭ "George M. Church, Ph.D., Co-Founder and Advisor," eGenesis, www.egenesisbio.com/portfolio-item/george-m-church.
⑮ Peter Miller, "George Church: The Future Without Limit," *National Geographic*, June 1, 2014, www.nationalgeographic.com/science/article/140602-george-church-innovation-biology-science-genetics-de-extinction.
⑯ Personal Genome Project website: https://www.personalgenomes.org/.
⑰ Blaine Bettinger, "Esther Dyson and the 'First 10,'" The Genetic Genealogist, July 27, 2007, https://thegeneticgenealogist.com/2007/07/27/esther-dyson-and-the-first-10/.
⑱ Amy Harmon, "6 Billion Bits of Data About Me, Me, Me!" *New York Times*, June 3, 2007, sec. Week in Review. https://www.nytimes.com/2007/06/03/weekinreview/03harm.html.
⑲ Bettinger, "Esther Dyson."
⑳ Stephen Pinker, "My Genome, My Self," *New York Times*, January 7, 2009, www.nytimes.com/2009/01/11/magazine/11Genome-t.html.
㉑ "The Life of Dolly," University of Edinburgh, https://dolly.roslin.ed.ac.uk/facts/the-life-of-dolly/index.html.
㉒ Charles Q. Choi, "First Extinct-Animal Clone Created," *National Geographic*, February 10, 2009, www.nationalgeographic.com/science/article/news-bucardo-pyrenean-ibex-deextinction-cloning.
㉓ Nicholas Wade, "The Woolly Mammoth's Last Stand," *New York Times*, March 2, 2017, www.nytimes.com/2017/03/02/science/woolly-mammoth-extinct-genetics.html.
㉔ David Biello, "3 Billion to Zero: What Happened to the Passenger Pigeon?," *Scientific American*, June 27, 2014, www.scientificamerican.com/article/3-billion-to-zero-what-happened-to-the-passenger-pigeon.
㉕ TEDx DeExtinction, https://reviverestore.org/events/tedxdeextinction.
㉖ "Hybridizing with Extinct Species: George Church at TEDx DeExtinction," www.youtube.com/watch?v=oTH_fmQo3Ok.
㉗ Christina Agapakis, "Alpha Males and Adventurous Human Females: Gender and Synthetic Genomics," *Scientific American*, January 22, 2013, https://blogs.scientificamerican.com/oscillator/alpha-males-and-adventurous-human-

females-gender-and-synthetic-genomics.

㉘ 喬治・丘奇與共同作者艾德・里吉西（Ed Regis）在《再創世紀：合成生物學將如何重新創造自然和我們人類》（*Regenesis: How Synthetic Biology Will Reinvent Nature and Ourselves*）的前言描寫了此情境。

㉙ Gina Kolata, "Scientist Reports First Cloning Ever of Adult Mammal," *New York Times*, February 23, 1997, https://archive.nytimes.com/www.nytimes.com/books/97/12/28/home/022397clone-sci.html.

㉚ "Experts Detail Obstacles to Human Cloning," *MIT News*, May 14, 1997, https://news.mit.edu/1997/cloning-0514.

㉛ "Human Cloning: Ethical Issues," Church of Scotland, Church and Society Council, pamphlet, n.d., www.churchofscotland.org.uk/__data/assets/pdf_file/0006/3795/Human_Cloning_Ethical_Issues_leaflet.pdf.

㉜ "President Bill Clinton, March 4, 1997," transcript at CNN, www.cnn.com/ALLPOLITICS/1997/03/04/clinton.money/transcript.html.

㉝ "Poll: Most Americans Say Cloning Is Wrong," CNN.com, March 1, 1997, www.cnn.com/TECH/9703/01/clone.poll.

㉞ Editors, "Why Efforts to Bring Extinct Species Back from the Dead Miss the Point," *Scientific American*, June 1, 2013, www.scientificamerican.com/article/why-efforts-bring-extinct-species-back-from-dead-miss-point, https://doi.org/10.1038/scientificamerican0613-12.

㉟ George Church, "George Church: De-Extinction Is a Good Idea," *Scientific American*, September 1, 2013, www.scientificamerican.com/article/george-church-de-extinction-is-a-good-idea, https://doi.org/10.1038/scientificamerican0913-12.

㊱ TEDx DeExtinction, https://reviverestore.org/projects/woolly-mammoth/.

㊲ Ross Andersen, "Welcome to Pleistocene Park," *The Atlantic*, April 2017, www.theatlantic.com/magazine/archive/2017/04/pleistocene-park/517779.

㊳ Nathan Nunn and Nancy Qian, "The Columbian Exchange: A History of Disease, Food, and Ideas," *Journal of Economic Perspectives* 24, no. 2 (May 1, 2010): 163–88, https://doi.org/10.1257/jep.24.2.163.

㊴ Nunn and Qian, "The Columbian Exchange."

㊵ "The Human Cost of Disasters," UNDRR, October 12, 2020, https://reliefweb.int/report/world/human-cost-disasters-overview-last-20-years-2000-2019.

㊶ "The Human Cost of Disasters—An Overview of the Last 20 Years, 2000–2019," Relief Web, October 12, 2020, https://reliefweb.int/report/world/human-cost-disasters-overview-last-20-years-2000-2019.

㊷ Camilo Mora, Chelsie W. W. Counsell, Coral R. Bielecki, and Leo V Louis, "Twenty-Seven Ways a Heat Wave Can Kill You in the Era of Climate Change," *Circulation: Cardiovascular Quality and Outcomes 10*, no. 11 (November 1, 2017): e004233, https://doi.org/10.1161/CIRCOUTCOMES.117.004233.

㊸ "UN Report: Nature's Dangerous Decline 'Unprecedented'; Species Extinction Rates 'Accelerating,'" United Nations, Sustainable Development Goals, May 6, 2019, www.un.org/sustainabledevelopment/blog/2019/05/nature-decline-unprecedented-report.

㊹ Sinéad M. Crotty, Collin Ortals, Thomas M. Pettengill, Luming Shi, Maitane Olabarrieta, Matthew A. Joyce, and Andrew H. Altieri, "Sea-Level Rise and the Emergence of a Keystone Grazer Alter the Geomorphic Evolution and Ecology of Southeast US Salt Marshes," *Proceedings of the National Academy of Sciences* 117, no. 30 (July 28, 2020): 17891–902, www.pnas.org/content/117/30/17891.

㊺ "The Almond and Peach Trees Genomes Shed Light on the Differences Between These Close Species: Transposons Could Lie at the Origin of the Differences Between the Fruit of Both Species or the Flavor of the Almond," Science Daily, September 25, 2019, www.sciencedaily.com/releases/2019/09/190925123420.htm.

㊻ "President Obama Announces Intent to Nominate Francis Collins as NIH Director," White House Press Release, July 8, 2009, https://obamawhitehouse.archives.gov/the-press-office/president-obama-announces-intent-nominate-francis-collins-nih-director.

第5章　生物經濟

① Zhuang Pinghui, "Chinese Laboratory That First Shared Coronavirus Genome with World Ordered to Close for 'Rectification,' Hindering Its Covid-19 Research," *South China Morning Post*, February 28, 2020, www.scmp.com/news/china/society/article/3052966/chinese-laboratory-first-shared-coronavirus-genome-world-ordered.

② Grady McGregor, "How an Overlooked Scientific Feat Led to the Rapid Development of COVID-19 Vaccines," *Fortune*, December 23, 2020, https://fortune.com/2020/12/23/how-an-overlooked-scientific-feat-led-to-the-rapid-development-of-covid-19-vaccines.

③ Yong-Zhen Zhang and Edward C. Holmes, "A Genomic Perspective on the

Origin and Emergence of SARS-CoV-2," *Cell* 181, no. 2 (April 16, 2020): 223–27, https://doi.org/10.1016/j.cell.2020.03.035.
④ "Novel 2019 Coronavirus Genome," Virological, January 11, 2020, https://virological.org/t/novel-2019-coronavirus-genome/319.
⑤ "GenBank Overview," National Center for Biotechnology Information, www.ncbi.nlm.nih.gov/genbank.
⑥ "Novel 2019 Coronavirus Genome."
⑦ Walter Isaacson, "How mRNA Technology Could Upend the Drug Industry," *Time*, January 11, 2021, https://time.com/5927342/mrna-covid-vaccine.
⑧ Susie Neilson, Andrew Dunn, and Aria Bendix, "Moderna Groundbreaking Coronavirus Vaccine Was Designed in Just 2 Days," *Business Insider*, December 19, 2020, www.businessinsider.com/moderna-designed-coronavirus-vaccine-in-2-days-2020-11.
⑨ "The Speaking Telephone: Prof. Bell's Second Lecture Sending Multiple Dispatches in Different Directions over the Same Instrument at the Same Time Doing Away with Transmitters and Batteries a Substitute for a Musical Ear Autographs and Pictures By Telegraph," *New York Times*, May 19, 1877, www.nytimes.com/1877/05/19/archives/the-speaking-telephone-prof-bells-second-lecture-sending-multiple.html.
⑩ "The Speaking Telephone."
⑪ "AT&T's History of Invention and Breakups," *New York Times*, February 13, 2016, www.nytimes.com/interactive/2016/02/12/technology/att-history.html.
⑫ Arthur C. Clarke, "Extra-Terrestrial Relays: Can Rocket Stations Give World-Wide Radio Coverage?," In *Progress in Astronautics and Rocketry*, ed. Richard B. Marsten, 19: 3–6, Communication Satellite Systems Technology (Amsterdam: Elsevier, 1966), https://doi.org/10.1016/B978-1-4832-2716-0.50006-2.
⑬ Donald Martin, Paul Anderson, and Lucy Bartamian, "The History of Satellites," *Sat Magazine*, reprinted from *Communication Satellites*, 5th ed. (Reston, VA: American Institute of Aeronautics and Astronautics, 2007), www.satmagazine.com/story.php?number=768488682.
⑭ Mark Erickson, *Into the Unknown Together: The DOD, NASA, and Early Spaceflight* (Maxwell Air Force Base, AL: Air University Press, 2005).
⑮ 截至二〇二一年，作者撰寫本書之時。
⑯ J. C. R. Licklider, "Memorandum for Members and Affiliates of the Intergalactic Computer Network," April 23, 1963, Advanced Research Projects Agency, archived at Metro Olografix, www.olografix.org/gubi/estate/libri/wizards/memo.

html.
⑰ Leonard Kleinrock, "The First Message Transmission," Internet Corporation for Assigned Names and Numbers (ICANN), October 29, 2019, www.icann.org/en/blogs/details/the-first-message-transmission-29-10-2019-en.
⑱ Ryan Singel, "Vint Cerf: We Knew What We Were Unleashing on the World," *Wired*, April 23, 2012, www.wired.com/2012/04/epicenter-isoc-famers-qa-cerf.
⑲ "History of the Web," World Wide Web Foundation, https://webfoundation.org/about/vision/history-of-the-web.
⑳ Sharita Forrest, "NCSA Web Browser 'Mosaic' Was Catalyst for Internet Growth," Illinois News Bureau, April 17, 2003, https://news.illinois.edu/view/6367/212344.
㉑ "Net Benefits," *The Economist*, March 9, 2013, www.economist.com/finance-and-economics/2013/03/09/net-benefits.
㉒ "U.S. Bioeconomy Is Strong, But Faces Challenges—Expanded Efforts in Coordination, Talent, Security, and Fundamental Research Are Needed," National Academies of Sciences, Engineering, and Medicine, press release, January 14, 2020, www.nationalacademies.org/news/2020/01/us-bioeconomy-is-strong-but-faces-challenges-expanded-efforts-in-coordination-talent-security-and-fundamental-research-are-needed.
㉓ Michael Chui, Matthias Evers, James Manyika, Alice Zheng, and Travers Nisbet, "The Bio Revolution: Innovations Transforming Economies, Societies, and Our Lives," McKinsey and Company, May 13, 2020, www.mckinsey.com/industries/pharmaceuticals-and-medical-products/our-insights/the-bio-revolution-innovations-transforming-economies-societies-and-our-lives.
㉔ Stephanie Wisner, "Synthetic Biology Investment Reached a New Record of Nearly $8 Billion in 2020—What Does This Mean for 2021?," SynBioBeta, January 28, 2021, https://synbiobeta.com/synthetic-biology-investment-set-a-nearly-8-billion-record-in-2020-what-does-this-mean-for-2021.
㉕ Zhou Xin and Coco Feng, "ByteDance Value Approaches US$400 Billion as It Explores Douyin IPO," *South China Morning Post*, April 1, 2021, www.scmp.com/tech/big-tech/article/3128002/value-tiktok-maker-bytedance-approaches-us400-billion-new-investors.
㉖ Wisner, "Synthetic Biology Investment Reached a New Record."
㉗ "DNA Sequencing in Microgravity on the International Space Station (ISS) Using the MinION," Nanopore, August 29, 2016, https://nanoporetech.com/resource-centre/dna-sequencing-microgravity-international-space-station-iss-

using-minion.
㉘ "Polynucleotide Synthesizer Model 280, Solid Phase Microprocessor Controller Model 100B," National Museum of American History, https://americanhistory.si.edu/collections/search/object/nmah_1451158.
㉙ US Security and Exchange Commission Form S-1/A filing by Twist Bioscience on October 17, 2018, SEC Archives, www.sec.gov/Archives/edgar/data/1581280/000119312518300580/d460243ds1a.htm.
㉚ "Building a Platform for Programming Technology," Microsoft Station B, https://www.microsoft.com/en-us/research/project/stationb.
㉛ Microsoft DNA Storage, https://www.microsoft.com/en-us/research/project/dna-storage.
㉜ "With a 'Hello,' Microsoft and UW Demonstrate First Fully Automated DNA Data Storage," Microsoft Innovation Stories, March 21, 2019, https://news.microsoft.com/innovation-stories/hello-data-dna-storage.
㉝ Robert F. Service, "DNA Could Store All of the World's Data in One Room," *Science*, March 2, 2017, www.sciencemag.org/news/2017/03/dna-could-store-all-worlds-data-one-room.
㉞ Nathan Hillson, Mark Caddick, Yizhi Cai, Jose A. Carrasco, Matthew Wook Chang, Natalie C. Curach, David J. Bell, et al., "Building a Global Alliance of Biofoundries," *Nature Communications* 10, no. 1 (May 9, 2019): 2040, https://doi.org/10.1038/s41467-019-10079-2.
㉟ "Moderna's Work on Our COVID-19 Vaccine," Moderna, www.modernatx.com/modernas-work-potential-vaccine-against-covid-19.
㊱ "Moderna's Work on Our COVID-19 Vaccine."
㊲ "'The Never Again Plan': Moderna CEO Stéphane Bancel Wants to Stop the Next Covid-19—Before It Happens," Advisory Board Company, December 22, 2020, www.advisory.com/Blog/2020/12/moderna-ceo-covid-vaccine-bancel.
㊳ Jacob Knutson, "Baltimore Plant Ruins 15 Million Johnson & Johnson Coronavirus Vaccines," Axios, March 31, 2021, www.axios.com/emergent-biosolutions-johnson-and-johnson-vaccine-dfd781a8-d007-4354-910a-e30d5007839b.html.
㊴ Jinshan Hong, Chloe Lo, and Michelle Fay Cortez, "Hong Kong Suspends BioNTech Shot over Loose Vial Caps, Stains," Bloomberg, March 24, 2021, www.bloomberg.com/news/articles/2021-03-24/macau-halts-biontech-shots-on-vials-hong-kong-rollout-disrupted.
㊵ Beatriz Horta, "Yale Lab Develops Revolutionary RNA Vaccine for Malaria," *Yale Daily News*, March 12, 2021, https://yaledailynews.com/blog/2021/03/12/

yale-lab-develops-revolutionary-rna-vaccine-for-malaria.
㊶ Gordon E. Moore, "Cramming More Components onto Integrated Circuits, Reprinted from Electronics," *IEEE Solid-State Circuits Society Newsletter* 11, no. 3 (September 2006): 33–35, https://doi.org/10.1109/N-SSC.2006.4785860.
㊷ "The Cost of Sequencing a Human Genome," National Human Genome Research Institute, www.genome.gov/about-genomics/fact-sheets/Sequencing-Human-Genome-cost.
㊸ Antonio Regalado, "China's BGI Says It Can Sequence a Genome for Just $100," *MIT Technology Review*, February 26, 2020, www.technologyreview.com/2020/02/26/905658/china-bgi-100-dollar-genome.
㊹ Brian Alexander, "Biological Teleporter Could Seed Life Through Galaxy," *MIT Technology Review*, August 2, 2017, www.technologyreview.com/2017/08/02/150190/biological-teleporter-could-seed-life-through-galaxy.

第6章　生物學時代

① 艾美・韋伯在二〇二〇年九月二十四日視訊訪談中得知的消息。
② Philippa Roxby, "Malaria Vaccine Hailed as Potential Breakthrough," BBC News, April 23, 2021, www.bbc.com/news/health-56858158.
③ Hayley Dunning, "Malaria Mosquitoes Eliminated in Lab by Creating All-Male Populations," Imperial College London, News, May 11, 2020, www.imperial.ac.uk/news/197394/malaria-mosquitoes-eliminated-creating-all-male-populations.
④ "Scientists Release Controversial Genetically Modified Mosquitoes in High-Security Lab," National Public Radio, www.npr.org/sections/goatsandsoda/2019/02/20/693735499/scientists-release-controversial-genetically-modified-mosquitoes-in-high-securit.
⑤ "Landmark Project to Control Disease Carrying Mosquitoes Kicks Off in the Florida Keys," Cision, April 29, 2021, www.prnewswire.com/news-releases/landmark-project-to-control-disease-carrying-mosquitoes-kicks-off-in-the-florida-keys-301280593.html.
⑥ Lindsay Brownell, "Human Organ Chips Enable Rapid Drug Repurposing for COVID-19," Wyss Institute, May 3, 2021, https://wyss.harvard.edu/news/human-organ-chips-enable-rapid-drug-repurposing-for-covid-19.
⑦ "Body on a Chip," Wake Forest School of Medicine, https://school.wakehealth.edu/Research/Institutes-and-Centers/Wake-Forest-Institute-for-Regenerative-

Medicine/Research/Military-Applications/Body-on-A-Chip.
⑧ Cleber A. Trujillo and Alysson R. Muotri, "Brain Organoids and the Study of Neurodevelopment," *Trends in Molecular Medicine* 24, no. 12 (December 2018): 982–90, https://doi.org/10.1016/j.molmed.2018.09.005.
⑨ "Stanford Scientists Assemble Human Nerve Circuit Driving Voluntary Movement," Stanford Medicine News Center, December 16, 2020, http://med.stanford.edu/news/all-news/2020/12/scientists-assemble-human-nerve-circuit-driving-muscle-movement.html.
⑩ "DeCODE Launches DeCODEmeTM," DeCODE Genetics, www.decode.com/decode-launches-decodeme.
⑪ Thomas Goetz, "23AndMe Will Decode Your DNA for $1,000. Welcome to the Age of Genomics," *Wired*, November 17, 2007, www.wired.com/2007/11/ff-genomics.
⑫ "23andMe Genetic Service Now Fully Accessible to Customers in New York and Maryland," 23andMe, December 4, 2015, https://mediacenter.23andme.com/press-releases/23andme-genetic-service-now-fully-accessible-to-customers-in-new-york-and-maryland.
⑬ "'Smart Toilet' Monitors for Signs of Disease," Stanford Medicine News Center, April 6, 2020, http://med.stanford.edu/news/all-news/2020/04/smart-toilet-monitors-for-signs-of-disease.html.
⑭ Mark Mimee, Phillip Nadeau, Alison Hayward, Sean Carim, Sarah Flanagan, Logan Jerger, Joy Collins, et al., "An Ingestible Bacterial-Electronic System to Monitor Gastrointestinal Health," *Science* 360, no. 6391 (May 25, 2018): 915–18, https://doi.org/10.1126/science.aas9315.
⑮ Tori Marsh, "Live Updates: January 2021 Drug Price Hikes," GoodRx, January 19, 2021, www.goodrx.com/blog/january-drug-price-hikes-2021.
⑯ "2019 Employer Health Benefits Survey. Section 1: Cost of Health Insurance," Kaiser Family Foundation, September 25, 2019, www.kff.org/report-section/ehbs-2019-section-1-cost-of-health-insurance.
⑰ Bruce Budowle and Angela van Daal, "Forensically Relevant SNP Classes," *BioTechniques* 44, no. 5 (April 1, 2008): 603–10, https://doi.org/10.2144/000112806.
⑱ Leslie A. Pray, "Embryo Screening and the Ethics of Human Genetic Engineering," *Nature Education* 1, no. 1 (2008): 207, www.nature.com/scitable/topicpage/embryo-screening-and-the-ethics-of-human-60561.
⑲ Antonio Regalado, "Engineering the Perfect Baby," MIT Technology Review,

March 5, 2015, www.technologyreview.com/2015/03/05/249167/engineering-the-perfect-baby.

⑳ Rachel Lehmann-Haupt, "Get Ready for Same-Sex Reproduction," NEO.LIFE, February 28, 2018, https://neo.life/2018/02/get-ready-for-same-sex-reproduction.

㉑ Daisy A. Robinton and George Q Daley, "The Promise of Induced Pluripotent Stem Cells in Research and Therapy," *Nature* 481, no. 7381 (January 18, 2012): 295-305, doi:10.1038/nature10761.

㉒ "'Artificial Womb' Invented at the Children's Hospital of Philadelphia," WHYY PBS, April 25, 2017, https://whyy.org/articles/artificial-womb-invented-at-the-childrens-hospital-of-philadelphia.

㉓ Antonio Regalado, "A Mouse Embryo Has Been Grown in an Artificial Womb—Humans Could Be Next," *MIT Technology Review*, March 17, 2021, www.technologyreview.com/2021/03/17/1020969/mouse-embryo-grown-in-a-jar-humans-next.

㉔ "Our Current Water Supply," Southern Nevada Water Authority, https://www.snwa.com/water-resources/current-water-supply/index.html.

㉕ "Food Loss and Waste Database," United Nations, Food and Agriculture Organization, www.fao.org/food-loss-and-food-waste/flw-data.

㉖ "Sustainable Management of Food Basics," US Environmental Protection Agency, August 11, 2015, www.epa.gov/sustainable-management-food/sustainable-management-food-basics.

㉗ "Worldwide Food Waste," Think Eat Save, United Nations Environment Programme, www.unep.org/thinkeatsave/get-informed/worldwide-food-waste.

㉘ Kenneth A. Barton, Andrew N. Binns, Antonius J.M. Matzke, and Mary-Dell Chilton, "Regeneration of Intact Tobacco Plants Containing Full Length Copies of Genetically Engineered T-DNA, and Transmission of T-DNA to R1 Progeny," *Cell* 32, no. 4 (April 1, 1983): 1033–43, https://doi.org/10.1016/0092-8674(83)90288-X.

㉙ "Tremors in the Hothouse," *New Yorker*, July 19, 1993, www.newyorker.com/magazine/1993/07/19/tremors-in-the-hothouse.

㉚ "ISAAA Brief 55-2019: Executive Summary: Biotech Crops Drive Socio-Economic Development and Sustainable Environment in the New Frontier," International Service for the Acquisition of Agri-biotech Applications, 2019, www.isaaa.org/resources/publications/briefs/55/executivesummary/default.asp.

㉛ "Recent Trends in GE Adoption," US Department of Agriculture Economic

Research Service, www.ers.usda.gov/data-products/adoption-of-genetically-engineered-crops-in-the-us/recent-trends-in-ge-adoption.aspx.

㉜ Javier Garcia Martinez, "Artificial Leaf Turns Carbon Dioxide into Liquid Fuel," *Scientific American*, June 26, 2017, www.scientificamerican.com/article/liquid-fuels-from-sunshine.

㉝ Max Roser and Hannah Ritchie, "Hunger and Undernourishment," Our World in Data, October 8, 2019, https://ourworldindata.org/hunger-and-undernourishment.

㉞ "Growing at a Slower Pace, World Population Is Expected to Reach 9.7 Billion in 2050 and Could Peak at Nearly 11 Billion Around 2100," United Nations, Department of Economic and Social Affairs, June 17, 2019, www.un.org/development/desa/en/news/population/world-population-prospects-2019.html.

㉟ Julia Moskin, Brad Plumer, Rebecca Lieberman, Eden Weingart, and Nadja Popovich, "Your Questions About Food and Climate Change, Answered," *New York Times*, April 30, 2019, www.nytimes.com/interactive/2019/04/30/dining/climate-change-food-eating-habits.html.

㊱ "China's Breeding Giant Pigs That Are as Heavy as Polar Bears," Bloomberg, October 6, 2019, www.bloomberg.com/news/articles/2019-10-06/china-is-breeding-giant-pigs-the-size-of-polar-bears.

㊲ Kristine Servando, "China's Mutant Pigs Could Help Save Nation from Pork Apocalypse," Bloomberg, December 3, 2019, www.bloomberg.com/news/features/2019-12-03/china-and-the-u-s-are-racing-to-create-a-super-pig.

㊳ "Belgian Blue," The Cattle Site, www.thecattlesite.com/breeds/beef/8/belgian-blue.

㊴ Antonio Regalado, "First Gene-Edited Dogs Reported in China," *MIT Technology Review*, October 19, 2015, www.technologyreview.com/2015/10/19/165740/first-gene-edited-dogs-reported-in-china.

㊵ Robin Harding, "Vertical Farming Finally Grows Up in Japan," *Financial Times*, January 22, 2020, www.ft.com/content/f80ea9d0-21a8-11ea-b8a1-584213ee7b2b.

㊶ Winston Churchill, "Fifty Years Hence," *Maclean's*, November 15, 1931, https://archive.macleans.ca/article/1931/11/15/fifty-years-hence.

㊷ Alok Jha, "World's First Synthetic Hamburger Gets Full Marks for 'Mouth Feel,'" *The Guardian*, August 6, 2013, www.theguardian.com/science/2013/aug/05/world-first-synthetic-hamburger-mouth-feel.

㊸ Bec Crew, "Cost of Lab-Grown Burger Patty Drops from $325,000 to $11.36," Science Alert, April 2, 2015, www.sciencealert.com/lab-grown-burger-patty-

cost-drops-from-325-000-to-12.
㊹ Karen Gilchrist, "This Multibillion-Dollar Company Is Selling Lab-Grown Chicken in a World-First," CNBC, March 1, 2021, www.cnbc.com/2021/03/01/eat-just-good-meat-sells-lab-grown-cultured-chicken-in-world-first.html.
㊺ Kai Kupferschmidt, "Here It Comes ... The $375,000 Lab-Grown Beef Burger," *Science*, August 2, 2013, www.sciencemag.org/news/2013/08/here-it-comes-375000-lab-grown-beef-burger.
㊻ "WHO's First Ever Global Estimates of Foodborne Diseases Find Children Under 5 Account for Almost One Third of Deaths," World Health Organization, December 3, 2015, www.who.int/news/item/03-12-2015-who-s-first-ever-global-estimates-of-foodborne-diseases-find-children-under-5-account-for-almost-one-third-of-deaths.
㊼ "Outbreak of E. coli Infections Linked to Romaine Lettuce," Centers for Disease Control and Prevention, January 15, 2020, www.cdc.gov/ecoli/2019/o157h7-11-19/index.html.
㊽ Kevin Jiang, "Synthetic Microbial System Developed to Find Objects' Origin," *Harvard Gazette*, June 4, 2020, https://news.harvard.edu/gazette/story/2020/06/synthetic-microbial-system-developed-to-find-objects-origin.
㊾ Jen Alic, "Is the Future of Biofuels in Algae? Exxon Mobil Says It's Possible," Christian Science Monitor, March 13, 2013, www.csmonitor.com/Environment/Energy-Voices/2013/0313/Is-the-future-of-biofuels-in-algae-Exxon-Mobil-says-it-s-possible.
㊿ "J. Craig Venter Institute–Led Team Awarded 5-Year, $10.7 M Grant from US Department of Energy to Optimize Metabolic Networks in Diatoms, Enabling Next-Generation Biofuels and Bioproducts," J. Craig Venter Institute, October 3, 2017, www.jcvi.org/media-center/j-craig-venter-institute-led-team-awarded-5-year-107-m-grant-us-department-energy.
(51) "Advanced Algal Systems," US Department of Energy, www.energy.gov/eere/bioenergy/advanced-algal-systems.
(52) Morgan McFall-Johnsen, "These Facts Show How Unsustainable the Fashion Industry Is," World Economic Forum, January 31, 2020, www.weforum.org/agenda/2020/01/fashion-industry-carbon-unsustainable-environment-pollution.
(53) Rachel Cormack, "Why Hermès, Famed for Its Leather, Is Rolling Out a Travel Bag Made from Mushrooms," Robb Report, March 15, 2021, https://robbreport.com/style/accessories/hermes-vegan-mushroom-leather-1234601607.
(54) "Genomatica to Scale Bio-Nylon 50-Fold with Aquafil," Genomatica, press

release, November 19, 2020, www.genomatica.com/bio-nylon-scaling-50x-to-support-global-brands.

55 L. Lebreton, B. Slat, F. Ferrari, B. Sainte-Rose, J. Aitken, R. Marthouse, S. Hajbane, et al., "Evidence That the Great Pacific Garbage Patch Is Rapidly Accumulating Plastic," *Scientific Reports* 8, no. 1 (March 22, 2018): 4666, https://doi.org/10.1038/s41598-018-22939-w.

56 "Ocean Trash: 5.25 Trillion Pieces and Counting, but Big Questions Remain," National Geographic Resource Library, n.d., www.nationalgeographic.org/article/ocean-trash-525-trillion-pieces-and-counting-big-questions-remain/6th-grade.

第7章　九種風險

① Emily Waltz, "Gene-Edited CRISPR Mushroom Escapes U.S. Regulation: Nature News and Comment," Nature 532, no. 293 (2016), www.nature.com/news/gene-edited-crispr-mushroom-escapes-us-regulation-1.19754.

② Waltz, "Gene-Edited CRISPR Mushroom."

③ Antonio Regalado, "Here Come the Unregulated GMOs," *MIT Technology Review*, April 15, 2016, www.technologyreview.com/2016/04/15/8583/here-come-the-unregulated-gmos.

④ Waltz, "Gene-Edited CRISPR Mushroom."

⑤ Doug Bolton, "Mushrooms that don't turn brown could soon be on sale thanks to loophole in GM food regulations," The Independent, April 18, 2016, https://www.independent.co.uk/news/science/gene-editing-mushrooms-usda-regulations-approved-edited-brown-a6989531.html.

⑥ "如果你不能接受转基因，基因编辑食品你敢吃吗？ |转基因|基因编辑|食物_新浪科技_新浪网," Sina Technology, June 30, 2016, http://tech.sina.com.cn/d/i/2016-06-30/doc-ifxtsatn7803705.shtml.

⑦ Andrew MacFarlane, "Genetically Modified Mushrooms May Lead the Charge to Ending World Hunger," Weather Channel, April 20, 2016, https://weather.com/science/news/genetically-modified-mushrooms-usda.

⑧ "Secretary Perdue Issues USDA Statement on Plant Breeding Innovation," US Department of Agriculture, Animal and Plant Health Inspection Service, March 28, 2018, https://content.govdelivery.com/accounts/USDAAPHIS/bulletins/1e599ff.

⑨ Pam Belluck, "Chinese Scientist Who Says He Edited Babies' Genes Defends

His Work," *New York Times*, November 28, 2018, www.nytimes.com/2018/11/28/world/asia/gene-editing-babies-he-jiankui.html.

⑩ Belluck, "Chinese Scientist."

⑪ "He Jiankui's Gene Editing Experiment Ignored Other HIV Strains," Stat News, April 15, 2019, www.statnews.com/2019/04/15/jiankui-embryo-editing-ccr5.

⑫ Antonio Regalado, "China's CRISPR Twins Might Have Had Their Brains Inadvertently Enhanced," *MIT Technology Review*, February 21, 2019, www.technologyreview.com/2019/02/21/137309/the-crispr-twins-had-their-brains-altered.

⑬ For the original agenda, see "Second International Summit on Human Gene Editing," National Academies of Sciences, Engineering, and Medicine, November 27, 2018, www.nationalacademies.org/event/11-27-2018/second-international-summit-on-human-gene-editing.

⑭ David Cyranoski, "What CRISPR-Baby Prison Sentences Mean for Research," *Nature* 577, no. 7789 (January 3, 2020): 154–55, https://doi.org/10.1038/d41586-020-00001-y.

⑮ Anders Lundgren, "Carl Wilhelm Scheele: Swedish Chemist," Encyclopedia Britannica, www.britannica.com/biography/Carl-Wilhelm-Scheele.

⑯ Gilbert King, "Fritz Haber's Experiments in Life and Death," *Smithsonian Magazine*, June 6, 2012, www.smithsonianmag.com/history/fritz-habers-experiments-in-life-and-death-114161301.

⑰ Jennifer Couzin-Frankel, "Poliovirus Baked from Scratch," *Science*, July 11, 2002, www.sciencemag.org/news/2002/07/poliovirus-baked-scratch.

⑱ "Traces of Terror. The Science: Scientists Create a Live Polio Virus," *New York Times*, July 12, 2002, www.nytimes.com/2002/07/12/us/traces-of-terror-the-science-scientists-create-a-live-polio-virus.html.

⑲ Kai Kupferschmidt, "How Canadian Researchers Reconstituted an Extinct Poxvirus for $100,000 Using Mail-Order DNA," *Science*, July 6, 2017, www.sciencemag.org/news/2017/07/how-canadian-researchers-reconstituted-extinct-poxvirus-100000-using-mail-order-dna.

⑳ Denise Grady and Donald G. McNeil Jr., "Debate Persists on Deadly Flu Made Airborne," *New York Times*, December 27, 2011, www.nytimes.com/2011/12/27/science/debate-persists-on-deadly-flu-made-airborne.html.

㉑ Monica Rimmer, "How Smallpox Claimed Its Final Victim," BBC News, August 10, 2018, www.bbc.com/news/uk-england-birmingham-45101091.

㉒ J. Kenneth Wickiser, Kevin J. O'Donovan, Michael Washington, Stephen

Hummel, and F. John Burpo, "Engineered Pathogens and Unnatural Biological Weapons: The Future Threat of Synthetic Biology," *CTC Sentinel* 13, no. 8 (August 31, 2020): 1–7, https://ctc.usma.edu/engineered-pathogens-and-unnatural-biological-weapons-the-future-threat-of-synthetic-biology.

㉓ Ian Sample, "Craig Venter Creates Synthetic Life Form," *The Guardian*, May 20, 2010, www.theguardian.com/science/2010/may/20/craig-venter-synthetic-life-form.

㉔ Margaret Munro, "Life, From Four Chemicals," Ottawa Citizen, May 21, 2010, www.pressreader.com/canada/ottawa-citizen/20100521/285121404908322.

㉕ Sample, "Craig Venter Creates Synthetic Life Form."

㉖ Ian Sample, "Synthetic Life Breakthrough Could Be Worth over a Trillion Dollars," *The Guardian*, May 20, 2010, www.theguardian.com/science/2010/may/20/craig-venter-synthetic-life-genome.

㉗ Clyde A. Hutchison, Ray-Yuan Chuang, Vladimir N. Noskov, Nacyra Assad-Garcia, Thomas J. Deerinck, Mark H. Ellisman, John Gill, et al., "Design and Synthesis of a Minimal Bacterial Genome," *Science* 351, no. 6280 (March 25, 2016), https://doi.org/10.1126/science.aad6253.

㉘ "Scientists Create Simple Synthetic Cell That Grows and Divides Normally," National Institute of Standards and Technology, March 29, 2021, www.nist.gov/news-events/news/2021/03/scientists-create-simple-synthetic-cell-grows-and-divides-normally.

㉙ Ken Kingery, "Engineered Swarmbots Rely on Peers for Survival," Duke Pratt School of Engineering, February 29, 2016, https://pratt.duke.edu/about/news/engineered-swarmbots-rely-peers-survival.

㉚ Rob Stein, "Blind Patients Hope Landmark Gene-Editing Experiment Will Restore Their Vision," National Public Radio, May 10, 2021, www.npr.org/sections/health-shots/2021/05/10/993656603/blind-patients-hope-landmark-gene-editing-experiment-will-restore-their-vision.

㉛ Sigal Samuel, "A Celebrity Biohacker Who Sells DIY Gene-Editing Kits Is Under Investigation," Vox, May 19, 2019, www.vox.com/future-perfect/2019/5/19/18629771/biohacking-josiah-zayner-genetic-engineering-crispr.

㉜ Arielle Duhaime-Ross, "In Search of a Healthy Gut, One Man Turned to an Extreme DIY Fecal Transplant," The Verge, May 4, 2016, www.theverge.com/2016/5/4/11581994/fmt-fecal-matter-transplant-josiah-zayner-microbiome-ibs-c-diff.

㉝ Stephanie M. Lee, "This Biohacker Is Trying to Edit His Own DNA and Wants

You to Join Him," BuzzFeed, October 14, 2017, www.buzzfeednews.com/article/stephaniemlee/this-biohacker-wants-to-edit-his-own-dna.

㉞ Molly Olmstead, "The Fuzzy Regulations Surrounding DIY Synthetic Biology," Slate, May 4, 2017, https://slate.com/technology/2017/05/the-fuzzy-regulations-surrounding-diy-synthetic-biology.html.

㉟ 道納與張各成立了四間公司，包括道納成立的Scribe Therapeutics、Intellia Therapeutics、Mammoth Biosciences與Caribou Biosciences，以及張成立的Sherlock Biosciences、Arbor Biotechnologies、Beam Therapeutics與Editas Medicine。夏彭蒂耶成立了兩間公司：CRISPR Therapeutics與ERS Genomics。道納也是Editas Medicine的原始創辦人之一，但因專利糾紛而與張分道揚鑣。

㊱ "Statement from Ambassador Katherine Tai on the Covid-19 Trips Waiver," Office of the United States Trade Representative, May 5, 2021, https://ustr.gov/about-us/policy-offices/press-office/press-releases/2021/may/statement-ambassador-katherine-tai-covid-19-trips-waiver.

㊲ Kate Taylor, "More Parents Plead Guilty in College Admissions Scandal," *New York Times*, October 21, 2019, www.nytimes.com/2019/10/21/us/college-admissions-scandal.html.

㊳ Andrew Martinez, "Lawyer Who Paid $75G to Fix Daughter's Test Answers Gets One-Month Prison Term," *Boston Herald*, October 3, 2019, www.bostonherald.com/2019/10/03/lawyer-who-paid-75g-to-fix-daughters-test-answers-gets-one-month-prison-term.

㊴ Matthew Campbell and Doug Lyu, "China's Genetics Giant Wants to Tailor Medicine to Your DNA," Bloomberg, November 13, 2019, www.bloomberg.com/news/features/2019-11-13/chinese-genetics-giant-bgi-wants-to-tailor-medicine-to-your-dna.

㊵ "China: Minority Region Collects DNA from Millions," Human Rights Watch, December 13, 2017, www.hrw.org/news/2017/12/13/china-minority-region-collects-dna-millions.

㊶ Sui-Lee Wee, "China Uses DNA to Track Its People, with the Help of American Expertise," *New York Times*, February 21, 2019, www.nytimes.com/2019/02/21/business/china-xinjiang-uighur-dna-thermo-fisher.html.

㊷ "China's Ethnic Tinderbox," BBC, July 9, 2009, http://news.bbc.co.uk/2/hi/asia-pacific/8141867.stm.

㊸ Simon Denyer, "Researchers May Have 'Found' Many of China's 30 Million Missing Girls," *Washington Post*, November 30, 2016, www.washingtonpost.

com/news/worldviews/wp/2016/11/30/researchers-may-have-found-many-of-chinas-30-million-missing-girls.

㊹ Kirsty Needham, "Special Report: COVID Opens New Doors for China's Gene Giant," Reuters, August 5, 2020, www.reuters.com/article/us-health-coronavirus-bgi-specialreport-idUSKCN2511CE.

㊺ Seasteading Institute希望能建造國家統治架構之外的海洋社群。諾貝爾經濟學獎得主彌爾頓・傅利曼（Milton Friedman）之孫派崔・傅利曼（Patri Friedman）與PayPal共同創辦人與創業投資者彼得・提爾（Peter Thiel）是研究所共同創辦人。https://www.seasteading.org/.

㊻ "Todai-Led Team Creates Mouse Pancreas in Rat in Treatment Breakthrough," *Japan Times*, January 26, 2017, www.japantimes.co.jp/news/2017/01/26/national/science-health/treatment-breakthrough-todai-led-team-creates-mouse-pancreas-rat-transplants-diabetic-mouse.

㊼ Nidhi Subbaraman, "First Monkey–Human Embryos Reignite Debate over Hybrid Animals," *Nature* 592, no. 7855 (April 15, 2021): 497, https://doi.org/10.1038/d41586-021-01001-2.

㊽ Julian Savulescu and César Palacios-González, "First Human–Monkey Embryos Created—A Small Step Towards a Huge Ethical Problem," The Conversation, April 22, 2021, https://theconversation.com/first-human-monkey-embryos-created-a-small-step-towards-a-huge-ethical-problem-159355.

㊾ Alex Fox, "Compared with Hummingbirds, People Are Rather Colorblind," *Smithsonian Magazine*, June 18, 2020, www.smithsonianmag.com/smart-news/compared-hummingbirds-were-all-colorblind-180975111.

㊿ Guy Rosen, "How We're Tackling Misinformation Across Our Apps," Facebook, March 22, 2021, https://about.fb.com/news/2021/03/how-were-tackling-misinformation-across-our-apps.

51 Rosen, "How We're Tackling Misinformation."

52 Fortune 500, https://fortune.com/fortune500.

53 Healthy and Natural World Facebook Page, "Scientists Warn People to Stop Eating Instant Noodles Due to Cancer and Stroke Risks," Facebook.com, March 20, 2019, www.facebook.com/HealthyAndNaturalWorld/posts/scientists-warn-people-to-stop-eating-instant-noodles-due-to-cancer-and-stroke-r/2262994090426410.

54 Michelle R. Smith and Johnathan Reiss, "Inside One Network Cashing In on Vaccine Disinformation," Associated Press, May 13, 2021, https://apnews.com/article/anti-vaccine-bollinger-coronavirus-disinformation-a7b8e1f33990670563

b4c469b462c9bf.
55 Smith and Reiss, "Inside One Network."
56 Ben Guarino, Ariana Eunjung Cha, Josh Wood, and Griff Witte, "'The Weapon That Will End the War': First Coronavirus Vaccine Shots Given Outside Trials in U.S.," December 14, 2020, www.washingtonpost.com/nation/2020/12/14/first-covid-vaccines-new-york.
57 "Coronavirus (COVID-19) Vaccinations," Our World In Data, https://ourworldindata.org/covid-vaccinations?country=USA.
58 "Provisional COVID-19 Death Counts by Week Ending Date and State," Centers for Disease Control and Prevention, https://data.cdc.gov/NCHS/Provisional-COVID-19-Death-Counts-by-Week-Ending-D/r8kw-7aab.
59 Jack Healy, "These Are the 5 People Who Died in the Capitol Riot," *New York Times*, January 11, 2021, https://www.nytimes.com/2021/01/11/us/who-died-in-capitol-building-attack.html.
60 "Public Trust in Government: 1958–2021," Pew Research Center, https://www.pewresearch.org/politics/2021/05/17/public-trust-in-government-1958-2021.

第8章　黃金米的故事

① Ian McNulty, "Next Generation to Reopen Li'l Dizzy's, Reviving New Orleans Restaurant Legacy," January 2, 2021, NOLA.com, www.nola.com/entertainment_life/eat-drink/article_a346001a-4d49-11eb-b927-a73cacd63596.html.
② Confucius, *The Analects of Confucius*, trans. Arthur Waley (New York: Random House, 1989), Bk. 10.
③ Sarah Zhang, "Archaeologists Find Evidence of the First Rice Ever Grown," *The Atlantic*, May 29, 2017, www.theatlantic.com/science/archive/2017/05/rice-domestication/528288.
④ John Christensen, "Scientist at Work. Ingo Potrykus: Golden Rice in a Grenade-Proof Greenhouse," *New York Times*, November 21, 2000, www.nytimes.com/2000/11/21/science/scientist-at-work-ingo-potrykus-golden-rice-in-a-grenade-proof-greenhouse.html.
⑤ Interview with Dr. Brian Woolf by Amy Webb, August 15, 2020.
⑥ J. Madeleine Nash, "This Rice Could Save a Million Kids a Year," *Time*, July 31, 2000, http://content.time.com/time/magazine/article/0,9171,997586,00.html.
⑦ "The Rockefeller Foundation: A Long-Term Bet on Scientific Breakthrough,"

Rockefeller Foundation, https://engage.rockefellerfoundation.org/story-sketch/rice-biotechnology-research-network.

⑧ Christensen, "Scientist at Work."

⑨ Mary Lou Guerinot, "The Green Revolution Strikes Gold," *Science* 287, no. 5451 (January 14, 2000): 241–43, https://doi.org/10.1126/science.287.5451.241.

⑩ Nash, "This Rice Could Save a Million Kids."

⑪ David Barboza, "AstraZeneca to Sell a Genetically Engineered Strain of Rice," *New York Times*, May 16, 2000, www.nytimes.com/2000/05/16/business/astrazeneca-to-sell-a-genetically-engineered-strain-of-rice.html.

⑫ "GM Rice Patents Given Away," BBC News, August 4, 2000, http://news.bbc.co.uk/2/hi/science/nature/865946.stm.

⑬ Margaret Wertheim, "Frankenfoods," LA Weekly, July 5, 2000, www.laweekly.com/frankenfoods.

⑭ "Monsanto Pushes 'Golden Rice,'" CBS News, August 4, 2000, www.cbsnews.com/news/monsanto-pushes-golden-rice.

⑮ Ed Regis, "The True Story of the Genetically Modified Superfood That Almost Saved Millions," *Foreign Policy*, October 17, 2019, https://foreignpolicy.com/2019/10/17/golden-rice-genetically-modified-superfood-almost-saved-millions.

⑯ Robert Paarlberg, "A Dubious Success: The NGO Campaign Against GMOs," GM Crops and Food 5, no. 3 (November 6, 2014): 223–28, https://doi.org/10.4161/21645698.2014.952204.

⑰ Mark Lynas, "Anti-GMO Activists Lie About Attack on Rice Crop (and About So Many Other Things)," Slate, August 26, 2013, https://slate.com/technology/2013/08/golden-rice-attack-in-philippines-anti-gmo-activists-lie-about-protest-and-safety.html.

⑱ Regis, "The True Story of the Genetically Modified Superfood."

⑲ Joel Achenbach, "107 Nobel Laureates Sign Letter Blasting Greenpeace over GMOs," *Washington Post*, June 30, 2016, www.washingtonpost.com/news/speaking-of-science/wp/2016/06/29/more-than-100-nobel-laureates-take-on-greenpeace-over-gmo-stance.

⑳ Jessica Scarfuto, "Do You Trust Science? These Five Factors Play a Big Role," *Science*, February 16, 2020, www.sciencemag.org/news/2020/02/do-you-trust-science-these-five-factors-play-big-role.

㉑ Cary Funk, Alex Tyson, Brian Kennedy, and Courtney Johnson, "Scientists Are Among the Most Trusted Groups Internationally, Though Many Value Practical Experience over Expertise," Pew Research Center, September 29, 2020, www.

pewresearch.org/science/2020/09/29/scientists-are-among-the-most-trusted-groups-in-society-though-many-value-practical-experience-over-expertise.

第9章　探索短期可行的未來

① Sam Meredith, "Brazil Braces for Renewed Covid Surge as Bolsonaro Faces Parliamentary Inquiry over Pandemic Response," CNBC, May 14, 2021, www.cnbc.com/2021/05/14/brazil-fears-third-covid-wave-as-bolsonaro-faces-parliamentary-inquiry.html.

② Sanjeev Miglani and Devjyot Ghoshal, "PM Modi's Rating Falls to New Low as India Reels from COVID-19," Reuters, May 18, 2021, www.reuters.com/world/india/pm-modis-rating-falls-india-reels-covid-19-second-wave-2021-05-18.

③ "English Rendering of PM's Address at the World Economic Forum's Davos Dialogue," Press Information Bureau, Government of India, January 28, 2021, https://pib.gov.in/PressReleseDetail.aspx?PRID=1693019.

④ David Klepper and Neha Mehrotra, "Misinformation Surges amid India's COVID-19 Calamity," *Seattle Times*, May 13, 2021, www.seattletimes.com/business/misinformation-surges-amid-indias-covid-19-calamity.

第10章　情境一：和優裔公司攜手創造你的孩子

① Katsuhiko Hayashi, Orie Hikabe, Yayoi Obata, and Yuji Hirao, "Reconstitution of Mouse Oogenesis in a Dish from Pluripotent Stem Cells," *Nature Protocols* 12, no. 9 (September 2017): 1733–44, https://doi.org/10.1038/nprot.2017.070.

② Tess Johnson, "Human Genetic Enhancement Might Soon Be Possible—but Where Do We Draw the Line?," The Conversation, December 3, 2019, http://theconversation.com/human-genetic-enhancement-might-soon-be-possible-but-where-do-we-draw-the-line-127406.

③ David Cyranoski, "The CRISPR-Baby Scandal: What's Next for Human Gene-Editing," *Nature* 566, no. 7745 (February 26, 2019): 440–42, https://doi.org/10.1038/d41586-019-00673-1.

④ Nathaniel Scharping, "How Are Neanderthals Different from Homo Sapiens?," *Discover*, May 5, 2020, www.discovermagazine.com/planet-earth/how-are-neanderthals-different-from-homo-sapiens.

⑤ Rachel Becker, "An Artificial Womb Successfully Grew Baby Sheep—and Humans Could Be Next," The Verge, April 25, 2017, www.theverge.com/2017/

4/25/15421734/artificial-womb-fetus-biobag-uterus-lamb-sheep-birth-premie-preterm-infant.
⑥ Emily A. Partridge, Marcus G. Davey, Matthew A. Hornick, Patrick E. Mc-Govern, Ali Y. Mejaddam, Jesse D. Vrecenak, Carmen Mesas-Burgos, et al., “An Extra-Uterine System to Physiologically Support the Extreme Premature Lamb,” *Nature* Communications 8, no. 1 (April 25, 2017): 15112, https://doi.org/10.1038/ncomms15112.
⑦ Neera Bhatia and Evie Kendal, “We May One Day Grow Babies Outside the Womb, but There Are Many Things to Consider First,” The Conversation, November 10, 2019, http://theconversation.com/we-may-one-day-grow-babies-outside-the-womb-but-there-are-many-things-to-consider-first-125709.

第11章　情境二：取消老化的結果

① “CRISPR/Cas9 Therapy Can Suppress Aging, Enhance Health and Extend Life Span in Mice,” Science Daily, February 19, 2019, www.sciencedaily.com/releases/2019/02/190219111747.htm.
② Chinese Academy of Sciences, “Scientists Develop New Gene Therapy Strategy to Delay Aging and Extend Lifespan,” SciTechDaily, January 9, 2021, https://scitechdaily.com/scientists-develop-new-gene-therapy-strategy-to-delay-aging-and-extend-lifespan.
③ Adolfo Arranz, “Betting Big on Biotech,” *South China Morning Post*, October 9, 2018, https://multimedia.scmp.com/news/china/article/2167415/china-2025-biotech/index.html.
④ Georgina M. Ellison-Hughes, “First Evidence That Senolytics Are Effective at Decreasing Senescent Cells in Humans,” EBioMedicine, May 23, 2020, www.thelancet.com/journals/ebiom/article/PIIS2352-3964(19)30641-3/fulltext.
⑤ “CRISPR/Cas9 Therapy Can Suppress Aging.”
⑥ Hughes, “First Evidence.”
⑦ Amber Dance, “Science and Culture: The Art of Designing Life,” *Proceedings of the National Academy of Sciences* 112, no. 49 (December 8, 2015): 14999–15001, https://doi.org/10.1073/pnas.1519838112.
⑧ Ning Zhang and Anthony A. Sauve, “Nicotinamide Adenine Dinucleotide,” Science Direct, n.d., www.sciencedirect.com/topics/neuroscience/nicotinamide-adenine-dinucleotide.
⑨ Jared Friedman, “How Biotech Startup Funding Will Change in the Next 10

Years," YC Startup Library, n.d., www.ycombinator.com/library/4L-how-biotech-startup-funding-will-change-in-the-next-10-years.

⑩ Emily Mullin, "Five Ways to Get CRISPR into the Body," *MIT Technology Review*, September 22, 2017, www.technologyreview.com/2017/09/22/149011/five-ways-to-get-crispr-into-the-body.

⑪ 我們使用二〇一五至二〇二〇年的歷史標準普爾數據和公司財務數據。

⑫ "Population Distribution by Age," Kaiser Family Foundation, 2019, www.kff.org/other/state-indicator/distribution-by-age/?currentTimeframe=0&sortModel=%7B%22colId%22:%22Location%22,%22sort%22:%22asc%22%7D.

⑬ "Policy Basics: The Supplemental Nutrition Assistance Program (SNAP)," Center on Budget and Policy Priorities, www.cbpp.org/research/food-assistance/the-supplemental-nutrition-assistance-program-snap.

⑭ "Trust Fund Data," Social Security, www.ssa.gov/oact/STATS/table4a3.html.

⑮「二次會人」是艾美自創的詞語。

⑯ 抱歉了，安東尼・瑞佐。他其實可說是芝加哥小熊隊有史以來最優秀的一壘手。統計數據出自MLB.com。

⑰ "The Age Discrimination in Employment Act of 1967," US Equal Employment Opportunity Commission, www.eeoc.gov/statutes/age-discrimination-employment-act-1967.

第12章　情境三：明金的二〇三七年「美食指南」

① 此情境的靈感來源是《紐約雜誌》資深餐廳評論家亞當・普拉特（Adam Platt）。我們想像生活在二〇三七年的他，每年編寫年度「美食指南」。

② Niina Heikkinen, "U.S. Bread Basket Shifts Thanks to Climate Change," *Scientific American*, December 23, 2015, www.scientificamerican.com/article/u-s-bread-basket-shifts-thanks-to-climate-change.

③ Euromonitor data, July 2020, www.euromonitor.com/usa.

④ "The Future of Agriculture: The Convergence of Tech and Bio Bringing Better Food to Market," SynBioBeta, February 9, 2020, https://synbiobeta.com/the-future-of-agriculture-the-convergence-of-tech-and-bio-bringing-better-food-to-market.

⑤ "Fermentation & Bioreactors," Sartorius, www.sartorius.com/en/products/fermentation-bioreactors.

⑥ Bioreactor market value data, Statista, February 2020, www.statista.com.

⑦ Gareth John Macdonald, "Bioreactor Design Adapts to Biopharma's Changing

Needs," Genetic Engineering and Biotechnology News (GEN), July 1, 2019, www.genengnews.com/insights/bioreactor-design-adapts-to-biopharmas-changing-needs.

⑧ Senthold Asseng, Jose R. Guarin, Mahadev Raman, Oscar Monje, Gregory Kiss, Dickson D. Despommier, Forrest M. Meggers, and Paul P. G. Gauthier, "Wheat Yield Potential in Controlled-Environment Vertical Farms," *Proceedings of the National Academy of Sciences*, July 23, 2020, https://doi.org/10.1073/pnas.2002655117.

⑨ Karen Gilchrist, "This Multibillion-Dollar Company Is Selling Lab-Grown Chicken in a World-First," CNBC, March 1, 2021, www.cnbc.com/2021/03/01/eat-just-good-meat-sells-lab-grown-cultured-chicken-in-world-first.html.

⑩ Emily Waltz, "Club-Goers Take First Bites of Lab-Made Chicken," *Nature Biotechnology* 39, no. 3 (March 1, 2021): 257–58, https://doi.org/10.1038/s41587-021-00855-1.

⑪ Forecast for cultured meat by 2026, Source: BIS Research, April 2021.

⑫ Zoë Corbyn, "Out of the Lab and into Your Frying Pan: The Advance of Cultured Meat," *The Guardian*, January 19, 2020, www.theguardian.com/food/2020/jan/19/cultured-meat-on-its-way-to-a-table-near-you-cultivated-cells-farming-society-ethics.

⑬ Raito Ono, "Robotel: Japan Hotel Staffed by Robot Dinosaurs," Phys.org, August 31, 2018, https://phys.org/news/2018-08-robotel-japan-hotel-staffed-robot.html.

⑭ Global sales of service robots for professional use between 2018 and 2020. Source: IFR, September 2020.

⑮ James Borrell, "All Our Food Is 'Genetically Modified' in Some Way—Where Do You Draw the Line?," The Conversation, April 4, 2016, http://theconversation.com/all-our-food-is-genetically-modified-in-some-way-where-do-you-draw-the-line-56256.

⑯ Billy Lyons, "Is Molecular Whiskey the Futuristic Booze We've Been Waiting For?," *Fortune*, May 25, 2019, https://fortune.com/2019/05/25/endless-west-glyph-engineered-whiskey.

⑰ "Morpheus," DC Comics, February 29, 2012, www.dccomics.com/characters/morpheus.

⑱ Alice Liang, "World's First Molecular Whiskey Expands Its Portfolio," *Drinks Business*, November 5, 2020, www.thedrinksbusiness.com/2020/11/worlds-first-molecular-whiskey-expands-its-portfolio.

⑲ Nicole Trian, "Australia Prepares for 'Day Zero'—the Day the Water Runs Out," France 24, September 19, 2019, www.france24.com/en/20190919-australia-day-zero-drought-water-climate-change-greta-thunberg-paris-accord-extinction-rebe.

⑳ Kevin Winter, "Day Zero Is Meant to Cut Cape Town's Water Use: What Is It, and Is It Working?," The Conversation, February 20, 2018, http://theconversation.com/day-zero-is-meant-to-cut-cape-towns-water-use-what-is-it-and-is-it-working-92055.

㉑ Dave McIntyre, "It Was Only a Matter of Time. Lab-Created 'Molecular' Wine Is Here," *Washington Post*, March 6, 2020, www.washingtonpost.com/lifestyle/food/it-was-only-a-matter-of-time-lab-created-molecular-wine-is-here/2020/03/06/2f354ce8-5ef3-11ea-b014-4fafa866bb81_story.html.

㉒ Esther Mobley, "SF Startup Is Making Synthetic Wine in a Lab. Here's How It Tastes," *San Francisco Chronicle*, February 20, 2020, www.sfchronicle.com/wine/article/San-Francisco-startup-unveils-synthetic-wine-and-15068890.php.

㉓ Collin Dreizen, "Test-Tube Tasting? Bev Tech Company Unveils 'Grapeless Molecular Wine,'" *Wine Spectator*, February 26, 2020, www.winespectator.com/articles/test-tube-tasting-bev-tech-company-unveils-grape-less-molecular-wine-unfiltered.

第13章　情境四：地下

① 地下情境的靈感來源是澳洲採礦小鎮庫伯佩地（Coober Pedy），由於現在當地夏季氣溫高達華氏一百二十度，許多居民都生活在地下社區之中。暗箱地圖集（Atlas Obscura）詳盡敘述了庫伯佩地的狀況，www.atlasobscura.com/places/coober-pedy。此情境另一處靈感來源為詹姆斯・S・A・科里（James S. A. Corey）二人組的《蒼穹浩瀚》（*The Expanse*）系列故事，以及伊隆・馬斯克殖民火星的渴望，後者記載於多篇文章之中。

② "Climate Action Note—Data You Need to Know," United Nations Environment Programme, April 19, 2021, www.unep.org/explore-topics/climate-change/what-we-do/climate-action-note.

③ "The Paris Agreement," United Nations Framework Convention on Climate Change, https://unfccc.int/process-and-meetings/the-paris-agreement/the-paris-agreement.

④ "Transforming Food Systems," United Nations Environment Programme, April 20, 2021, www.unep.org/resources/factsheet/transforming-food-systems.

⑤ "Facts About the Climate Emergency," United Nations Environment Programme, January 25, 2021, www.unep.org/explore-topics/climate-change/facts-about-climate-emergency.

⑥ Mark Fischetti, "We Are Living in a Climate Emergency, and We're Going to Say So," *Scientific American*, April 12, 2021, www.scientificamerican.com/article/we-are-living-in-a-climate-emergency-and-were-going-to-say-so.

⑦ Mike Wall, "Elon Musk, X Prize Launch $100 Million Carbon-Removal Competition," Space.com, April 23, 2021, www.space.com/elon-musk-carbon-removal-x-prize.

⑧ Eric Berger, "Inside Elon Musk's Plan to Build One Starship a Week—and Settle Mars," Ars Technica, March 5, 2020, https://arstechnica.com/science/2020/03/inside-elon-musks-plan-to-build-one-starship-a-week-and-settle-mars.

⑨ Morgan McFall-Johnsen and Dave Mosher, "Elon Musk Says He Plans to Send 1 Million People to Mars by 2050 by Launching 3 Starship Rockets Every Day and Creating 'a Lot of Jobs' on the Red Planet," *Business Insider*, January 17, 2020, www.businessinsider.com/elon-musk-plans-1-million-people-to-mars-by-2050-2020-1.

⑩ Wall, "Elon Musk, X Prize Launch $100 Million Carbon-Removal Competition."

⑪ "Astronauts Answer Student Questions," NASA, www.nasa.gov/centers/johnson/pdf/569954main_astronaut%20_FAQ.pdf.

⑫ Eric Berger, "Meet the Real Ironman of Spaceflight: Valery Polyakov," Ars Technica, March 7, 2016, Valery Polyakov held the record for a single mission, spending an impressive 437 days on the Mir station in the 1990s.

⑬ "Longest Submarine Patrol," Guinness Book of World Records, www.guinnessworldrecords.com/world-records/submarine-patrol-longest.

⑭ Jackie Wattles, "Colonizing Mars Could Be Dangerous and Ridiculously Expensive. Elon Musk Wants to Do It Anyway," CNN, September 8, 2020, www.cnn.com/2020/09/08/tech/spacex-mars-profit-scn/index.html.

⑮ Gael Fashingbauer Cooper, "Elon Musk's First Name Shows Up in 1953 Book About Colonizing Mars," CNET, May 7, 2021, www.cnet.com/news/elon-musks-first-name-shows-up-in-1953-book-about-colonizing-mars.

⑯ Ali Bekhtaoui, "Egos Clash in Bezos and Musk Space Race," Phys.org, May 2, 2021, https://phys.org/news/2021-05-egos-clash-bezos-musk-space.html.

⑰ Sean O'Kane, "The Boring Company Tests Its 'Teslas in Tunnels' System in Las Vegas," The Verge, May 26, 2021, www.theverge.com/2021/5/26/22455365/

elon-musk-boring-company-las-vegas-test-lvcc-loop-teslas.

⑱ Kathryn Hardison, "What Will Become of All This?," American City Business Journals, May 28, 2021, www.bizjournals.com/houston/news/2021/05/28/tesla-2500-acres-travis-county-plans.html.

⑲ Philip Ball, "Make Your Own World with Programmable Matter," IEEE Spectrum, May 27, 2014, https://spectrum.ieee.org/robotics/robotics-hardware/make-your-own-world-with-programmable-matter.

⑳ Neuralink website: https://neuralink.com.

㉑ Chia website: https://www.chia.net.

㉒ NOVOFARM website: https://www.f6s.com/novofarm.

㉓ Chris Impey, "This Is the Year the First Baby Will Be Born in Space," Inverse, May 30, 2021, www.inverse.com/science/when-will-the-first-baby-be-born-in-space.

㉔ Lisa Ruth Rand, "Colonizing Mars: Practicing Other Worlds on Earth," Origins 11, no. 2 (November 2017), https://origins.osu.edu/article/colonizing-mars-practicing-other-worlds-earth.

㉕ Derek Thompson, "Is Colonizing Mars the Most Important Project in Human History?," *The Atlantic*, June 29, 2018, www.theatlantic.com/technology/archive/2018/06/could-colonizing-mars-be-the-most-important-project-in-human-history/564041.

㉖ "What Is Biosphere 2," Biosphere 2, University of Arizona, https://biosphere2.org/visit/what-is-biosphere-2.

㉗ 我們對EST經濟與統治結構的想像，是以挪威與瑞典為基礎架構。Interview with Dr. Christian Guilette, Scandinavian Faculty at University of California, Berkeley, April 23, 2021.

第14章　情境五：備忘錄

① 讀了幾篇論文後，我們很好奇美國若遇上網路生物學攻擊，哪個政府單位會負責採取應對措施。 我們首先詢問在美國國土安全部與網路安全暨基礎設施安全局的聯絡人，發現兩個機構都沒有為此種情境制定標準措施。我們接著聯繫了美國空軍、海軍、國防部、國務院、政府問責署及疾病管制與預防中心的聯絡人，另外也聯繫了國家安全分析師與國會職員。確實有幾位聯絡人說明了國內發生網路生物學攻擊事件的應對步驟，以下是一段具代表性的回應，而值得注意的是，所有人提供的回答都不同：

「這是個好問題。我猜政府的應對方式會和當初COVID疫情時類似，由國家安全會議成立跨機構專門小組，組內位階最高的官員可能會是擔任美國網戰司令部（US Cyber Command）指揮官與國家安全局局長的四星將軍。這是網路的部分。另外還會有疾病管制與預防中心、衛生與公眾服務部和國家衛生院的人加入團隊，國務院會調查負責〔作業〕的中國實驗室，最後會由聯邦調查局做任何必要的國內調查（假設這個右翼團體主要是在美國活動）。專門小組領導人會是美國國家安全顧問，或者更有可能是國家安全局副局長。假如情況非常嚴重，那會由副總統接下專門小組的領導工作。」

第15章　新開端

① "Park History," Asilomar Conference Grounds, www.visitasilomar.com/discover/park-history.

② Paul Berg, David Baltimore, Herbert W. Boyer, Stanley N. Cohen, Ronald W. Davis, David S. Hogness, Daniel Nathans, et al., "Potential Biohazards of Recombinant DNA Molecules," Science 185, no. 4148 (July 26, 1974): 303, https://doi.org/10.1126/science.185.4148.303.

③ Nicolas Rasmussen, "DNA Technology: 'Moratorium' on Use and Asilomar Conference," Wiley Online Library, January 27, 2015, https://onlinelibrary.wiley.com/doi/abs/10.1002/9780470015902.a0005613.pub2.

④ "Transcript of Nixon's Address on Troop Withdrawals and Situation in Vietnam," *New York Times*, April 27, 1972, www.nytimes.com/1972/04/27/archives/transcript-of-nixons-address-on-troop-withdrawals-and-situation-in.html.

⑤ Douglas MacEachin, "Predicting the Soviet Invasion of Afghanistan: The Intelligence Community's Record," Center for the Study of Intelligence Monograph, March 2003, posted at Federation of American Scientists, Intelligence Resource Program, https://fas.org/irp/cia/product/afghanistan/index.html.

⑥ "A Guide to the United States' History of Recognition, Diplomatic, and Consular Relations, by Country, Since 1775: China," US Department of State, Office of the Historian, https://history.state.gov/countries/china/china-us-relations.

⑦ Ashley M. Eskew and Emily S. Jungheim, "A History of Developments to Improve in Vitro Fertilization," *Missouri Medicine* 114, no. 3 (2017): 156–59, full text at National Center for Biotechnology Information, www.ncbi.nlm.nih.gov/pmc/articles/PMC6140213.

⑧ Ariana Eunjung Cha, "40 Years After 1st 'Test Tube' Baby, Science Has Produced 7 Million Babies—and Raised Moral Questions," *Chicago Tribune*,

April 27, 2018, www.chicagotribune.com/lifestyles/parenting/ct-test-tube-babies-moral-questions-20180427-story.html.

⑨ Institute of Medicine (US) Committee to Study Decision Making; Hanna KE, editor, "Asilomar and Recombinant DNA: The End of the Beginning," *Biomedical Politics*, Washington (DC): National Academies Press (US), 1991, www.ncbi.nlm.nih.gov/books/NBK234217.

⑩ Institute of Medicine, *Biomedical Politics*.

⑪ Institute of Medicine, *Biomedical Politics*.

⑫ Institute of Medicine, *Biomedical Politics*.

⑬ Michael Rogers, "The Pandora's Box Congress," *Rolling Stone*, June 19, 1975, 37–42, 74–82.

⑭ Dan Ferber, "Time for a Synthetic Biology Asilomar?," *Science* 303, no. 5655 (January 9, 2004): 159, https://doi.org/10.1126/science.303.5655.159.

⑮ Richard Harris, "The Presidency and the Press," *New Yorker*, September 24, 1973, www.newyorker.com/magazine/1973/10/01/the-presidency-and-the-press.

⑯ "Edelman Trust Barometer 2021," Edelman, www.edelman.com/trust/2021-trust-barometer.

⑰ Tomi Kilgore, "Ginkgo Bioworks to Be Taken Public by SPAC Soaring Eagle at a Valuation of $15 Billion," MarketWatch, May 11, 2021, www.marketwatch com/story/ginkgo-bioworks-to-be-taken-public-by-spac-soaring-eagle-at-a-valuation-of-15-billion-2021-05-11.

⑱ "New Jersey Coronavirus Update: Rutgers Students Protest COVID-19 Vaccine Requirement," ABC7 New York, May 21, 2021, https://abc7ny.com/health/rutgers-students-protest-covid-19-vaccine-requirement-/10672983.

⑲ Brad Smith, "The Need for a Digital Geneva Convention," Microsoft, February 14, 2017, https://blogs.microsoft.com/on-the-issues/2017/02/14/need-digital-geneva-convention.

⑳ Romesh Ratnesar, "How Microsoft's Brad Smith is Trying to Restore Your Trust in Big Tech," Time.com, September 9, 2019, https://time.com/5669537/brad-smith-microsoft-big-tech.

㉑ Bill Gates, "Here's My Plan to Improve Our World—and How You Can Help," Wired, November 12, 2013, www.wired.com/2013/11/bill-gates-wired-essay.

㉒ "News, Trends, and Stories from the Synthetic Biology Industry," Synbiobeta Digest, August 2019, https://synbiobeta.com/wp-content/uploads/2019/08/Digest-288.html.

㉓ "Broad Institute Launches the Eric and Wendy Schmidt Center to Connect Biology, Machine Learning for Understanding Programs of Life," Broad Institute, March 25, 2021, www.broadinstitute.org/news/broad-institute-launches-eric-and-wendy-schmidt-center-connect-biology-machine-learning.

㉔ "China Focus: China Stepping Closer to 'Innovative Nation,'" Xinhua, May 5, 2017, www.xinhuanet.com/english/2017-05/05/c_136260598.htm.

㉕ Simon Johnson, "China, the Innovation Dragon," Peterson Institute for International Economics, January 3, 2018, www.piie.com/blogs/china-economic-watch/china-innovation-dragon.

㉖ Ayala Ochert, "National Gene Bank Opens in China," BioNews, September 26, 2016, www.bionews.org.uk/page_95701.

㉗ See, for example, a sample of search results from ClinicalTrials.gov, US National Library of Medicine, https://clinicaltrials.gov/ct2/results?cond=cancer+&term=crispr&cntry=CN&state=&city=&dist=.

㉘ Elsa B. Kania and Wilson Vorndick, "Weaponizing Biotech: How China's Military Is Preparing for a 'New Domain of Warfare,'" Defense One, August 14, 2019, www.defenseone.com/ideas/2019/08/chinas-military-pursuing-biotech/159167.

㉙ "Yuan Longping Died on May 22nd," The Economist, May 29, 2021, www.economist.com/obituary/2021/05/29/yuan-longping-died-on-may-22nd.

㉚ Keith Bradsher and Chris Buckley, "Yuan Longping, Plant Scientist Who Helped Curb Famine, Dies at 90," *New York Times*, May 23, 2021, www.nytimes.com/2021/05/23/world/asia/yuan-longping-dead.html.

㉛ Li Yuan and Rumsey Taylor, "How Thousands in China Gently Mourn a Coronavirus Whistle-Blower," *New York Times*, April 13, 2020, www.nytimes.com/interactive/2020/04/13/technology/coronavirus-doctor-whistleblower-weibo.html.

㉜ Shannon Ellis, "Biotech Booms in China," Nature 553, no. 7688 (January 17, 2018): S19–22, https://doi.org/10.1038/d41586-018-00542-3.

㉝ James McBride and Andrew Chatzky, "Is 'Made in China 2025' a Threat to Global Trade?," Council on Foreign Relations, updated May 13, 2019, www.cfr.org/backgrounder/made-china-2025-threat-global-trade.

㉞ "The World in 2050," PricewaterhouseCoopers, www.pwc.com/gx/en/research-insights/economy/the-world-in-2050.html.

㉟ Renu Swarup, "Biotech Nation: Support for Innovators Heralds a New India," Nature India, April 30, 2018, www.natureasia.com/en/nindia/article/10.1038/nindia.2018.55.

㊱ Meredith Wadman, "Falsified Data Gets India's Largest Generic Drug-Maker into Trouble," *Nature*, March 2, 2009, https://doi.org/10.1038/news.2009.130.
㊲ "New Israeli Innovation Box Regime: An Update and Review of Key Features," Ernst and Young, Tax News Update, May 31, 2019, https://taxnews.ey.com/news/2019-1022-new-israeli-innovation-box-regime-an-update-and-review-of-key-features.
㊳ Endless Possibilities to Promote Innovation brochure, available as a PDF from https://innovationisrael.org.il.
㊴ Aradhana Aravindan and John Geddie, "Singapore Approves Sale of Lab-Grown Meat in World First," Reuters, December 2, 2020, www.reuters.com/article/us-eat-just-singapore-idUKKBN28C06Z.
㊵ Patrice Laget and Mark Cantley, "European Responses to Biotechnology: Research, Regulation, and Dialogue," *Issues in Science and Technology* 17, no. 4 (Summer 2001), https://issues.org/laget.
㊶ Jenny Howard, "Plague Was One of History's Deadliest Diseases—Then We Found a Cure," *National Geographic*, July 6, 2020, www.nationalgeographic.com/science/article/the-plague.
㊷ Nidhi Subbaraman, "US Officials Revisit Rules for Disclosing Risky Disease Experiments," *Nature*, January 27, 2020, https://doi.org/10.1038/d41586-020-00210-5.
㊸ Sandra Kollen Ghizoni, "Creation of the Bretton Woods System," Federal Reserve History, November 22, 2013, www.federalreservehistory.org/essays/bretton-woods-created.
㊹ Michael Bordo, Owen Humpage, and Anna J. Schwartz, "U.S. Intervention During the Bretton Wood Era, 1962–1973," Working Paper 11-08, Federal Reserve Bank of Cleveland, www.clevelandfed.org/en/newsroom-and-events/publications/working-papers/2011-working-papers/wp-1108-us-intervention-during-the-bretton-woods-era-1962-to-1973.aspx.
㊺ "DNA," Interpol, www.interpol.int/en/How-we-work/Forensics/DNA.
㊻ "Population, Total—Estonia," World Bank, https://data.worldbank.org/indicator/SP.POP.TOTL?locations=EE.
㊼ "Estonia," Place Explorer, Data Commons, https://datacommons.org/place/country/EST?utm_medium=explore&mprop=count&popt=Person&hl.
㊽ "The Estonian Biobank," EIT Health Scandinavia, www.eithealth-scandinavia.eu/biobanks/the-estonian-biobank.
㊾ "International Driving Permit," AAA, www.aaa.com/vacation/idpf.html.

㊿ George M. Church and Edward Regis, *Regenesis: How Synthetic Biology Will Reinvent Nature and Ourselves* (New York: Basic Books, 2014).

(51) "FBI Laboratory Positions," Federal Bureau of Investigation, www.fbi.gov/services/laboratory/laboratory-positions.

(52) "New Cyberattack Can Trick Scientists into Making Dangerous Toxins or Synthetic Viruses, According to BGU Cyber-Researchers," Ben-Gurion University of the Negev, November 30, 2020, https://in.bgu.ac.il/en/pages/news/toxic_viruses.aspx.

(53) Rami Puzis, Dor Farbiash, Oleg Brodt, Yuval Elovici, and Dov Greenbaum, "Increased Cyber-Biosecurity for DNA Synthesis," *Nature Biotechnology* 38, no. 12 (December 2020): 1379–81, https://doi.org/10.1038/s41587-020-00761-y.

(54) Islamorada, Florida, town council website: https://www.islamorada.fl.us/village_council/index.php.

(55) Amy Webb interviewed John Cumbers on May 20, 2021.

(56) Megan Molteni, "23andMe's Pharma Deals Have Been the Plan All Along," *Wired*, August 3, 2018, www.wired.com/story/23andme-glaxosmithkline-pharma-deal.

(57) Ben Stevens, "Waitrose Launches DNA Test Pop-Ups Offering Shoppers Personal Genetic Health Advice," Charged, December 3, 2019, www.chargedretail.co.uk/2019/12/03/waitrose-launches-dna-test-pop-ups-offering-shoppers-personal-genetic-health-advice.

(58) Catherine Lamb, "CES 2020: DNANudge Guides Your Grocery Shopping Based Off of Your DNA," The Spoon, January 7, 2020, https://thespoon.tech/dnanudge-guides-your-grocery-shopping-based-off-of-your-dna.

(59) Brian Knutson, Scott Rick, G. Elliott Wimmer, Drazen Prelec, and George Loewenstein, "Neural Predictors of Purchases," *Neuron* 53, no. 1 (January 4, 2007): 147–56, https://doi.org/10.1016/j.neuron.2006.11.010.

(60) "Researchers Use Brain Scans to Predict When People Will Buy Products," Carnegie Mellon University, January 3, 2007, press release, posted at EurekAlert, American Association for the Advancement of Science, www.eurekalert.org/pub_releases/2007-01/cmu-rub010307.php.

(61) Carl Williott, "What's Better, Sex or Shopping? Your Brain Doesn't Know and Doesn't Care," MTV News, www.mtv.com/news/2134197/shopping-sex-brain-study.

(62) "FAQs About 'Resource Profile and User Guide of the Polygenic Index Repository,'" Social Science Genetic Association Consortium, www.thessgac.org/faqs.

63 Nanibaa' A. Garrison, "Genomic Justice for Native Americans: Impact of the Havasupai Case on Genetic Research," *Science, Technology and Human Values* 38, no. 2 (2013): 201–23, https://doi.org/10.1177/0162243912470009.

64 Amy Harmon, "Indian Tribe Wins Fight to Limit Research of Its DNA," *New York Times*, April 21, 2010, www.nytimes.com/2010/04/22/us/22dna.html.

65 Sara Reardon, "Navajo Nation Reconsiders Ban on Genetic Research," *Nature* 550, no. 7675 (October 6, 2017): 165–66, www.nature.com/news/navajo-nation-reconsiders-ban-on-genetic-research-1.22780.

66 "The Legacy of Henrietta Lacks," Johns Hopkins Medicine, www.hopkinsmedicine.org/henriettalacks.

67 "The Tuskegee Timeline," The U.S. Public Health Service Syphilis Study at Tuskegee, CDC.com, www.cdc.gov/tuskegee/timeline.htm.

68 "Need to Increase Diversity Within Genetic Data Sets: Diversifying Population-Level Genetic Data Beyond Europeans Will Expand the Power of Polygenic Scores," Science Daily, March 29, 2019, www.sciencedaily.com/releases/2019/03/190329134743.htm.

69 Data from the All of Us Research Program, National Institutes of Health, https://allofus.nih.gov.

70 Katherine J. Wu, "Scientific Journals Commit to Diversity but Lack the Data," *New York Times*, October 30, 2020, www.nytimes.com/2020/10/30/science/diversity-science-journals.html.

71 "Staff and Advisory Board," Cell, www.cell.com/cell/editorial-board, accessed May 15, 2021.

參考書目

以下是簡易版參考書目列表，欲查閱我們調查與寫作的完整資料來源列表，請參考我們在Dropbox的延伸閱讀資料庫（http://bit.ly/Genesis Machine），或掃描下方的QR碼。

Abbott, Timothy R., Girija Dhamdhere, Yanxia Liu, Xueqiu Lin, Laine Goudy, Leiping Zeng, Augustine Chemparathy, et al. "Development of CRISPR as an Antiviral Strategy to Combat SARS-CoV-2 and Influenza." Cell 181, no. 4 (May 14, 2020): 865–76.e12. https://doi.org/10.1016/j.cell.2020.04.020.

"About the Protocol." Convention on Biological Diversity, https://bch.cbd.int/protocol/background.

Agius, E. "Germ-Line Cells: Our Responsibilities for Future Generations." In *Our Responsibilities Towards Future Generations*, ed. S. Busuttil. Malta: Foundation for International Studies, 1990.

Ahammad, Ishtiaque, and Samia Sultana Lira. "Designing a Novel mRNA Vaccine Against SARS-CoV-2: An Immunoinformatics Approach." *International Journal of Biological Macromolecules* 162 (November 1, 2020): 820–37. https://doi.org/10.1016/j.ijbiomac.2020.06.213.

Akbari, Omar S., Hugo J. Bellen, Ethan Bier, Simon L. Bullock, Austin Burt, George M. Church, Kevin R. Cook, et al. "Safeguarding Gene Drive Experiments in the Laboratory." *Science* 349 (2015): 972–79.

Alem, Sylvain, Clint J. Perry, Xingfu Zhu, Olli J. Loukola, Thomas Ingraham, Eirik Sovik, and Lars Chittka. "Associative Mechanisms Allow for Social Learning and Cultural Transmission of String Pulling in an Insect." *PLOS Biology* 14 (2016): el00256.

Alivisatos, A. Paul, Miyoung Chun, George M. Church, Ralph J. Greenspan, Michael L. Roukes, and Rafael Yuste. "The Brain Activity Map Project and the Challenge of Functional Connectomics." *Neuron* 74, no. 6 (June 21, 2012): 970–74. https://doi.org/10.1016/j.neuron.2012.06.006.

———. "A National Network of Neurotechnology Centers for the BRAIN Initiative." Neuron 88, no. 3 (2015): 445–48. https://doi.org/10.1016/j.neuron.2015.10.015.

Allen, Garland. "Eugenics and Modern Biology: Critiques of Eugenics, 1910–1945." *Annals of Human Genetics* 75 (2011): 314–25.

———. "Mendel and Modern Genetics: The Legacy for Today." Endeavour 27 (2003): 63–68.

Andersen, Ross. "Welcome to Pleistocene Park." *The Atlantic*, April 2017, www.theatlantic.com/magazine/archive/2017/04/pleistocene-park/517779.

Anderson, Sam. "The Last Two Northern White Rhinos on Earth." *New York Times*, January 6, 2021, www.nytimes.com/2021/01/06/magazine/the-last-two-northern-white-rhinos-on-earth.html.

Andrianantoandro, Ernesto. "Manifesting Synthetic Biology." *Trends in Biotechnology* 33, no. 2 (February 1, 2015): 55–56. https://doi.org/10.1016/j.tibtech.2014.12.002.

Arkin, Adam. "Setting the Standard in Synthetic Biology." *Nature Biotechnology* 26, no. 7 (July 2008): 771–74. https://doi.org/10.1038/nbt0708-771.

Asseng, Senthold, Jose R. Guarin, Mahadev Raman, Oscar Monje, Gregory Kiss, Dickson D. Despommier, Forrest M. Meggers, and Paul P. G. Gauthier. "Wheat Yield Potential in Controlled-Environment Vertical Farms." *Proceedings of the National Academy of Sciences*, July 23, 2020. https://doi.org/10.1073/pnas.2002655117.

Ball, Philip. "The Patent Threat to Designer Biology." *Nature*, June 22, 2007. https://doi.org/10.1038/news070618-17.

Baltes, Nicholas J., and Daniel F. Voytas. "Enabling Plant Synthetic Biology Through Genome Engineering." *Trends in Biotechnology* 33, no. 2 (February 1, 2015): 120–31. https://doi.org/10.1016/j.tibtech.2014.11.008.

Bartley, Bryan, Jacob Beal, Kevin Clancy, Goksel Misirli, Nicholas Roehner, Ernst Oberortner, Matthew Pocock, et al. "Synthetic Biology Open Language (SBOL) Version 2.0.0." *Journal of Integrative Bioinformatics* 12, no. 2 (June 1, 2015): 902–91. https://doi.org/10.1515/jib-2015-272.

Bartley, Bryan A., Jacob Beal, Jonathan R. Karr, and Elizabeth A. Strychalski.

"Organizing Genome Engineering for the Gigabase Scale." *Nature Communications* 11, no. 1 (February 4, 2020): 689. https://doi.org/10.1038/s41467-020-14314-z.

Beal, Jacob, Traci Haddock-Angelli, Natalie Farny, and Randy Rettberg. "Time to Get Serious About Measurement in Synthetic Biology." *Trends in Biotechnology* 36, no. 9 (September 1, 2018): 869–71. https://doi.org/10.1016/j.tibtech.2018.05.003.

Belluck, Pam. "Chinese Scientist Who Says He Edited Babies' Genes Defends His Work." *New York Times*, November 28, 2018, www.nytimes.com/2018/11/28/world/asia/gene-editing-babies-he-jiankui.html.

Benner, Steven A. "Synthetic Biology: Act Natural." *Nature* 421, no. 6919 (January 2003): 118. https://doi.org/10.1038/421118a.

Berg, Paul, David Baltimore, Herbert W. Boyer, Stanley N. Cohen, Ronald W. Davis, David S. Hogness, Daniel Nathans, et al. "Potential Biohazards of Recombinant DNA Molecules." *Science* 185, no. 4148 (July 26, 1974): 303. https://doi.org/10.1126/science.185.4148.303.

Bettinger, Blaine. "Esther Dyson and the 'First 10.'" The Genetic Genealogist, July 27, 2007, https://thegeneticgenealogist.com/2007/07/27/esther-dyson-and-the-first-10.

Bhattacharya, Shaoni. "Stupidity Should Be Cured, Says DNA Discoverer." *New Scientist*, February 28, 2003, www.newscientist.com/article/dn3451-stupidity-should-be-cured-says-dna-discoverer.

Biello, David. "3 Billion to Zero: What Happened to the Passenger Pigeon?" *Scientific American*, June 27, 2014, www.scientificamerican.com/article/3-billion-to-zero-what-happened-to-the-passenger-pigeon.

Billiau, Alfons. "At the Centennial of the Bacteriophage: Reviving the Overlooked Contribution of a Forgotten Pioneer, Richard Bruynoghe (1881–1957)." *Journal of the History of Biology* 49, no. 3 (August 1, 2016): 559–80. https://doi.org/10.1007/s10739-015-9429-0.

"Biosecurity and Dual-Use Research in the Life Sciences," in National Research Council, Committee on a New Government-University Partnership for Science and Security, *Science and Security in a Post 9/11 World: A Report Based on Regional Discussions Between the Science and Security Communities*. Washington, DC: National Academies Press, 2007, 57–68, www.ncbi.nlm.nih.gov/books/NBK11496.

Birch, Douglas. "Race for the Genome." *Baltimore Sun*, May 18, 1999.

Blake, William J., and Farren J. Isaacs. “Synthetic Biology Evolves.” *Trends in Biotechnology* 22, no. 7 (July 1, 2004): 321–24. https://doi.org/10.1016/j.tibtech.2004.04.008.

Blendon, Robert J., Mary T. Gorski, and John M. Benson. “The Public and the Gene-Editing Revolution.” *New England Journal of Medicine* 374, no. 15 (April 14, 2016): 1406–11. https://doi.org/10.1056/NEJMp1602010.

Bonnet, Jérôme, and Drew Endy. “Switches, Switches, Every Where, in Any Drop We Drink.” *Molecular Cell* 49, no. 2 (January 24, 2013): 232–33. https://doi.org/10.1016/j.molcel.2013.01.005.

Borrell, James. “All Our Food Is ‘Genetically Modified’ in Some Way—Where Do You Draw the Line?” The Conversation, April 4, 2016, http://theconversation.com/all-our-food-is-genetically-modified-in-some-way-where-do-you-draw-the-line-56256.

Brandt, K., and R. Barrangou. “Applications of CRISPR Technologies Across the Food Supply Chain.” *Annual Review of Food Sciences Technology* 10, no. 133 (2019).

Bueno de Mesquita, B., and A. Smith. *The Dictator's Handbook: Why Bad Behavior Is Almost Always Good Politics*. New York: PublicAffairs, 2012.

Bueso, Yensi Flores, and Mark Tangney. “Synthetic Biology in the Driving Seat of the Bioeconomy.” *Trends in Biotechnology* 35, no. 5 (May 1, 2017): 373–78. https://doi.org/10.1016/j.tibtech.2017.02.002.

Büllesbach, Erika E., and Christian Schwabe. “The Chemical Synthesis of Rat Relaxin and the Unexpectedly High Potency of the Synthetic Hormone in the Mouse.” *European Journal of Biochemistry* 241, no. 2 (1996): 533–37. https://doi.org/10.1111/j.1432-1033.1996.00533.x.

Burkhardt, Peter K., Peter Beyer, Joachim Wünn, Andreas Klöti, Gregory A. Armstrong, Michael Schledz, Johannes von Lintig, and Ingo Potrykus. “Transgenic Rice (*Oryza sativa*) Endosperm Expressing Daffodil (*Narcissus pseudonarcissus*) Phytoene Synthase Accumulates Phytoene, a Key Intermediate of Provitamin A Biosynthesis.” *Plant Journal* 11, no. 5 (1997): 1071–78. https://doi.org/10.1046/j.1365-313X.1997.11051071.x.

Caliendo, Angela M., and Richard L. Hodinka. “A CRISPR Way to Diagnose Infectious Diseases.” *New England Journal of Medicine* 377, no. 17 (October 26, 2017): 1685–87. https://doi.org/10.1056/NEJMcibr1704902.

Callaway, Ewen. “Small Group Scoops International Effort to Sequence Huge Wheat Genome.” *Nature News*, October 31, 2017. https://doi.org/10.1038/

nature.2017.22924.

Calos, Michele P. "The CRISPR Way to Think About Duchenne's." *New England Journal of Medicine* 374, no. 17 (April 28, 2016): 1684–86. https://doi.org/10.1056/NEJMcibr1601383.z

Carlson, Robert H. *Biology Is Technology: The Promise, Peril, and New Business of Engineering Life*. Cambridge, MA: Harvard University Press, 2010.

Carrington, Damian. "Giraffes Facing Extinction After Devastating Decline, Experts Warn." *The Guardian*, December 8, 2016, www.theguardian.com/environment/2016/dec/08/giraffe-red-list-vulnerable-species-extinction.

Carter, William. Statement Before the House Armed Services Committee, Subcommittee on Emerging Threats and Capabilities, 115th Cong., 2nd sess., January 9, 2018, Homeland Security Digital Library, www.hsdl.org/?abstract&did=822422.

Ceballos, Gerardo, Paul R. Ehrlich, Anthony D. Barnosky, Andrés García, Robert M. Pringle, and Todd M. Palmer. "Accelerated Modern Human–Induced Species Losses: Entering the Sixth Mass Extinction." *Science Advances* 1, no. 5 (June 2015): e1400253. https://doi.org/10.1126/sciadv.1400253.

"Celera Wins Genome Race." Wired, April 6, 2000, www.wired.com/2000/04/celera-wins-genome-race.

Cha, Ariana Eunjung. "Companies Rush to Build 'Biofactories' for Medicines, Flavorings and Fuels." *Washington Post*, October 24, 2013, www.washingtonpost.com/national/health-science/companies-rush-to-build-biofactories-for-medicines-flavorings-and-fuels/2013/10/24/f439dc3a-3032-11e3-8906-3daa2bcde110_story.html.

Chadwick, B. P., L. J. Campbell, C. L. Jackson, L. Ozelius, S. A. Slaugenhaupt, D. A. Stephenson, J. H. Edwards, J. Wiest, and S. Povey. "Report on the Sixth International Workshop on Chromosome 9 Held at Denver, Colorado, 27 October 1998." *Annals of Human Genetics* 63, no. 2 (1999): 101–17. https://doi.org/10.1046/j.1469-1809.1999.6320101.x.

Chalmers, D. J. *The Conscious Mind: In Search of a Fundamental Theory. Philosophy of Mind Series*. New York: Oxford University Press, 1996.

Check, Erika. "Synthetic Biologists Try to Calm Fears." *Nature* 441, no. 7092 (May 1, 2006): 388–89. https://doi.org/10.1038/441388a.

Chen, Ming, and Dan Luo. "A CRISPR Path to Cutting-Edge Materials." *New England Journal of Medicine* 382, no. 1 (January 2, 2020): 85–88. https://doi.org/10.1056/NEJMcibr1911506.

Chen, Shi-Lin, Hua Yu, Hong-Mei Luo, Qiong Wu, Chun-Fang Li, and André Steinmetz. "Conservation and Sustainable Use of Medicinal Plants: Problems, Progress, and Prospects." *Chinese Medicine* 11 (July 30, 2016). https://doi.org/10.1186/s13020-016-0108-7.

Chien, Wade W. "A CRISPR Way to Restore Hearing." *New England Journal of Medicine* 378, no. 13 (March 29, 2018): 1255–56. https://doi.org/10.1056/NEJMcibr1716789.

Cho, Renee. "How Climate Change Will Alter Our Food." State of the Planet, Columbia Climate School, July 25, 2018, https://blogs.ei.columbia.edu/2018/07/25/climate-change-food-agriculture.

Christiansen, Jen. "Gene Regulation, Illustrated." Scientific American Blog Network, May 12, 2016, https://blogs.scientificamerican.com/sa-visual/gene-regulation-illustrated.

Christensen, Jon. "Scientist at Work. Ingo Potrykus: Golden Rice in a Grenade-Proof Greenhouse." *New York Times*, November 21, 2000, www.nytimes.com/2000/11/21/science/scientist-at-work-ingo-potrykus-golden-rice-in-a-grenade-proof-greenhouse.html.

Church, George. "Compelling Reasons for Repairing Human Germlines." *New England Journal of Medicine* 377, no. 20 (November 16, 2017): 1909–11. https://doi.org/10.1056/NEJMp1710370.

———. "Genomes for All." *Scientific American*, January 2006, www.scientificamerican.com/article/genomes-for-all. https://doi.org/10.1038/scientificamerican0106-46.

———. "George Church: De-Extinction Is a Good Idea." *Scientific American*, September 1, 2013, www.scientificamerican.com/article/george-church-de-extinction-is-a-good-idea. https://doi.org/10.1038/scientificamerican0913-12.

Church, George, and Ed Regis. *Regenesis: How Synthetic Biology Will Reinvent Nature and Ourselves*. New York: Basic Books, 2014.

Clarke, Arthur C. "Extra-Terrestrial Relays: Can Rocket Stations Give World-Wide Radio Coverage?" In *Progress in Astronautics and Rocketry*, ed. Richard B. Marsten, 19: 3–6. Communication Satellite Systems Technology. Amsterdam: Elsevier, 1966. https://doi.org/10.1016/B978-1-4832-2716-0.50006-2.

"Cloning Insulin." Genentech, April 7, 2016, www.gene.com/stories/cloning-insulin.

Coffey, Rebecca. "Bison versus Mammoths: New Culprit in the Disappearance of North America's Giants." *Scientific American*, www.scientificamerican.

com/article/bison-vs-mammoths.

Cohen, Jacques, and Henry Malter. "The First Clinical Nuclear Transplantation in China: New Information About a Case Reported to ASRM in 2003." Reproductive BioMedicine Online 33, no. 4 (October 1, 2016): 433–35. https://doi.org/10.1016/j.rbmo.2016.08.002.

Cohen S. N., A. C. Chang, H. W. Boyer, and R. B. Helling. "Construction of Biologically Functional Bacterial Plasmids *in Vitro*." *Proceedings of the National Academy of Sciences* 70, no. 11 (November 1, 1973): 3240–44. https://doi.org/10.1073/pnas.70.11.3240.

Coley, Conner W., Dale A. Thomas III, Justin A.M. Lummiss, Jonathan N. Jaworski, Christopher P. Breen, Victor Schultz, Travis Hart, et al. "A Robotic Platform for Flow Synthesis of Organic Compounds Informed by AI Planning." *Science* 365, no. 6453 (August 2019).

Committee on Strategies for Identifying and Addressing Potential Biodefense Vulnerabilities Posed by Synthetic Biology, Board on Chemical Sciences and Technology, Board on Life Sciences, Division on Earth and Life Studies, and National Academies of Sciences, Engineering, and Medicine. *Biodefense in the Age of Synthetic Biology*. Washington, DC: National Academies Press, 2018. https://doi.org/10.17226/24890.

Coxworth, Ben. "First Truly Synthetic Organism Created Using Four Bottles of Chemicals and a Computer." *New Atlas*, May 21, 2010, https://newatlas.com/first-synthetic-organism-created/15165.

Cravens, A., J. Payne, and C. D. Smolke. "Synthetic Biology Strategies for Microbial Biosynthesis of Plant Natural Products." *Nature Communications* 10, no. 2142 (May 13, 2019).

Cyranoski, David. "What CRISPR-Baby Prison Sentences Mean for Research." *Nature* 577, no. 7789 (January 3, 2020): 154–55. https://doi.org/10.1038/d41586-020-00001-y.

Dance, Amber. "Science and Culture: The Art of Designing Life." *Proceedings of the National Academy of Sciences* 112, no. 49 (December 8, 2015): 14999–15001. https://doi.org/10.1073/pnas.1519838112.

Davey, Melissa. "Scientists Sequence Wheat Genome in Breakthrough Once Thought 'Impossible.'" *The Guardian*, August 16, 2018, www.theguardian.com/science/2018/aug/16/scientists-sequence-wheat-genome-in-breakthrough-once-thought-impossible.

Diamond, Jared. *Collapse: How Societies Choose to Fail or Succeed*, rev. ed. New

York: Penguin, 2011.

Dolgin, Elie. "Synthetic Biology Speeds Vaccine Development." *Nature Research*, September 28, 2020. https://doi.org/10.1038/d42859-020-00025-4.

Doudna, Jennifer A., and Samuel H. Sternberg. *A Crack in Creation: Gene Editing and the Unthinkable Power to Control Evolution*. Boston: Houghton Mifflin Harcourt, 2017.

Dowdy, Steven F. "Controlling CRISPR-Cas9 Gene Editing." *New England Journal of Medicine* 381, no. 3 (July 18, 2019): 289–90. https://doi.org/10.1056/NEJMcibr1906886.

Drexler, Eric K. *Engines of Creation—The Coming Era of Nanotechnology*. New York: Anchor, 1987.

Duhaime-Ross, Arielle. "In Search of a Healthy Gut, One Man Turned to an Extreme DIY Fecal Transplant." The Verge, May 4, 2016, www.theverge.com/2016/5/4/11581994/fmt-fecal-matter-transplant-josiah-zayner-microbiome-ibs-c-diff.

Dyson, Esther. "Full Disclosure." *Wall Street Journal*, July 25, 2007, www.wsj.com/articles/SB118532736853177075.

Dyson, George B. *Darwin Among the Machines: The Evolution of Global Intelligence*. New York: Basic Books, 1997.

Eden, A., J. Søraker, J. H. Moor, and E. Steinhart, eds. *Singularity Hypotheses: A Scientific and Philosophical Assessment*. The Frontiers Collection. Berlin: Springer, 2012.

Editors, The. "Why Efforts to Bring Extinct Species Back from the Dead Miss the Point." *Scientific American*, June 1, 2013, www.scientificamerican.com/article/why-efforts-bring-extinct-species-back-from-dead-miss-point.

Ellison-Hughes, Georgina M. "First Evidence That Senolytics Are Effective at Decreasing Senescent Cells in Humans." EBioMedicine, May 23, 2020, www.thelancet.com/journals/ebiom/article/PIIS2352-3964(19)30641-3/fulltext.

Endy, Drew. "Foundations for Engineering Biology." *Nature* 438, no. 7067 (November 2005): 449–53. https://doi.org/10.1038/nature04342.

"Engineered Swarmbots Rely on Peers for Survival." Duke Pratt School of Engineering, February 29, 2016, https://pratt.duke.edu/about/news/engineered-swarmbots-rely-peers-survival.

European Commission, Directorate-General for Research. Synthetic Biology: A NEST Pathfinder Initiative, 2007, www.eurosfaire.prd.fr/7pc/

doc/1182320848_5_nest_synthetic_080507.pdf.
Evans, Sam Weiss. "Synthetic Biology: Missing the Point." *Nature* 510, no. 7504 (June 2014).
Extance, Andy. "The First Gene on Earth May Have Been a Hybrid." *Scientific American*, June 22, 2020, www.scientificamerican.com/article/the-first-gene-on-earth-may-have-been-a-hybrid.
Farny, Natalie G. "A Vision for Teaching the Values of Synthetic Biology." *Trends in Biotechnology* 36, no. 11 (November 1, 2018): 1097–1100. https://doi.org/10.1016/j.tibtech.2018.07.019.
"FBI Laboratory Positions." Federal Bureau of Investigation, www.fbi.gov/services/laboratory/laboratory-positions.
Filosa, Gwen. "GMO Mosquitoes Have Landed in the Keys. Here's What You Need to Know." *Miami Herald*, May 3, 2021, www.miamiherald.com/news/local/community/florida-keys/article251031419.html.
Fisher, R. A. "The Use of Multiple Measurements in Taxonomic Problems." *Annals of Eugenics* 7, no. 2 (1936): 179–88. https://doi.org/10.1111/j.1469-1809.1936.tb02137.x.
———. "The Wave of Advance of Advantageous Genes." Annals of Eugenics 7, no. 4 (1937): 355–69. https://doi.org/10.1111/j.1469-1809.1937.tb02153.x.
Fralick, Michael, and Aaron S. Kesselheim. "The U.S. Insulin Crisis—Rationing a Lifesaving Medication Discovered in the 1920s." *New England Journal of Medicine* 381, no. 19 (November 7, 2019): 1793–95. https://doi.org/10.1056/NEJMp1909402.
French, H. Midnight in *Peking: How the Murder of a Young Englishwoman Haunted the Last Days of Old China*, rev. ed. New York: Penguin, 2012.
Friedman, Jared. "How Biotech Startup Funding Will Change in the Next 10 Years." YC Startup Library, n.d., www.ycombinator.com/library/4L-how-biotech-startup-funding-will-change-in-the-next-10-years.
Funk, Cary. "How Much the Public Knows About Science, and Why It Matters." *Scientific American*, April 9, 2019, https://blogs.scientificamerican.com/observations/how-much-the-public-knows-about-science-and-why-it-matters.
Gao, Huirong, Mark J. Gadlage, H. Renee Lafitte, Brian Lenderts, Meizhu Yang, Megan Schroder, Jeffry Farrell, et al. "Superior Field Performance of Waxy Corn Engineered Using CRISPR-Cas9." *Nature Biotechnology* 38, no. 579 (March 9, 2020).

"Genetics and Genomics Timeline: 1995." Genome News Network, www.genomenewsnetwork.org/resources/timeline/1995_Haemophilus.php.

"George Church." *Colbert Report*, season 9, episode 4, October 4, 2012 (video clip). Comedy Central, www.cc.com/video-clips/fkt99i/the-colbert-report-george-church.

"George Church" (oral history). National Human Genome Research Institute, National Institutes of Health, July 26, 2017, www.genome.gov/Multimedia/Transcripts/OralHistory/GeorgeChurch.pdf.

"German Research Bodies Draft Synthetic-Biology Plan." *Nature* 460, no. 563 (July 2009): 563, www.nature.com/articles/460563a.

Gilbert, C., and T. Ellis. "Biological Engineered Living Materials: Growing Functional Materials with Genetically Programmable Properties." *ACS Synthetic Biology* 8, no. 1 (2019).

Gostin, Lawrence O., Bruce M. Altevogt, and Andrew M. Pope. "Future Oversight of Recombinant DNA Research: Recommendations of an Institute of Medicine Committee." *JAMA* 311, no. 7 (February 19, 2014): 671–72. https://doi.org/10.1001/jama.2013.286312.

Gronvall, Gigi Kwik. "US Competitiveness in Synthetic Biology." *Health Security* 13, no. 6 (December 1, 2015): 378–89. https://doi.org/10.1089/hs.2015.0046.

Gross, Michael. "What Exactly Is Synthetic Biology?" *Current Biology* 21, no. 16 (August 23, 2011): R611–14. https://doi.org/10.1016/j.cub.2011.08.002.

Grushkin, Daniel. "The Rise and Fall of the Company That Was Going to Have Us All Using Biofuels." *Fast Company*, August 8, 2012, www.fastcompany.com/3000040/rise-and-fall-company-was-going-have-us-all-using-biofuels.

"Hacking DNA Sequences: Biosecurity Meets Cybersecurity." *American Council on Science and Health*, January 14, 2021, www.acsh.org/news/2021/01/14/hacking-dna-sequences-biosecurity-meets-cybersecurity-15273.

Hale, Piers J. "Monkeys into Men and Men into Monkeys: Chance and Contingency in the Evolution of Man, Mind and Morals in Charles Kingsley's Water Babies." *Journal of the History of Biology* 46, no. 4 (November 1, 2013): 551–97. https://doi.org/10.1007/s10739-012-9345-5.

Hall, Stephen S. "New Gene-Editing Techniques Could Transform Food Crops—or Die on the Vine." *Scientific American*, March 1, 2016, www.scientificamerican. com/article/new-gene-editing-techniques-could-transform-food-crops-or-die-on-the-vine. https://doi.org/10.1038/scientificamerican0316-56.

Harmon, Amy. "Golden Rice: Lifesaver?" *New York Times*, August 24, 2013, www.nytimes.com/2013/08/25/sunday-review/golden-rice-lifesaver.html.

———. "My Genome, Myself: Seeking Clues in DNA." *New York Times*, November 17, 2007, www.nytimes.com/2007/11/17/us/17dna.html.

———. "6 Billion Bits of Data About Me, Me, Me!" *New York Times*, June 3, 2007, www.nytimes.com/2007/06/03/weekinreview/03harm.html.

Harmon, Katherine. "Endangered Species Get Iced in Museum DNA Repository." *Scientific American*, July 8, 2009, www.scientificamerican.com/article/endangered-species-dna.

———. "Gene Sequencing Reveals the Dynamics of Ancient Epidemics." *Scientific American*, September 1, 2013, www.scientificamerican.com/article/gene-sequencing-reveals-the-dynamics-of-ancient-epidemics. https://doi.org/10.1038/scientificamerican0913-24b.

"He Jiankui's Gene Editing Experiment Ignored Other HIV Strains," Stat News, April 15, 2019, www.statnews.com/2019/04/15/jiankui-embryo-editing-ccr5.

Heinemann, Matthias, and Sven Panke. "Synthetic Biology: Putting Engineering into Bioengineering." In *Systems Biology and Synthetic Biology*, ed. Pengcheng Fu and Sven Panke, 387–409. Hoboken, NJ: John Wiley and Sons, 2009. https://doi.org/10.1002/9780470437988.ch11.

Herrera, Stephan. "Synthetic Biology Offers Alternative Pathways to Natural Products." *Nature Biotechnology* 23, no. 3 (March 1, 2005): 270–71. https://doi.org/10.1038/nbt0305-270.

"How Diplomacy Helped to End the Race to Sequence the Human Genome." *Nature* 582, no. 7813 (June 24, 2020): 460. https://doi.org/10.1038/d41586-020-01849-w.

"How Do Scientists Turn Genes on and off in Living Animals?" *Scientific American*, August 8, 2005, www.scientificamerican.com/article/how-do-scientists-turn-ge.

Ingbar, Sasha. "Japan's Population Is in Rapid Decline." National Public Radio, December 21, 2018, www.npr.org/2018/12/21/679103541/japans-population-is-in-rapid-decline.

Institute of Medicine, Committee on the Economics of Antimalarial Drugs. Saving Lives, *Buying Time: Economics of Malaria Drugs in an Age of Resistance*, eds. Kenneth J. Arrow, Claire Panosian, and Hellen Gelband. Washington, DC: National Academies Press, 2004.

Institute of Medicine, Committee to Study Decision Making, Division of Health Sciences Policy. *Biomedical Politics*, ed. Kathi E. Hanna. Washington, DC: National Academies Press, 1991.

Isaacs, Farren J., Daniel J. Dwyer, and James J. Collins. "RNA Synthetic Biology." *Nature Biotechnology* 24, no. 5 (May 2006): 545–54. https://doi.org/10.1038/nbt1208.

Jenkins, McKay. *Food Fight: GMOs and the Future of the American Diet*. New York: Penguin, 2018.

Jia, Jing, Yi-Liang Wei, Cui-Jiao Qin, Lan Hu, Li-Hua Wan, and Cai-Xia Li. "Developing a Novel Panel of Genome-Wide Ancestry Informative Markers for Bio-Geographical Ancestry Estimates." *Forensic Science International: Genetics* 8, no. 1 (January 2014): 187–94. https://doi.org/10.1016/j.fsigen.2013.09.004.

Jones, Richard. "The Question of Complexity." *Nature Nanotechnology* 3, no. 5 (May 2008): 245–46. https://doi.org/10.1038/nnano.2008.117.

Juhas, Mario, Leo Eberl, and George M. Church. "Essential Genes as Antimicrobial Targets and Cornerstones of Synthetic Biology." *Trends in Biotechnology* 30, no. 11 (November 1, 2012): 601–7. https://doi.org/10.1016/j.tibtech.2012.08.002.

Kania, Elsa B., and Wilson Vorndick. "Weaponizing Biotech: How China's Military Is Preparing for a 'New Domain of Warfare.'" Defense One, August 14, 2019, www.defenseone.com/ideas/2019/08/chinas-military-pursuing-biotech/159167.

Karp, David. "Most of America's Fruit Is Now Imported. Is That a Bad Thing?" *New York Times*, March 13, 2018, www.nytimes.com/2018/03/13/dining/fruit-vegetables-imports.html.

Keating, K. W., and E. M. Young. "Synthetic Biology for Bio-Derived Structural Materials." *Current Opinion in Chemical Engineering* 24, no. 107 (2019).

Keim, Brandon. "James Watson Suspended from Lab, But Not for Being a Sexist Hater of Fat People." *Wired*, October 2007, www.wired.com/2007/10/james-watson-su.

Kerlavage, Anthony R., Claire M. Fraser, and J. Craig Venter. "Muscarinic Cholinergic Receptor Structure: Molecular Biological Support for Subtypes." *Trends in Pharmacological Sciences* 8, no. 11 (November 1, 1987): 426–31. https://doi.org/10.1016/0165-6147(87)90230-6.

Kettenburg, Annika J., Jan Hanspach, David J. Abson, and Joern Fischer. "From

Disagreements to Dialogue: Unpacking the Golden Rice Debate." *Sustainability Science* 13, no. 5 (2018): 1469–82. https://doi.org/10.1007/s11625-018-0577-y.

Kovelakuntla, Vamsi, and Anne S. Meyer. "Rethinking Sustainability Through Synthetic Biology." *Nature Chemical Biology*, May 10, 2021, 1–2. https://doi.org/10.1038/s41589-021-00804-8.

Kramer, Moritz. "Epidemiological Data from the NCoV-2019 Outbreak: Early Descriptions from Publicly Available Data." Virological, January 23, 2020, https://virological.org/t/epidemiological-data-from-the-ncov-2019-outbreak-early-descriptions-from-publicly-available-data/337.

Lander, Eric S. "Brave New Genome." *New England Journal of Medicine* 373, no. 1 (July 2, 2015): 5–8. https://doi.org/10.1056/NEJMp1506446.

Lane, Nick. *The Vital Question: Energy, Evolution, and the Origins of Complex Life*. New York: W. W. Norton, 2015.

Lavickova, Barbora, Nadanai Laohakunakorn, and Sebastian J. Maerkl. "A Partially Self-Regenerating Synthetic Cell." Nature Communications 11, no. 1 (December 11, 2020): 6340. https://doi.org/10.1038/s41467-020-20180-6.

Lentzos, Filippa. "How to Protect the World from Ultra-Targeted Biological Weapons." *Bulletin of the Atomic Scientists*, December 7, 2020, https://thebulletin.org/premium/2020-12/how-to-protect-the-world-from-ultra-targeted-biological-weapons.

Lin, F. K., S. Suggs, C. H. Lin, J. K. Browne, R. Smalling, J. C. Egrie, K. K. Chen, G. M. Fox, F. Martin, and Z. Stabinsky. "Cloning and Expression of the Human Erythropoietin Gene." *Proceedings of the National Academy of Sciences* 82, no. 22 (1985): 7580–84. https://doi.org/10.1073/pnas.82.22.7580.

Liu, Wusheng, and C. Neal Stewart. "Plant Synthetic Biology." *Trends in Plant Science* 20, no. 5 (May 1, 2015): 309–17. https://doi.org/10.1016/j.tplants.2015.02.004.

Lynas, Mark. "Anti-GMO Activists Lie About Attack on Rice Crop (and About So Many Other Things)." Slate, August 26, 2013, https://slate.com/technology/2013/08/golden-rice-attack-in-philippines-anti-gmo-activists-lie-about-protest-and-safety.html.

Macilwain, Colin. "World Leaders Heap Praise on Human Genome Landmark." *Nature* 405, no. 6790 (June 1, 2000): 983. https://doi.org/10.1038/35016696.

Malech, Harry L. "Treatment by CRISPR-Cas9 Gene Editing—A Proof of Principle." *New England Journal of Medicine* 384, no. 3 (January 21, 2021):

286–87. https://doi.org/10.1056/NEJMe2034624.

Mali, Prashant, Luhan Yang, Kevin M. Esvelt, John Aach, Marc Guell, James E. DiCarlo, Julie E. Norville, and George M. Church. "RNA-Guided Human Genome Engineering via Cas9." *Science* 339, no. 6121 (February 15, 2013): 823–26. https://doi.org/10.1126/science.1232033.

Marner, Wesley D. "Practical Application of Synthetic Biology Principles." *Biotechnology Journal* 4, no. 10 (2009): 1406–19. https://doi.org/10.1002/biot.200900167.

Maxson Jones, Kathryn, Rachel A. Ankeny, and Robert Cook-Deegan. "The Bermuda Triangle: The Pragmatics, Policies, and Principles for Data Sharing in the History of the Human Genome Project." *Journal of the History of Biology* 51, no. 4 (December 1, 2018): 693–805. https://doi.org/10.1007/s10739-018-9538-7.

Menz, J., D. Modrzejewski, F. Hartung, R. Wilhelm, and T. Sprink. "Genome Edited Crops Touch the Market: A View on the Global Development and Regulatory Environment." *Frontiers in Plant Science* 11, no. 586027 (2020).

Metzl, Jamie. *Hacking Darwin: Genetic Engineering and the Future of Humanity*. Naperville, IL: Sourcebooks, 2019.

Mitka, Mike. "Synthetic Cells." *JAMA* 304, no. 2 (July 14, 2010): 148. https://doi.org/10.1001/jama.2010.879.

"Modernizing the Regulatory Framework for Agricultural Biotechnology Products." Federal Register, June 14, 2019, www.federalregister.gov/documents/2019/06/14/2019-12802/modernizing-the-regulatory-framework-for-agricultural-biotechnology-products.

Molteni, Megan. "California Could Be First to Mandate Biosecurity for Mail-Order DNA." Stat News, May 20, 2021, www.statnews.com/2021/05/20/california-could-become-first-state-to-mandate-biosecurity-screening-by-mail-order-dna-companies.

Moore, James. "Deconstructing Darwinism: The Politics of Evolution in the 1860s." *Journal of the History of Biology* 24, no. 3 (September 1, 1991): 353–408. https://doi.org/10.1007/BF00156318.

Mora, Camilo, Chelsie W. W. Counsell, Coral R. Bielecki, and Leo V. Louis. "Twenty-SevenWays a Heat Wave Can Kill You: Deadly Heat in the Era ofClimate Change." *Circulation: Cardiovascular Quality and Outcomes* 10, no. 11 (November 1, 2017), https://doi.org/10.1161/CIRCOUTCOMES.

117.004233.

Morowitz, Harold J. “Thermodynamics of Pizza.” *Hospital Practice* 19, no. 6 (June 1, 1984): 255–58. https://doi.org/10.1080/21548331.1984.11702854.

Mukherjee, Siddhartha. *The Gene: An Intimate History*. New York: Scribner, 2016.

Müller, K. M., and K. M. Arndt. “Standardization in Synthetic Biology.” *Methods in Molecular Biology* 813 (2012): 23–43.

Musk, Elon. “Making Humans a Multi-Planetary Species.” *New Space* 5, no. 2 (June 1, 2017): 46–61. https://doi.org/10.1089/space.2017.29009.emu.

National Academies of Sciences, Engineering, and Medicine. *Biodefense in theAge of Synthetic Biology*. Washington, DC: National Academies Press, 2018. https://doi.org/10.17226/24890.

———. *The Current Biotechnology Regulatory System: Preparing for Future Products of Biotechnology*. Washington, DC: National Academies Press, 2017.

———. *Safeguarding the Bioeconomy*. Washington, DC: National Academies Press, 2020. https://doi.org/10.17226/25525.

Nielsen, Jens, and Jay D. Keasling. “Engineering Cellular Metabolism.” *Cell* 164, no. 6 (March 10, 2016): 1185–97. https://doi.org/10.1016/j.cell.2016.02.004.

“No More Needles! Using Microbiome and Synthetic Biology Advances to Better Treat Type 1 Diabetes.” J. Craig Venter Institute, March 25, 2019, www.jcvi.org/blog/no-more-needles-using-microbiome-and-synthetic-biology-advances-better-treat-type-1-diabetes.

O’Neill, Helen C., and Jacques Cohen. “Live Births Following Genome Editing in Human Embryos: A Call for Clarity, Self-Control and Regulation.” Reproductive BioMedicine Online 38, no. 2 (February 1, 2019): 131–32. https://doi.org/10.1016/j.rbmo.2018.12.003.

Ossola, Alexandra. “Scientists Build a Living Cell with Minimum Viable Number of Genes.” *Popular Science*, March 24, 2016, www.popsci.com/scientists-create-living-cell-with-minimum-number-genes.

“Park History.” Asilomar Conference Grounds, www.visitasilomar.com/discover/park-history.

“Parties to the Cartagena Protocol and Its Supplementary Protocol on Liability and Redress.” Convention on Biological Diversity, https://bch.cbd.int/protocol/parties.

Patterson, Andrea. “Germs and Jim Crow: The Impact of Microbiology on Public

Health Policies in Progressive Era American South." *Journal of the History of Biology* 42, no. 3 (October 29, 2008): 529. https://doi.org/10.1007/s10739-008-9164-x.

People's Republic of China, State Council. Made in China 2025. July 2015.

———. Notice on the Publication of the National 13th Five-Year Plan for S&T Innovation. July 2016.

Pinker, Steven. "My Genome, My Self." *New York Times*, January 7, 2009, www.nytimes.com/2009/01/11/magazine/11Genome-t.html.

"Polynucleotide Synthesizer Model 280, Solid Phase Microprocessor Controller Model 100B." National Museum of American History, https://americanhistory.si.edu/collections/search/object/nmah_1451158.

"President Clinton Announces the Completion of the First Survey of the Entire Human Genome." White House Press Release, June 25, 2000. Human Genome Project Information Archive, 1990–2003, https://web.ornl.gov/sci/techresources/Human_Genome/project/clinton1.shtml.

"Press Briefing by Dr. Neal Lane, Assistant to the President for Science and Technology; Dr. Frances Collins, Director of the National Human Genome Research Institute; Dr. Craig Venter, President and Chief Scientific Officer, Celera Genomics Corporation; and Dr. Ari Patrinos, Associate Director for Biological and Environmental Research, Department of Energy, on the Completion of the First Survey of the Entire Human Genome." White House Press Release, June 26, 2000. Human Genome Project Information Archive, 1990–2003, https://web.ornl.gov/sci/techresources/Human_Genome/project/clinton3.shtml.

Puzis, Rami, Dor Farbiash, Oleg Brodt, Yuval Elovici, and Dov Greenbaum. Increased Cyber-Biosecurity for DNA Synthesis." *Nature Biotechnology* 38, no. 12 (December 2020): 1379–81. https://doi.org/10.1038/s41587-020-00761-y.

Race, Tim. "New Economy: There's Gold in Human DNA, and He Who Maps It First Stands to Win on the Scientific, Software and Business Fronts." *New York Times*, June 19, 2000, www.nytimes.com/2000/06/19/business/new-economy-there-s-gold-human-dna-he-who-maps-it-first-stands-win-scientific.html.

"Reading the Book of Life: White House Remarks on Decoding of Genome." *New York Times*, June 27, 2000, www.nytimes.com/2000/06/27/science/reading-the-book-of-life-white-house-remarks-on-decoding-of-genome.html.

Reardon, Sara. "US Government Lifts Ban on Risky Pathogen Research." *Nature* 553, no. 7686 (December 19, 2017): 11. https://doi.org/10.1038/d41586-017-08837-7.

Regis, Ed. "Golden Rice Could Save Children. Until Now, Governments Have Barred It." *Washington Post*, November 11, 2019, www.washingtonpost.com/opinions/2019/11/11/golden-rice-long-an-anti-gmo-target-may-finally-get-chance-help-children.

———. "The True Story of the Genetically Modified Superfood That Almost Saved Millions." *Foreign Policy*, October 17, 2019, https://foreignpolicy.com/2019/10/17/golden-rice-genetically-modified-superfood-almost-saved-millions.

Remington, Karin A., Karla Heidelberg, and J. Craig Venter. "Taking Metagenomic Studies in Context." *Trends in Microbiology* 13, no. 9 (September 1, 2005): 404. https://doi.org/10.1016/j.tim.2005.07.001.

Rich, Nathaniel. "The Mammoth Cometh." *New York Times*, February 27, 2014, www.nytimes.com/2014/03/02/magazine/the-mammoth-cometh.html.

Ro, D. K., E. Paradise, M. Ouellet, K. J. Fisher, K. L. Newman, J. M. Ndungu, K. A. Ho, et al. "Production of the Antimalarial Drug Precursor Artemisinic Acid in Engineered Yeast." *Nature* 440, no. 7086 (2006): 940–43. https://doi.org/10.1038/nature04640.

Robbins, Rebecca. "A Genomics Pioneer Is Selling a Full DNA Analysis for $1,400. Is It Worth It?" Stat News, March 21, 2017, www.statnews.com/2017/03/21/craig-venter-sequence-genome.

———. "Judge Dismisses Lawsuit Accusing Craig Venter of Stealing Trade Secrets." Stat News, December 19, 2018, www.statnews.com/2018/12/19/judge-dismisses-lawsuit-accusing-craig-venter-of-stealing-trade-secrets.

Roosth, Sophia. *Synthetic—How Life Got Made*. Chicago: University of Chicago Press, 2017.

Rutjens, Bastiaan. "What Makes People Distrust Science? Surprisingly, Not Politics." Aeon, May 28, 2018, https://aeon.co/ideas/what-makes-people-distrust-science-surprisingly-not-politics.

Salem, Iman, Amy Ramser, Nancy Isham, and Mahmoud A. Ghannoum. "The Gut Microbiome as a Major Regulator of the Gut-Skin Axis." *Frontiers in Microbiology* 9 (July 10, 2018). https://doi.org/10.3389/fmicb.2018.01459.

Scarfuto, Jessica. "Do You Trust Science? These Five Factors Play a Big Role." *Science*, February 16, 2020, www.sciencemag.org/news/2020/02/do-you-

trust-science-these-five-factors-play-big-role.
Schmidt, Markus, Malcolm Dando, and Anna Deplazes. "Dealing with the Outer Reaches of Synthetic Biology Biosafety, Biosecurity, IPR, and Ethical Challenges of Chemical Synthetic Biology." In *Chemical Synthetic Biology*, ed. P. L. Luisi and C. Chiarabelli, 321–42. New York: John Wiley and Sons, 2011. https://doi.org/10.1002/9780470977873.ch13.
Scudellari, Megan. "Self-Destructing Mosquitoes and Sterilized Rodents: The Promise of Gene Drives." *Nature* 571, no. 7764 (July 9, 2019): 160–62. https://doi.org/10.1038/d41586-019-02087-5.
Selberg, John, Marcella Gomez, and Marco Rolandi. "The Potential for Convergence Between Synthetic Biology and Bioelectronics." *Cell Systems* 7, no. 3 (September 26, 2018): 231–44. https://doi.org/10.1016/j.cels.2018.08.007.
Simon, Matt. "Climate Change Is Turning Cities into Ovens." *Wired*, January 7, 2021, www.wired.com/story/climate-change-is-turning-cities-into-ovens.
Skerker, Jeffrey M., Julius B. Lucks, and Adam P. Arkin. "Evolution, Ecology and the Engineered Organism: Lessons for Synthetic Biology." *Genome Biology* 10, no. 11 (November 30, 2009): 114. https://doi.org/10.1186/gb-2009-10-11-114.
Sprinzak, David, and Michael B. Elowitz. "Reconstruction of Genetic Circuits." *Nature* 438, no. 7067 (November 2005): 443–48. https://doi.org/10.1038/nature04335.
Telenti, Amalio, Brad A. Perkins, and J. Craig Venter. "Dynamics of an Aging Genome." *Cell Metabolism* 23, no. 6 (June 14, 2016): 949–50. https://doi.org/10.1016/j.cmet.2016.06.002.
Topol, Eric. "A Deep and Intimate Inquiry of Genes." *Cell* 165, no. 6 (June 2, 2016): 1299–1300. https://doi.org/10.1016/j.cell.2016.05.065.
US Department of Defense. "Summary of the 2018 National Defense Strategy of the United States of America: Sharpening the American Military's Competitive Edge." 2018, https://dod.defense.gov/Portals/1/Documents/pubs/2018-National-Defense-Strategy-Summary.pdf.
US Department of Health and Human Services, Office of the Assistant Secretary for Preparedness and Response (ASPR). "National Health Security Strategy, 2019–2222." ASPR, 2019, www.phe.gov/Preparedness/planning/authority/nhss/Pages/default.aspx.
US Department of Health and Human Services and US Department of Energy. "Understanding Our Genetic Inheritance. The Human Genome Project: The

First Five Years, FY 1991–1995." DOE/ER-0452P, April 1990, https://web.ornl.gov/sci/techresources/Human_Genome/project/5yrplan/firstfiveyears.pdf.

US Department of State and US Agency for International Development, "Joint Strategic Plan FY 2018–2022," February 2018, www.state.gov/wp-content/uploads/2018/12/Joint-Strategic-Plan-FY-2018-2022.pdf.

Venter, J. Craig. *Life at the Speed of Light*. New York: Viking, 2013.

Venter, J. Craig, Mark D. Adams, Antonia Martin-Gallardo, W. Richard McCombie, and Chris Fields. "Genome Sequence Analysis: Scientific Objectives and Practical Strategies." *Trends in Biotechnology* 10 (January 1, 1992): 8–11. https://doi.org/10.1016/0167-7799(92)90158-R.

Venter, J. Craig, and Claire M. Fraser. "The Structure of α- and β-Adrenergic Receptors." *Trends in Pharmacological Sciences* 4 (January 1, 1983): 256–58. https://doi.org/10.1016/0165-6147(83)90390-5.

Vinge, V. "The Coming Technological Singularity: How to Survive in the Post-Human Era." In *Vision-21: Interdisciplinary Science and Engineering in the Era of Cyberspace*, NASA Conference Publication 10129, 1993, 11–22, http://ntrs.nasa.gov/archive/nasa/casi.ntrs.nasa.gov/19940022855_1994022855.pdf.

Waltz, Emily. "Gene-Edited CRISPR Mushroom Escapes US Regulation: Nature News and Comment." *Nature* 532, no. 293 (2016). www.nature.com/news/gene-edited-crispr-mushroom-escapes-us-regulation-1.19754.

Webb, Amy. "CRISPR Makes It Clear: The US Needs a Biology Strategy, and Fast." *Wired*, May 11, 2017, www.wired.com/2017/05/crispr-makes-clear-us-needs-biology-strategy-fast.

Wee, Sui-Lee. "China Uses DNA to Track Its People, with the Help of American Expertise." *New York Times*, February 21, 2019, www.nytimes.com/2019/02/21/business/china-xinjiang-uighur-dna-thermo-fisher.html.

Weiss, Robin A. "Robert Koch: The Grandfather of Cloning?" *Cell* 123, no. 4 (November 18, 2005): 539–42. https://doi.org/10.1016/j.cell.2005.11.001.

Weiss, Ron, Joseph Jacobson, Paul Modrich, Jim Collins, George Church, Christina Smolke, Drew Endy, David Baker, and Jay Keasling. "Engineering Life: Building a FAB for Biology." *Scientific American*, June 2006, www.scientificamerican.com/article/engineering-life-building.

Weiss, Sheila Faith. "Human Genetics and Politics as Mutually Beneficial Resources: The Case of the Kaiser Wilhelm Institute for Anthropology, Human

Heredity and Eugenics During the Third Reich." *Journal of the History of Biology* 39, no. 1 (March 1, 2006): 41–88. https://doi.org/10.1007/s10739-005-6532-7.

White House, National Biodefense Strategy. Washington, DC: White House, 2018.

White House. "White House Precision Medicine Initiative." https://obamawhitehouse.archives.gov/node/333101.

Wickiser, J. Kenneth, Kevin J. O'Donovan, Michael Washington, Stephen Hummel, and F. John Burpo. "Engineered Pathogens and Unnatural Biological Weapons: The Future Threat of Synthetic Biology," *CTC Sentinel* 13, no. 8 (August 31, 2020): 1–7, https://ctc.usma.edu/engineered-pathogens-and-unnatural-biological-weapons-the-future-threat-of-synthetic-biology.

Wong, Pak Chung, Kwong-kwok Wong, and Harlan Foote. "Organic Data Memory Using the DNA Approach." *Communications of the ACM* 46, no. 1 (January 2003): 95–98. https://doi.org/10.1145/602421.602426.

Wood, Sara, Jeremiah A. Henning, Luoying Chen, Taylor McKibben, Michael L. Smith, Marjorie Weber, Ash Zemenick, and Cissy J. Ballen. "A Scientist Like Me: Demographic Analysis of Biology Textbooks Reveals Both Progress and Long-Term Lags." *Proceedings of the Royal Society B: Biological Sciences* 287, no. 1929 (June 24, 2020): 20200877. https://doi.org/10.1098/rspb.2020.0877.

Woolfson, Adrian. *Life Without Genes*. New York: HarperCollins, 2000.

Wu, Katherine J. "Scientific Journals Commit to Diversity but Lack the Data." *New York Times*, October 30, 2020, www.nytimes.com/2020/10/30/science/diversity-science-journals.html.

Wurtzel, Eleanore T., Claudia E. Vickers, Andrew D. Hanson, A. Harvey Millar, Mark Cooper, Kai P. Voss-Fels, Pablo I. Nikel, and Tobias J. Erb. "Revolutionizing Agriculture with Synthetic Biology." *Nature Plants* 5, no. 12 (December 2019): 1207–10. https://doi.org/10.1038/s41477-019-0539-0.

Yamey, Gavin. "Scientists Unveil First Draft of Human Genome." *British Medical Journal* 321, no. 7252 (July 1, 2000): 7.

Yang, Annie, Zhou Zhu, Philipp Kapranov, Frank McKeon, George M. Church, Thomas R. Gingeras, and Kevin Struhl. "Relationships Between P63 Binding, DNA Sequence, Transcription Activity, and Biological Function in Human Cells." *Molecular Cell* 24, no. 4 (November 17, 2006): 593–602. https://doi.org/10.1016/j.molcel.2006.10.018.

Yetisen, Ali K., Joe Davis, Ahmet F. Coskun, George M. Church, and Seok Hyun

Yun. "Bioart." *Trends in Biotechnology* 33, no. 12 (December 1, 2015): 724–34. https://doi.org/10.1016/j.tibtech.2015.09.011.

Zayner, Josiah. "How to Genetically Engineer a Human in Your Garage. Part III—The First Round of Experiments." Science, Art, Beauty, February 15, 2017, www.josiahzayner.com/2017/02/how-to-genetically-engineer-human-part.html.

Zimmer, Carl. "James Joyce's Words Come to Life, and Are Promptly Desecrated." *Discover*, May 21, 2010, www.discovermagazine.com/planet-earth/james-joyces-words-come-to-life-and-are-promptly-desecrated.

科普漫遊 FQ1081

未來的造物者

從消滅癌症、設計嬰兒到製造猛瑪象肉排，合成生物學將如何改寫我們與全球生物的未來？

The Genesis Machine:
Our Quest to Rewrite Life in the Age of Synthetic Biology

作　　者　艾美．韋伯（Amy Webb）、安德魯．海瑟（Andrew Hessel）
譯　　者　朱崇旻
審 訂 者　陳瀅州
責任編輯　黃家鴻
封面設計　杜浩瑋
排　　版　陳瑜安
行銷業務　陳彩玉、林詩玟、李振東

發 行 人　凃玉雲
編輯總監　劉麗真
總 編 輯　謝至平
出　　版　臉譜出版
城邦文化事業股份有限公司
台北市民生東路二段141號5樓
電話：886-2-25007696　傳真：886-2-25001952
發　　行　英屬蓋曼群島商家庭傳媒股份有限公司城邦分公司
台北市中山區民生東路141號11樓
客服專線：02-25007718；25007719
24小時傳真專線：02-25001990；25001991
服務時間：週一至週五上午09:30-12:00；下午13:30-17:00
劃撥帳號：19863813 戶名：書虫股份有限公司
讀者服務信箱：service@readingclub.com.tw
城邦網址：http://www.cite.com.tw
香港發行所　城邦（香港）出版集團有限公司
香港九龍九龍城土瓜灣道86號順聯工業大廈6樓A室
電話：852-25086231　傳真：852-25789337
電子信箱：hkcite@biznetvigator.com
新馬發行所　城邦（新、馬）出版集團
Cite（M）Sdn. Bhd.（458372U）
41, Jalan Radin Anum, Bandar Baru Seri Petaling,
57000 Kuala Lumpur, Malaysia.
電話：+6（03）90563833
傳真：+6（03）90576622
電子信箱：services@cite.my

一版一刷　2023年11月

ISBN 978-626-315-391-2（紙本書）
ISBN 978-626-315-386-8（EPUB）

城邦讀書花園
www.cite.com.tw

售價：NT 550元

國家圖書館出版品預行編目資料

未來的造物者：從消滅癌症、設計嬰兒到製造猛瑪象肉排，合成生物學將如何改寫我們與全球生物的未來？／艾美．韋伯（Amy Webb），安德魯．海瑟（Andrew Hessel）著；朱崇旻譯. -- 一版. -- 臺北市：臉譜出版，城邦文化事業股份有限公司出版：英屬蓋曼群島商家庭傳媒股份有限公司城邦分公司發行, 2023.11
面；公分.（科普漫遊；FQ1081）
譯自：The Genesis Machine: Our Quest to Rewrite Life in the Age of Synthetic Biology
ISBN 978-626-315-391-2（平裝）

1. CST: 生命科學　2. CST: 生物合成
3. CST: 生物技術　4. CST: 遺傳學

360　　112015510